普通高等教育仪器类"十三五"规划教材

计算机控制技术

主　编　付　华　任志玲　顾德英

副主编　徐耀松　刘新福　杜晓坤

电子工业出版社.

Publishing House of Electronics Industry

北京·BEIJING

内 容 简 介

本书系统地介绍了计算机控制技术的基本概念、基本理论、设计方法及工程实现方法。内容包括：计算机控制系统概述、计算机控制系统的硬件设计技术、计算机控制系统的分析、数字控制技术、常规及复杂控制技术、先进控制技术、计算机控制系统软件设计技术、计算机控制系统的设计与实现。本书结构合理、内容翔实、实例丰富，具有较强的应用性，并采用二维码技术实现知识点的扩展。

本书可作为高等院校仪器仪表、自动化、电气工程及其自动化、计算机应用、电子信息、机电一体化等相关专业的教材，也可供有关教师、科研人员和工程技术人员学习参考。

图书在版编目（CIP）数据

计算机控制技术/付华，任志玲，顾德英主编. —北京：电子工业出版社，2018.7

普通高等教育仪器类"十三五"规划教材

ISBN 978-7-121-34648-4

Ⅰ．①计… Ⅱ．①付… ②任… ③顾… Ⅲ．①计算机控制－高等学校－教材 Ⅳ．①TP273

中国版本图书馆 CIP 数据核字（2018）第 140930 号

策划编辑：赵玉山
责任编辑：刘真平
印　　刷：北京虎彩文化传播有限公司
装　　订：北京虎彩文化传播有限公司
出版发行：电子工业出版社
　　　　　北京市海淀区万寿路 173 信箱　邮编　100036
开　　本：787×1 092　1/16　印张：15.5　字数：396.8 千字
版　　次：2018 年 7 月第 1 版
印　　次：2025 年 2 月第 7 次印刷
定　　价：39.90 元

凡所购买电子工业出版社图书有缺损问题，请向购买书店调换。若书店售缺，请与本社发行部联系，联系及邮购电话：（010）88254888，88258888。

质量投诉请发邮件至 zlts@phei.com.cn，盗版侵权举报请发邮件至 dbqq@phei.com.cn。

本书咨询联系方式：zhaoys@phei.com.cn。

前　　言

本书循序渐进地介绍了计算机控制技术的基本概念、基本理论和基本方法，突出工程特色，以工程教育为理念，围绕培养应用创新型工程人才这一培养目标，着重培养学生的独立研究能力、动手能力和解决实际问题能力；将工程人才培养模式和教学内容的改革成果体现在教材中，通过科学规范的工程人才教材建设促进专业建设和工程人才培养质量的提高。

全书共 8 章。第 1 章介绍计算机控制系统，包括计算机控制系统的特征与组成、典型结构；第 2 章介绍计算机控制系统的硬件设计技术，主要包括常用主机、数字量输入/输出通道、模拟量输入/输出通道及硬件抗干扰技术；第 3 章介绍计算机控制系统分析方法，包括离散系统的稳定性分析、过渡响应分析、稳态准确度分析、响应分析及分析方法；第 4 章介绍数字控制技术，包括逐点比较法插补原理、步进电动机伺服控制技术、直流伺服电动机控制技术；第 5 章介绍常规及复杂控制技术，包括数字控制器的模拟化设计、离散化设计、纯滞后控制技术、串级控制技术、前馈-反馈控制技术等；第 6 章介绍先进控制技术，包括模糊控制技术和神经网络控制技术；第 7 章介绍计算机控制系统软件设计技术；第 8 章介绍计算机控制系统设计过程，并通过一个实践案例进行阐述。

本书注重与工程实践的联系，采用二维码技术，对相关知识点进行扩充，可以通过扫描二维码，打开对知识点的更多辅助介绍，包括相关文字介绍、图片展示或动画演示。

本书第 1 章由付华、任志玲、顾德英、徐耀松执笔；第 2～4 章由任志玲执笔；第 5、8 章由刘新福执笔，第 6 章由刘宏志执笔，第 7 章由杜晓坤执笔。此外，赵博雅、赵星、刘子洋、司南楠、陈东、谢鸿、于田、李猛、曹坦坦、李恩源、赵珊影、费剑尧、邱微、郭天驰、赵天一、刘璐璐、高振彪等也参加了本书的编写。在此，向对本书的完成给予了热情帮助的同行们表示感谢。

由于作者水平有限，加上时间仓促，书中的错误和不妥之处，敬请读者批评指正。

编　者

2018 年 1 月

目　　录

第 1 章

计算机控制系统概述

本章知识点：
- 计算机控制系统的特征
- 计算机控制系统的工作原理
- 计算机控制系统的硬件组成
- 计算机控制系统的典型结构

基本要求：
- 了解计算机控制系统的发展过程、特点、任务和目标
- 掌握计算机控制系统的组成、分类及性能指标

能力培养：

通过计算机控制系统的发展过程、特点、任务、目标、组成、分类及性能指标等知识点的学习，能够明确计算机控制系统的学习目的、内容与要求，初步建立控制系统的概念体系。

计算机控制是自动控制发展中的高级阶段，是自动控制的重要分支，广泛应用于工业、国防和民用等各个领域。随着计算机技术、高级控制策略、检测与传感技术、现场总线、通信与网络技术的高速发展，计算机控制系统已从简单的单机控制系统发展到了今天的集散控制系统、综合自动化系统等。

本章主要介绍计算机控制系统的基本特征、组成、分类和主要发展趋势。

1.1 计算机控制系统的特征与组成

计算机控制系统的组成

从模拟控制系统发展到计算机控制系统，控制器结构、控制器中的信号形式、系统的过程通道内容、控制量的产生方法、控制系统的组成观念均发生了重大变化。计算机控制系统在系统结构方面有自己独特的内容；在功能配置方面呈现出模拟控制系统无可比拟的优势；在工作过程与方式等方面存在其必须遵循的规则。

1.1.1 计算机控制系统的特征与工作原理

将连续控制系统中的模拟控制器的功能用计算机来实现，就组成了一个典型的计算机控制系统，如图 1-1 所示。

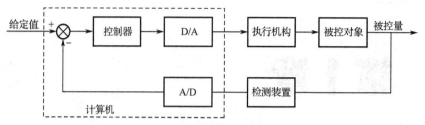

图 1-1　计算机控制系统的典型结构

计算机控制系统由两个基本部分组成，即硬件和软件系统。硬件指计算机本身及其外部设备。软件是指计算机的程序及生产过程应用程序。只有软件和硬件有机地结合，计算机控制系统才能正常运行。

1．结构特征

模拟控制系统中均采用模拟器件，而对于计算机控制系统中的核心部件计算机来说，其能够接收和处理的量均为数字量，所以计算机控制系统是模拟和数字部件的混合系统。

模拟控制系统的控制器由运算放大器等模拟器件构成，控制规律越复杂，所需要的硬件也越多、越复杂，模拟硬件的成本几乎和控制规律复杂程度成正比，并且若要修改控制规律，一般必须改变硬件结构。在计算机控制系统中，控制规律由软件实现，修改一个控制规律，无论简单还是复杂，只需修改软件，一般不需对硬件结构进行改变，因此便于实现复杂的控制规律和对控制方案进行在线修改，使系统具有很大的灵活性和适应性。

在模拟控制系统中，一般是一个控制器控制一个回路，而在计算机控制系统中，由于计算机具有高速的运算处理能力，可以采用分时控制的方式，同时控制多个回路。

2．信号特征

模拟控制系统中各处的信号均为连续的模拟信号，而计算机控制系统中除仍有连续模拟信号外，还有离散模拟、离散数字等多种信号形式，计算机控制系统的信号流程如图 1-2 所示。

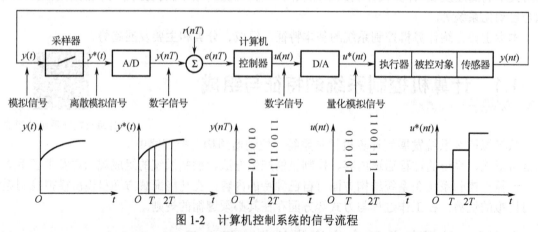

图 1-2　计算机控制系统的信号流程

在控制系统中引入计算机，利用计算机的运算、逻辑判断和记忆等功能完成多种控制任务。由于计算机只能处理数字信号，为了信号的匹配，在计算机的输入和输出中必须配置 A/D（模/数转换器）和 D/A（数/模转换器）。反馈量经过 A/D 转换为数字量以后，才能输入计算机。计算机根据期望值与实际值间的偏差，利用某种控制规律（如 PID 控制）进行运算，计算结果（数字信号）再经 A/D 转换器，将数字信号转换为模拟信号输出到执行结构，完成对被控对象的控制。

按照计算机控制系统中信号的传输方向，系统的信息通道由 3 部分组成：

（1）过程输入通道，包含由 A/D 转换器组成的模拟量输入通道和开关量输入通道。

（2）过程输出通道，包含由 D/A 转换器组成的模拟量输出通道和开关量输出通道。

（3）人机交互通道，系统操作者通过人机交互通道向计算机控制系统发布相关命令，提供操作参数，修改设置内容等，计算机则可通过人机交互通道向系统操作者显示相关参数、系统工作状态、控制效果等。

计算机通过输出过程通道向被控对象或工业现场提供控制量，通过输入过程通道获取被控对象或工业现场信息，当计算机控制系统没有输入过程通道时，称之为计算机开环控制系统。在计算机开环控制系统中，计算机的输出只随给定值变化，不受被控参数的影响，通过调整给定值达到调整被控参数的目的。但当被控对象出现扰动时，计算机无法自动获得扰动信息，因此无法消除扰动，导致控制性能较差。当计算机控制系统仅有输入过程通道时，称之为计算机数据采集系统。在计算机数据采集系统中，计算机作用是对采集来的数据进行处理、归类、分析、储存、显示与打印等，而计算机的输出与系统的输入通道参数输出有关，但不影响或改变生产过程的参数，所以这样的系统可认为是开环系统，但不是开环控制系统。

3．控制方法特征

由于计算机控制系统除了包含连续信号外，还包含数字信号，从而使计算机控制系统与连续控制系统在本质上有很多不同，需采用专门的理论来分析和设计。常用的设计方法有两种，即模拟设计法和直接设计法。

4．功能特征

与模拟控制系统比较，计算机控制系统的重要功能特征表现为：

1）以软件代替硬件

以软件代替硬件的功能主要体现在两方面，一方面是当被控对象改变时，计算机及其相应的过程通道硬件只需做少量的变化，甚至不需做任何变化，面向新对象重新设计一套新控制软件即可；另一方面是可以用软件来替代逻辑部件的功能实现，从而降低系统成本，减小设备体积。

2）数据存储

计算机具备多种数据保持方式，如脱机保持方式有 U 盘、移动硬盘、光盘、纸质打印、纸质绘图等；联机保持方式有固定硬盘、EEPROM 等，工作特点是系统断电不会丢失数据。正是由于有了这些数据保护措施，使得人们在研究计算机控制系统时可以从容应对突发问题；在分析解决问题时可以大量减少盲目性，从而提高了系统的研发效率，缩短研发周期。

3）状态、数据显示

计算机具有强大的显示功能。显示设备类型有 CRT 显示器、LED 数码管、LED 矩阵块、LCD 显示器、LCD 模块、各种类型打印机、各种类型绘图仪等；显示模式包括数字、字母、符号、图形、图像、虚拟设备面板等；显示方式有静态、动态、二维、三维等；显示内容涵盖给定值、当前值、历史值、修改值、系统工作波形、系统工作轨迹仿真图等。人们通过显示内容可以及时了解系统的工作状态、被控对象的变化情况、控制算法的控制效果等。

4）管理功能

计算机都具有串行通信或联网功能，利用这些功能可实现多个计算机控制系统的联网管理、资源共享、优势互补；可构成分级分布集散控制系统，以满足生产规模不断扩大，生产工艺日趋复杂，可靠性要求更高，灵活性希望更好，操作需更简易的大系统综合控制的要求；实现生产过程（状态）的最优化与生产规划、组织、决策、管理（静态）的最优化的有机结合。

1.1.2　计算机控制系统的工作原理

计算机控制系统的典型结构框图如图 1-3 所示。可以看出，在计算机控制系统中，计算机根据给定输入信号、反馈信号与系统的数学模型进行信号处理，实现控制策略，通过执行机构控制被控对象，达到预期的控制目标。

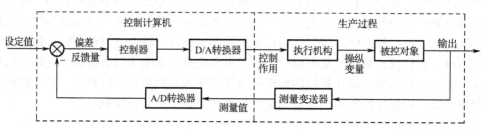

图 1-3　计算机控制系统的典型结构框图

由于生产过程的各种物理量一般都是模拟量，而计算机的输入和输出均采用数字量，因此在计算机控制系统中，对于信号输入，需增加 A/D 转换器，将连续的模拟信号转换成计算机能接收的数字信号；对于输出，需增加 D/A 转换器，将计算机输出的数字信号转换成执行机构所需的连续模拟信号。

1. 计算机控制系统的工作原理

从本质上讲，计算机控制系统的工作过程可归纳为以下 4 个步骤：

（1）实时数据采集：对来自测量变送装置的被控量的瞬时值进行检测并输入。

（2）实时控制决策：对采集到的被控量进行分析和处理，并按已定的控制规律决定将要采取的控制行为。

（3）实时控制输出：根据控制决策适时地对执行机构发出控制信号，完成控制任务。

（4）信息管理：随着网络技术和控制策略的发展，信息共享和管理也是计算机控制系统必须完成的功能。

上述过程不断重复，使整个系统按照一定的品质指标进行工作，并对控制量和设备本身的异常现象及时做出处理。

2. 计算机控制系统的工作方式

1）在线方式和离线方式

在计算机控制系统中，生产过程和计算机直接连接并受计算机控制的方式称为在线方式或联机方式；生产过程不和计算机相连，且不受计算机控制，而是靠人进行联系并做相应操作的方式称为离线方式或脱机方式。

2）实时的含义

所谓实时，是指信号的输入、计算和输出都要在一定的时间范围内完成，也即计算机对输入信息以足够快的速度进行控制，超出了这个时间，就失去了控制的时机，控制也就失去了意义。实时的概念不能脱离具体过程，一个在线的系统不一定是一个实时系统，但一个实时控制系统必定是在线系统。

下面以一个计算机温度控制系统为例，简要说明计算机控制系统的工作原理，系统组成示意图如图 1-4 所示。

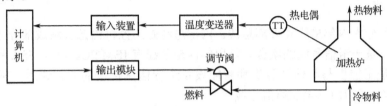

图 1-4　计算机温度控制系统组成示意图

根据工艺要求，该系统要求加热炉的炉温控制在给定的范围内，并且按照一定的时间曲线变化。在计算机显示器上用数字或图形实时地显示温度值。

假设加热炉使用的燃料为重油，并使用调节阀作为执行机构，使用热电偶来测量加热炉内的温度。热电偶把检测信号送入温度变送器，将其转换为标准电压信号（1～5V），再将该电压信号送入输入装置。输入装置可以是一个模块也可以是一块板卡，它将检测得到的信号转换为计算机可以识别的数字信号。计算机中的软件根据数字信号按照一定的控制算法进行计算。计算出来的结果通过输出模块转换为可以推动调节阀动作的电流信号（4～20mA）。通过改变调节阀门开度即可改变燃料流量的大小，从而达到控制加热炉炉温的目的。与此同时，计算机中的软件还可以利用计算机的键盘和鼠标输入炉温的设定值，由此实现计算机监控的目的。

1.1.3　计算机控制系统的硬件组成

计算机控制系统结构

计算机控制系统的硬件组成框图如图 1-5 所示，由计算机（工控机）和生产过程两大部分组成。

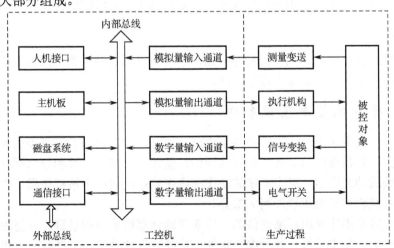

图 1-5　计算机控制系统的硬件组成框图

1．工控机

1）主机板

工业控制机的核心，由中央处理器（CPU）、存储器（RAM、ROM）、监控定时器、电源掉电监测、保存重要数据的后备存储器、实时日历时钟等部件组成。主机板的作用是将采集到的实时信息按照预定程序进行必要的数值计算、逻辑判断、数据处理，及时选择控制策略并将结果输出到工业过程。

2）系统总线

系统总线可分为内部总线和外部总线。内部总线是工控机内部各组成部分之间进行信息传送的公共通道，是一组信号线的集合。常用的内部总线有 IBM PC、PCI、ISA 和 STD 总线。

外部总线是工控机与其他计算机和智能设备进行信息传送的公共通道，常用外部总线有 RS-232C、RS-485 和 IEEE-488 通信总线。

3）输入/输出模板

工控机和生产过程之间进行信号传递和变换的连接通道，包括模拟量输入通道（AI）、模拟量输出通道（AO）、数字量（开关量）输入通道（DI）、数字量（开关量）输出通道（DO）。输入通道的作用是将生产过程的信号变换成主机能够接收和识别的代码，输出通道的作用是将主机输出的控制命令和数据进行变换，作为执行机构或电气开关的控制信号。

4）人机接口

人机接口包括显示器、键盘、打印机及专用操作显示台等。通过人-机接口设备，操作员与计算机之间可以进行信息交换。人-机接口既可以用于显示工业生产过程的状况，也可以用于修改运行参数。

5）通信接口

通信接口是工业控制机与其他计算机和智能设备进行信息传送的通道，常用 IEEE-488、RS-232C 和 RS-485 接口。为方便主机系统集成，USB 总线接口技术正日益受到重视。

6）磁盘系统

可以用半导体虚拟磁盘，也可以配通用的硬磁盘或采用 USB 磁盘。

2．生产过程

生产过程包括被控对象、执行机构等装置，这些装置都有各种类型的标准产品，在设计计算机控制系统时，根据实际需求合理选型即可。

1.1.4　计算机控制系统软件

对于计算机控制系统而言，除了硬件组成部分以外，软件也是必不可少的部分。软件是指完成各种功能的计算机程序的总和，如完成操作、监控、管理、计算和自诊断程序等。软件是计算机控制系统的神经中枢，整个系统的动作都是在软件的指挥下进行协调工作的。若按功能分类，可分为系统软件和应用软件两大部分。

系统软件一般是由计算机厂家提供的，用来管理计算机本身的资源，方便用户使用计算机的软件。它主要包括操作系统、各种编译软件、监控管理软件等，这些软件一般不需要用户自己设计，它们只是作为开发应用软件的工具。

应用软件是面向生产过程的程序，如 A/D、D/A 转换程序及数据采样、数字滤波程序、标度变换程序、控制量计算程序等。应用软件大都由用户自己根据实际需要进行开发。应用软件的优劣，将对控制系统的功能、精度和效率产生很大的影响，它的设计是非常重要的。

1.2　计算机控制系统的分类

计算机控制技术应用

计算机控制系统与其所控制的生产对象密切相关，控制对象不同，其控制系统也不同。计算机控制系统的分类方法很多，可以按照系统的功能、工作特点分类，也可按照控制规律、控制方式分类。

按照控制方式分类，可分为开环控制和闭环控制。

按照控制规律分类，可分为程序和顺序控制、比例积分微分控制（PID 控制）、有限拍控制、复杂规律控制、智能控制等。

按照系统的功能、工作特点分类，可为操作指导控制系统、直接数字控制系统、监督计算机控制系统、分布式计算机控制系统和计算机集成制造系统等。

1.2.1　操作指导控制系统

操作指导控制（Operation Guide Control，OGC）系统是基于数据采集系统的一种开环结构，其结构如图 1-6 所示。计算机根据采集到的数据及工艺要求进行参数最优化计算，计算机的输出不直接用来控制生产对象，而只是对系统过程参数进行收集、加工处理，然后输出数据。操作人员根据计算机输出的控制量去改变各个控制器的设定值或者操作执行器，来达到操作指导的作用。

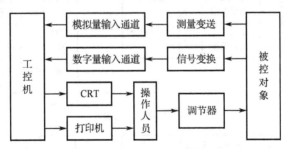

图 1-6　操作指导控制系统结构

操作指导控制系统的优点是：结构简单、控制灵活和安全，特别适用于未摸清控制规律的系统。缺点是：要通过人工的操作，速度受到了一定的限制，不可以同时控制多个回路。因此，该系统经常被用于计算机控制系统设置的初级阶段，或者用于试验新的数学模型、调试新的控制程序等场合。

1.2.2　直接数字控制系统

直接数字控制（Direct Digital Control，DDC）系统的结构如图 1-7 所示。计算机通过输入通道对一个或多个物理量进行巡回检测，并根据规定的控制规律进行运算，然后发出控制信号，通过输出通道直接控制调节阀等执行机构。

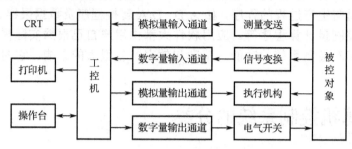

图 1-7　直接数字控制系统结构

DDC 系统属于计算机闭环控制系统，不仅可以完全取代模拟调节器，实现多回路的 PID 控制，而且只要改变程序就可以实现复杂的控制规律，如非线性控制、纯滞后控制、串级控制、前馈控制、最优控制、自适应控制等。DDC 系统是计算机在工业生产过程中最普遍的一种应用方式。

由于 DDC 系统中的计算机直接承担控制任务，所以要求实时性好、可靠性高和适应性强。为了充分发挥计算机的利用率，一台计算机通常要控制几个或几十个回路，这时要合理地设计应用软件，使之不失时机地完成所有功能。

1.2.3　监督计算机控制系统

在监督计算机控制（Supervisory Computer Control，SCC）系统中，计算机根据工艺参数和过程参量检测值，按照所设计的控制算法计算出最佳设定值，直接传给常规模拟调节器或 DDC 计算机，最后由模拟调节器或 DDC 计算机控制生产过程。SCC 系统有两种类型，一种是 SCC+模拟调节器，另一种是 SCC+DDC 控制系统。监督计算机控制系统构成示意图如图 1-8 所示。

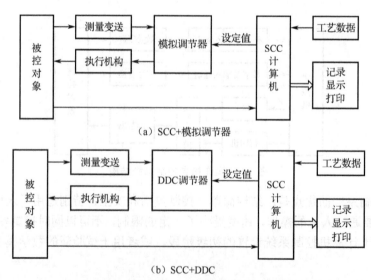

（a）SCC+模拟调节器

（b）SCC+DDC

图 1-8　监督计算机控制系统构成示意图

1．SCC+模拟调节器的控制系统

这种类型的系统中，计算机对各过程参数进行巡回检测，并按一定的数学模型对生产工况

进行分析、计算后得出被控对象各参数的最优设定值，送给调节器，使工况保持在最优状态。当 SCC 计算机发生故障时，可由模拟调节器独立执行控制任务。

2. SCC+DDC 的控制系统

这是一种二级控制系统，SCC 可采用较高档的计算机，它与 DDC 之间通过接口进行信息交换。SCC 计算机完成工段、车间等高一级的最优化分析和计算，然后给出最优设定值，送给 DDC 计算机执行控制。

通常在 SCC 系统中，选用具有较强计算能力的计算机，其主要任务是输入采样和计算设定值。由于它不参与频繁的输出控制，可有时间进行具有复杂规律的控制算式的计算。因此，SCC 能进行最优控制、自适应控制等，并能完成某些管理工作。SCC 系统的优点是不仅可以进行复杂控制规律的控制，而且其工作可靠性较高，当 SCC 出现故障时，下级仍可以继续执行控制任务。

1.2.4　集散控制系统

集散控制系统

集散控制系统（Distributed Control System，DCS）的结构如图 1-9 所示。它采用分散控制、集中控制、分级管理和综合协调的设计原则与网络化的控制结构，把系统从下到上分成现场级、分散过程控制级、集中操作监控级、综合信息管理级等，每一级都有自己的功能，基本上是独立的，但级与级之间或同级的计算机之间又有一定的联系，相互之间实现通信。

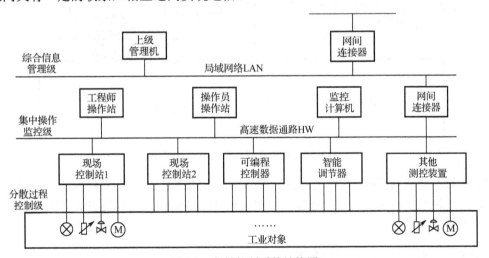

图 1-9　集散控制系统结构图

1.2.5　现场总线控制系统

现场总线控制系统（Fieldbus Control System，FCS）是新一代分布式控制系统，它变革了 DCS 直接控制层的控制站和生产现场层的模拟仪表，保留了 DCS 的操作监控层、生产管理层和决策管理层。FCS 从下至上依次分为现场控制层、操作监控层、生产管理层和决策管理层，如图 1-10 所示。其中现场控制层是 FCS 所特有的，另外三层和 DCS 相同。现场总线控制系统的核心是现场总线。

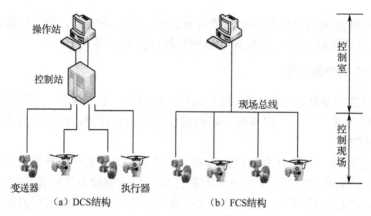

图 1-10　DCS 和 FCS 的结构比较

现场总线控制系统原理框图如图 1-11 所示。

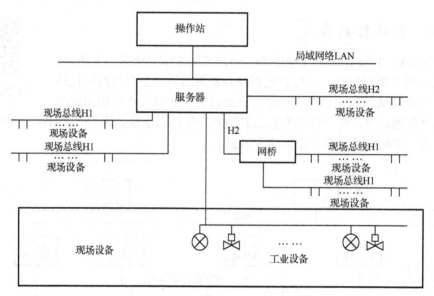

图 1-11　现场总线控制系统原理框图

FCS 的核心是现场总线，它将当今网络通信与管理的概念引入工业控制领域。从本质上说，现场总线是一种数字通信协议，是连接智能现场设备和自动化系统的数字式、双向传输、多分支结构的串行通信网络。

1.2.6　计算机集成制造系统

计算机集成制造系统（Computer Integrated Manufacturing System，CIMS）是计算机技术、网络技术、自动化技术、信号处理技术、管理技术和系统工程技术等新技术发展的结果，它将企业的生产、经营、管理、计划、产品设计、加工制造、销售及服务等环节和人力、财力、设备等生产要素集成起来，进行统一控制，求得生产活动的最优化。CIMS 一般由集成工程设计系统、集成管理信息系统、生产过程实时信息系统、柔性制造工程系统及数据库、通信网络等组成。后来人们将 CIMS 系统集成的思想应用到流程工业中，也获得了良好的设计效果。流程工业与离散工业特征的区别，使得流程工业 CIMS 技术主要体现在决策分析、计划调度、生产监控、质量管理、安全控制等方面，其核心技术难题是生产监控和质量管理等。现在，流程工业 CIMS 有了一个简单独立的名称 CIPS（Computer Integrated Process System），也就是计算机集成流程系统。

　　CIMS 采用多任务分层体系结构，现在已形成多种方案，如美国国家标准局的自动化制造实验室提出的 5 层递阶控制体系结构、面向集成平台的 CIMS 体系结构、连续型 CIMS 体系结构及局域网型 CIMS 体系结构等。图 1-12 给出了流程工业 CIMS 的递阶层次结构，自下而上分为控制层、监控层、调度层、管理层和决策层 5 个层次，清晰地表征流程工业 CIMS 中各功能层之间的相互定位，以及各层与模型、功能和应用系统之间的对应关系。

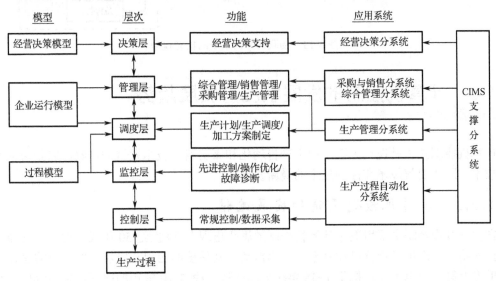

图 1-12　流程工业 CIMS 的递阶层次结构

1.2.7　物联网控制系统

　　物联网控制系统（Internet of Things Control System，IOT-CS）是指以物联网为通信媒介，将控制系统元件进行互联，使控制相关信息进行安全交互和共享，达到预控制目标的系统。

　　在物联网控制系统中，可以把控制功能分散在不同的智能控制系统元件中完成，并且采用物联网进行安全通信，实现各控制部分之间的信息交互和协调工作。单个物联网控制系统单元的工作过程可以归纳为以下主要环节。

　　（1）参数采集：对被控参数在采样时间间隔内进行测量，并将采样结果通过物联网安全地传送给智能控制器。

　　（2）控制决策：对采集到的被控参数进行分析处理后，按预先规定的控制规则确定控制策略。

　　（3）控制输出：根据控制决策，安全地对执行机构发送控制信号，完成预定任务。

　　（4）信息管理：根据用户需求和厂商决策，对有用信息进行有效存储和安全共享。

　　（5）状态监控：当授权使用者需要查看当前控制状态时，控制设备应当能够及时地将当前状态发送给合法授权使用者。

　　由控制系统的发展历程可以看出，物联网控制系统要想实现其控制目标，至少要包括如下部分，即施控部分、被控部分、控制环节和反馈环节。由此概念，物联网控制系统的构建模型如图 1-13 所示。

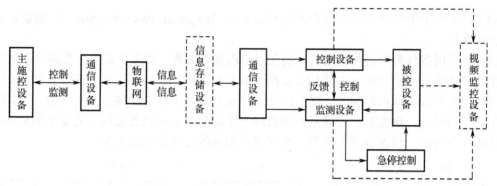

图 1-13　物联网控制系统的构建模型

1.3　计算机控制的发展状况与发展趋势

计算机控制技术是现代大型工业生产自动化和国防科学技术发展的产物，它紧密依赖于计算机技术、网络通信技术和控制技术的最新发展。

1.3.1　计算机控制系统的发展过程

在生产过程控制中采用数字计算机控制的思想出现在 20 世纪 50 年代中期，控制理论与计算机技术结合，产生了计算机控制系统，为自动控制系统的应用与发展开辟了新的途径。

世界上第一台电子计算机于 1946 年在美国问世，经过 10 多年的研究，到 20 世纪 50 年代末，将计算机用于过程控制。美国得克萨斯州的一个炼油厂，从 1956 年开始与美国的航天工业公司合作进行计算机控制的研究，到 1959 年，将 Rw300 计算机用于控制聚合装置，该系统控制 26 个流量、72 个温度、3 个压力、3 种成分。其功能是使反应器压力最小，确定 5 个反应器进料量的最优分配，根据催化作用控制热水流量和确定最优循环。

由于计算机控制方面的上述开创性工作，使计算机逐步渗入到各行各业中。在渗入过程中，既有高潮，也有由于某些失败项目的阴影而进入低潮。但是，最终还是逐步进入成熟期，从理论分析、系统设计，到工程实践都有一整套方法。从工作性质上来看，计算机逐步由早期的操作指导控制系统转变为直接数字控制（Direct Digital Control，DDC）系统。操作指导控制系统仅仅向操作人员提供反映生产过程的数据，并给出指导信息，而直接数字控制可以完全替代原有的模拟控制仪表，由计算机根据生产过程数据对生产过程直接发出控制作用。1962 年，英国帝国化学工业公司实现了一个 DDC 系统，它的数据采集点为 244 点，控制阀 129 个。20 世纪 60 年代，由于集成电路技术的发展，计算机技术得到了很大发展，计算机的体积缩小、运算速度加快、工作可靠、价格便宜。60 年代后期，出现了适合工业生产过程控制的小型计算机（Minicomputer），使规模较小的过程控制项目也可以考虑采用计算机控制。70 年代，由于大规模集成电路技术的发展，1972 年出现了微型计算机。微型机具有价格便宜、体积小、可靠性高等优点，使计算机控制由集中式的控制结构，也就是用一台计算机完成许多控制回路的控制任务，转变成分散控制结构。人们设计出以微型计算机为基础的控制装置。例如，用于控制 8 个回路的"现场控制器"，用于控制 1 个回路的"单回路控制器"等。它们可以被"分散"安装到更接近于测量和控制点的地方。这一类控制装置都具有数字通信能力，它们通过高速数据通道和主控制室的计算机相连接，形成分散控制、集中操作和分级管理的布局。这就是"分布式控制系统"（Distributed Control System，DCS）。对 DCS 的每个关键部位都可以考虑冗余措施，保证在发生故障时不会造成停产检修的严重后果，使可靠性大大提高。许多国家的计算机和仪表制造厂都推出了自己的 DCS，如美国 Honeywell 公司的 TDC-2000 和新一代产品 TDC-3000，日本横河公司的 CENTUM 等。现在，世界上几十家公司生产的 DCS 产品已有 50 多个品种，而且有了几代产品。

除了在过程控制方面计算机控制日趋成熟外，在机电控制、航天技术和各种军事装备中，计算机控制也日趋成熟，得到了广泛的应用，如通信卫星的姿态控制，卫星跟踪天线的控制，电气传动装置的计算机控制，计算机数控机床，工业机器人的姿态，力、力矩伺服系统，射电望远镜天线控制，飞行器自动驾驶仪等。在某些领域，计算机控制已经成为该领域不可缺少的因素。例如，在工业机器人的控制中，不使用计算机控制是无法完成控制任务的。在射电望远镜的天线控制系统中，由于使用了计算机控制，引入了自适应控制等先进控制方法而大大提高了控制精度。

从 80 年代后期到 90 年代，计算机技术又有了飞速的发展，微处理器已由 16 位发展到 32 位，并且进一步向 64 位过渡。高分辨率的显示器增强了图形显示功能。采用多窗口技术和触摸屏调出画面，使操作简单，显示响应速度更快。多媒体技术使计算机可以显示高速动态图像，并有音乐和语音，增强显示效果。另一方面，人工智能和知识工程方法在自动控制领域得到应用，模糊控制、专家控制、各种神经元网络算法在自动控制系统中同样得到应用。在故障诊断、生产计划和调度、过程优化、控制系统的计算机辅助设计、仿真培训和在线维护等方面也越来越广泛地使用知识库系统（KBS）和专家系统（ES）。90 年代随着分散控制系统的广泛使用和工厂综合自动化的要求，对各种控制设备提出了很强烈的通信需求，要求计算机控制的核心设备，如工业控制计算机、现场控制器、单回路调节器和各种可编程控制器（PLC）之间具有较强的通信能力，使它们能很方便地构成一个大系统，实现综合自动化的目标。这就是在自动化技术、信息技术和各种生产技术的基础上，通过计算机系统将工厂的全部生产活动所需要的信息和各种分散的自动化系统实现有机集成，形成能适应生产环境不确定性和市场需求多变性总体最优的高质量、高效益、高柔性的智能生产系统。这种系统在连续生产过程中被称为计算机集成生产/过程系统（Computer Integrated Production/Process System，CIPS）。与此相应，在机械制造行业，则称为计算机集成制造系统（Computer Integrated Manufacturing System，CIMS）。

1.3.2 计算机控制理论的发展概况

采样系统理论在计算机控制方面已取得重要成果，近年来出现了许多新型控制策略。

1. 采样控制理论

计算机控制系统中包含有数字环节，如果同时考虑数字信号在时间上的离散和幅度上的量化效应，严格地说，数字环节是时变非线性环节，因此要对它进行严格的分析是十分困难的。若忽略数字信号的量化效应，则计算机控制系统可看作采样控制系统。在采样控制系统中，如果将其中的连续环节离散化，从而整个系统便成为纯粹的离散系统。因此计算机控制系统理论主要包括离散系统理论、采样系统理论及数字系统理论。

1）离散系统理论

离散系统理论主要指对离散系统进行分析和设计的各种理论与方法，它主要包括：

（1）差分方程及 z 变换理论。利用差分方程、z 变换及 z 传递函数等数学工具来分析离散系统的性能及稳定性。

（2）常规设计方法。以 z 传递函数作为数学模型对离散系统进行常规设计的各种方法的研究，如有限拍控制、根轨迹法设计、离散 PID 控制、参数寻优设计及直接解析设计法等。

（3）按极点配置的设计法。包括基于传递函数模型及基于状态空间模型的两种极点配置设计方法。在利用状态空间模型时，它包括按极点配置设计控制规律及设计观测器两方面的内容。

（4）最优设计方法。包括基于传递函数模型及基于状态空间模型的两种设计方法。基于传递函数模型的最优设计法，主要包括最小方差控制和广义最小方差控制等内容。基于状态空间模型的最优设计法，主要包括线性二次型最优控制及状态的最优估计两个方面，通常简称 LQG（Linear Quadratic Gaussian）问题。

（5）系统辨识及自适应控制。系统辨识是根据系统的输入/输出时间函数来确定描述系统行为的数学模型，自适应控制系统能自行调整参数或产生控制作用，使系统仍能按某一性能指标运行在最佳状态的一种控制方法。

2）采样系统理论

采样系统理论除了包括离散系统的理论外，还包括以下一些内容：

（1）采样理论。主要包括香农（shannon）采样定理、采样频谱及混叠、采样信号的恢复及采样系统的结构图分析等。

（2）连续模型及性能指标的离散化。为了使采样系统能变成纯粹的离散系统来进行分析和设计，需将采样系统中的连续部分进行离散化，首先需要将连续环节的模型表示方式离散化。由于模型表示主要采用传递函数和状态方程两种形式，因此连续模型的离散化也主要包括这两个方面。由于实际的控制对象是连续的，因此性能指标函数也常常以连续的形式给出，这样将更能反映实际系统的性能要求，因此也需要将连续的性能指标进行离散化，由于主要采用最优和按极点配置的设计方法，因此性能指标的离散化也主要包括这两个方面。连续系统的极点转换为相应的离散系统的极点分布是一件十分简单的工作，连续的二次型性能指标函数的离散化则需要较为复杂的计算。

（3）性能指标函数的计算。采样控制系统中控制对象是连续的，控制器是离散的，性能指标函数也常常以连续的形式给出。为了分析系统的性能，需要计算采样系统中连续的性能指标函数，其中包括确定性系统和随机性系统两种情况。

（4）采样控制系统的仿真。

（5）采样周期的选择。

3）数字系统理论

数字系统理论除了包括离散系统和采样系统的理论外，还包括数字信号量化效应的研究，如量化误差、非线性特性的影响等。同时，还包括数字控制器实现中的一些问题，如计算延时、控制算法编程等。

2. 先进控制技术

常规的控制方法如 PID 控制等在计算机控制系统中得到了广泛应用，但这些控制策略一是要求被控对象是精确的、时不变的，且是线性的；二是要求操作条件和运行环境是确定的、不变的。但是由于对象的结构是时变的，有许多不确定因素，且多是非线性、多变量、强耦合和高维数的，既有数字信息，又有多媒体信息，难以建立常规的数学模型；其次，运行环境改变和环境干扰的时变，再加上信息的模糊性、不完全性、偶然性和未知性，使系统的环境复杂化；最后，控制任务不再限于系统的调节和伺服问题，还包括了优化、监控、诊断、调度、规划、决策等复杂任务。因而建立和实践了一些新的控制策略并在实际中得到改进和发展。

1）鲁棒控制

控制系统的鲁棒性是指系统的某种性能或某个指标在某种扰动下保持不变的程度（或对扰动不敏感的程度）。其基本思想是在设计中设法使系统对模型的变化不敏感，使控制系统在模型误差扰动下仍能保持稳定，品质也保持在工程所能接受的范围内。鲁棒控制主要有代数方法和频域方法，前者的研究对象是系统的状态矩阵或特征多项式，讨论多项式族或矩阵族的鲁棒控制；后者是从系统的传递函数矩阵出发，通过使系统由扰动至偏差的传递函数矩阵 $H\infty$ 的范数取极小，来设计出相应的控制规律。

鲁棒控制控制理论成果主要应用在飞行器、柔性结构、机器人等领域，在工业过程控制领域应用较少。

2）预测控制

预测控制是一种基于模型又不过分依赖模型的控制策略，其基本思想类似于人的思维与决策，即根据头脑中对外部世界的了解，通过快速思维不断比较各种方案可能造成的后果，从中择优予以实施。它的各种算法是建立在模型预测—滚动优化—反馈校正等 3 条基本原理上的，其核心是在线优化。这种"边走边看"的滚动优化控制策略可以随时顾及模型失配、时变、非线性或其他干扰因素等不确定性，及时进行弥补，减小偏差，以获得较高的综合控制质量。

预测控制集建模、优化和反馈于一体，三者滚动进行，其深刻的控制思想和优良的控制效果，一直为学术界和工业界所瞩目。

3）模糊控制

模糊控制是一种应用模糊集合理论的控制方法。模糊控制是一种能够提高工业自动化能力的控制技术。模糊控制是智能控制中一个十分活跃的研究领域。凡是无法建立数学模型或难以建立数学模型的场合都可采用模糊控制技术。

模糊控制的特点是：一方面，模糊控制提供了一种实现基于自然语言描述规则的控制规律的新机制；另一方面，模糊控制器提供了一种改进非线性控制器的替代方法，这些非线性控制器一般用于控制含有不确定性和难以用传统非线性理论来处理的装置。

4）神经网络控制

神经网络控制是一种基本上不依赖于模型的控制方法，它比较适用于那些具有不确定性或高度非线性的控制对象，并具有较强的适应和学习功能。

5）专家控制

专家控制系统是一种已广泛应用于故障诊断、各种工业过程控制和工业设计的智能控制系统。工程控制论与专家系统的结合形成了专家控制系统。专家控制系统的主要优点有：

（1）运行可靠性高。对于某些特别的装置或系统，如果不采用专家控制器来取代常规控制器，整个控制系统将变得非常复杂，尤其是其硬件结构，结果是使系统的可靠性大为下降。因此，对专家控制器提出较高的运行可靠性要求。它通常具有方便的监控能力。

（2）决策能力强。决策是基于知识的控制系统的关键能力之一，大多数专家控制系统要求具有不同水平的决策能力。专家控制系统能够处理不确定性、不完全性和不精确性之类的问题，这些问题难以用常规控制方法解决。

（3）应用通用性好。应用的通用性包括易于开发、示例多样性、便于混合知识表示、全局数据库的活动维数、基本硬件的机动性、多种推理机制及开放式的可扩充结构等。

（4）控制与处理的灵活性。包括控制策略的灵活性、数据管理的灵活性、经验表示的灵活性、解释说明的灵活性、模式匹配的灵活性及过程连接的灵活性等。

（5）拟人能力。专家控制系统的控制水平具有人类专家的水准。

6）遗传算法

遗传算法是一种新发展起来的优化算法，是基于自然选择和基因遗传学原理的搜索算法。它将"适者生存"这一基本的达尔文进化理论引入串结构，并且在串之间进行有组织但又随机的信息交换。

遗传算法在计算机控制中的应用主要是进行优化和学习，特别是与其他控制策略结合，能够获得较好的效果。

上述的新型控制策略各有特长，但在某些方面都有其不足。因而各种控制策略相互渗透和结合，构成复合控制策略是主要发展趋势。组合智能控制系统的目标是将智能控制与常规控制模式有机地组合起来，以便取长补短，获得互补性，提高整体优势，以期获得人类、人工智能和控制理论高度紧密结合的智能系统，如 PID 模糊控制器、自组织模糊控制器、基于神经网络的自适应控制系统等。

1.3.3　计算机控制系统的发展趋势

计算机控制技术的发展与信息化、数字化、智能化、网络化的技术潮流相关，与微电子技术、控制技术、计算机技术、网络与通信技术、显示技术的发展密切相关，互为因果，互相补充和促进；各种自动化手段互相借鉴，工控机系统、自动化系统、信息技术改造传统产业、机电一体化、数控系统、先进制造系统、CIMS 各有背景，都很活跃。相互借鉴，相互渗透和融合，使彼此之间的界限越来越模糊。各种控制系统互相融合，在相当长的一段时间内，FCS、IPC、NC/CNC、DCS、PLC，甚至嵌入式控制系统，将相互学习、相互补充、相互促进、彼此共存。各种控制系统虽然设计的初衷不一，各有特色，各有适宜的应用领域，自然也各有不适应的地方，但技术上都知道学人之长，补己之短，融合与集成是大势所趋，势不可挡。计算机控制发展的趋势主要集中在如下几个方面：综合化、智能化、虚拟化、绿色化。

1. 综合化

随着现代管理技术、制造技术、信息技术、自动化技术、系统工程技术的发展，综合自动化技术（ERP+MES+PCS）将会在工业过程中得到广泛应用，将企业生产过程中的有关资源、技术、经营管理三要素及其信息流、物流有机地集成并优化运行，可大大提高企业的经济效益。

2. 智能化

经典的反馈控制、现代控制和大系统理论在应用中遇到不少难题。首先，这些控制系统的设计和分析都是建立在精确的系统模型的基础上的，而实际系统一般难以获得精确的数学模型；其次，为了提高控制性能，整个控制系统变得极其复杂，增加了设备的投资，降低了系统的可靠性。人工智能的出现和发展，促进自动控制向更高的层次发展，即智能控制。智能控制是一种无须人的干预就能够自主地驱动智能机器实现其目标的过程，也是用机器模拟人类智能的又一重要领域。

3．虚拟化

在数字化基础上，虚拟化技术的研究正在迅速发展。它主要包括虚拟现实（VR）、虚拟产品开发（VPD）、虚拟制造（VM）和虚拟企业（VE）等。

4．绿色化

绿色自动化技术的概念，主要是从信息、电气技术与设备的方面出发，以减少、消除自动化设备对人类、环境的污染与损害。其主要内容包括保证信息安全与减少信息污染、电磁谐波抑制、洁净生产、人机和谐、绿色制造等。这是全球可持续发展战略在自动化领域中的体现，是自动化学科的一个崭新课题。

1.4　人工智能的发展

人工智能

人工智能（Artificial Intelligence，AI）是应用大量人类专家的知识和推理方法求解复杂实际问题的一门学科。人工智能系统的主要任务是建立智能信息处理理论，进而设计可以展现某些近似于人类智能行为的计算机系统。

人工智能的发展是以硬件与软件的发展为基础的，经历了漫长的发展历程。特别是 20 世纪 30 年代和 40 年代的智能界，出现了两件重要的事情：数理逻辑和关于计算的新思想。以维纳（Wiener）、弗雷治、罗素等为代表，他们对发展数理逻辑学科的贡献，以及丘奇（Church）、图灵和其他一些人关于计算本质的思想，对人工智能的形成产生了重要的影响。

人工智能的发展

作为一门学科，人工智能于 1956 年问世，是由"人工智能之父"McCarthy 及一批数学家、信息学家、心理学家、神经生理学家、计算机科学家在 Dartmouth 大学召开的会议上首次提出的。

人工智能的发展经历了以下几个阶段：

（1）20 世纪 50 年代，人工智能的兴起和冷落。

人工智能概念首次提出后，相继出现了一批显著的成果，如机器定理证明、跳棋程序、通用问题求解程序、LISP 表处理语言等。但由于消解法推理能力有限，以及机器翻译的失败，使人工智能走向了低谷。这一阶段的特点是：重视问题求解的方法，忽视知识的重要性。

（2）20 世纪 60 年代末到 70 年代，专家系统出现，使人工智能研究出现新高潮。

DENDRAL 化学质谱分析系统、MYCIN 疾病诊断和治疗系统、PROSPECTIOR 探矿系统、Hearsay-II 语音理解系统等专家系统的研究和开发，将人工智能引向了实用化，且于 1969 年召开了国际人工智能联合会议（International Joint Conferences on Artificial Intelligence，IJCAI）。

（3）20 世纪 80 年代，随着第五代计算机的研制，人工智能得到了很大的发展。

日本 1982 年开始了"第五代计算机研制计划"，即"知识信息处理计算机系统（KIPS）"，其目的是使逻辑推理达到数值运算的速度。虽然此计划最终失败，但它的开展形成了一股研究人工智能的热潮。

（4）20 世纪 80 年代末，神经网络飞速发展。

1987 年，美国召开第一次神经网络国际会议，宣告了这一学科的诞生。此后，各国在神经网络方面的投资逐渐增加，神经网络迅速发展起来。

人工智能的发展

（5）20 世纪 90 年代至今，人工智能出现新的研究高潮。

20 世纪 90 年代，随着计算机网络、计算机通信等技术的发展，关于智能体（Agent）的研究成为人工智能的热点。1993 年，肖哈姆（Shoham Y）提出面向智能体的程序设计[Shoham 1993]。1995 年，罗素（Russell S）和诺维格（Norvig P）出版了《人工智能》一书，提出"将人工智能定义为将从环境中接受感知信息并执行行动的智能体研究"[Russell et al. 1995]。所以，智能体应该是人工智能的核心问题。斯坦福大学计算机科学系的海斯-罗斯（Hayes-Roth B）在 IJCAI' 95 的特约报告中谈到："智能体既是人工智能最初的目标，也是人工智能最终的目标"[Hayes-Roth 1995]。

人工智能模拟纳入我国国家计划的研究起始于 1978 年。1984 年召开了智能计算机及其系统的全国学术讨论会。1986 年起把智能计算机系统、智能机器人和智能信息处理（含模式识别）等重大项目列入国家高技术研究 863 计划。1997 年起，又把智能信息处理、智能控制等项目列入国家重大基础研究 973 计划。进入 21 世纪后，在最新制定的《国家中长期科学和技术发展规划纲要（2006—2020 年）》中，"脑科学与认知科学"已

无人机智能控制技术

列入八大前沿科学问题之一。信息技术将继续向高性能、低成本、普适计算和智能化主要方向发展，寻求新的计算与处理方式和物理实现是未来信息技术领域面临的重大挑战。

1981 年起，我国相继成立了中国智能学会（CAAI）、全国高校人工智能研究会、中国计算机学会人工智能与模式识别专业委员会、中国自动化学会模式识别与机器智能专业委员会、中国软件行业协会人工智能协会、中国智能机器人专业委员会、中国计算机视觉与智能控制专业委员会及中国智能自动化专业委员会等学术团体。1989 年首次召开了中国人工智能联合会议（CJCAI）。1987 年创刊了《模式识别与人工智能》杂志。2006 年创刊了《智能系统学报》和《智能技术》杂志。2011 年创刊了 *International Journal of Intelligence Science* 国际刊物。

1.5 德国工业 4.0 与中国制造 2025

机器人生产线

"工业 4.0"是以智能制造为主导的第四次工业革命。世界主要发达国家都有自己的"工业 4.0"战略计划，其中德国作为全世界制造业竞争力最强的国家之一，其"工业 4.0"受到世人瞩目，在全球最受关注。德国"工业 4.0"是德国面向未来竞争的总体战略方案，在全球信息技术领域中，德国强大的机械和装备制造业占据了显著地位。为了支持工业领域新一代革命性技术的研发与创新，德国政府在 2013 年 4 月举办的汉诺威工业博览会上正式推出《德国工业 4.0 战略计划实施建议》。该计划对全球工业未来的发展趋势进行了探索性研究和清晰描述，为德国预测未来 10～20 年的工业生产方式提供了依据，因此引起了全世界科学界、产业界和工程界的关注。

德国"工业 4.0"战略，本质就是以机械化、自动化和信息化为基础，建立智能化的新型生产模式与产业结构。其主要内容概括为"一个核心"、"两重战略"、"三大集成"和"八项举措"。"智能+网络化"是德国"工业 4.0"的核心，它通过虚拟实体系统（Cyber-Physical System，CPS）建立智能工厂，实现智能制造。基于 CPS 系统，德国"工业 4.0"利用"领先的供应商战略"、"领先的市场战略"来增强制造业的竞争力。在具体实施过程中起支撑作用的三大集成分别是：关注产品的生产过程，在智能工厂内建成生产的纵向集成；关注产品在整个生命周期不同阶段的信息，使信息共享，以实现工程数字化集成；关注全社会价值网络的实现，达成德国制造业的横向集成。采取的八项措施分别是：实现技术标准化和开放标准的参考体系；建立

模型来管理复杂的系统；建立安全保障机制；创新工作的组织和设计方式；注重培训和持续的职业发展；健全规章制度；提升资源效率。德国"工业 4.0"的发展目标一方面是消除工业控制与传统信息管理技术之间的距离，另一方面是建设智能工厂并进行智能生产。这意味着未来工业的发展将进入一个智能通道，机器人将摆脱人工操作，从原料到生产再到运输的各个环节都可以被各种智能设备控制。云技术则能把所有的要素都连接起来，生成大数据，自动修正生产中出现的任何问题。

2015 年 5 月，中国政府发布了《中国制造 2025》，坚持"创新驱动、绿色发展、结构优化、以人为本"的基本方针，坚持"市场主导、政府引导、立足当前、着眼长远、整体推进、重点突破、自主发展、开放合作"的基本原则，通过"三步走"实现制造强国的战略目标：第一步，到 2015 年迈入制造强国行列；第二步，到 2035 年中国制造业整体达到世界制造强国阵营中等水平；第三步，到新中国成立一百年时，综合实力进入世界制造强国前列。

"中国制造 2025"以创新驱动发展为主题，以信息化与工业化深度融合为主线，以推进智能制造为主攻方向。

习题

1. 计算机控制系统中的实时性、离线方式和在线方式的含义是什么？
2. 计算机控制系统硬件由哪几部分组成？说明各部分的主要功能。
3. 计算机控制系统按功能分类有几种？
4. 计算机控制系统软件有什么作用？
5. 说明 DDC 与 SCC 系统的工作原理、特点，它们之间有何区别和联系？
6. DCS 与 FCS 相比各有什么特点？
7. 离散控制理论包括哪些内容？
8. 说明先进控制技术的特点及应用。
9. 计算机控制的主要发展趋势是什么？
10. 人工智能发展的趋势是什么？

第2章

计算机控制系统的硬件设计技术

本章知识点：
- 计算机控制系统的常用主机
- 数字量输入/输出通道组成及设计
- 模拟量输入/输出通道组成及设计
- 计算机控制系统硬件抗干扰技术
- 工业控制网络技术简介

基本要求：
- 了解工业控制计算机、可编程控制器、嵌入式系统的特点和应用场合
- 理解模拟量、数字量输入/输出通道的组成及信号调理电路和作用
- 掌握模拟量输入/输出通道的设计方法
- 掌握数字量输入/输出通道的设计方法
- 理解系统内部和外部总线的使用方法和选用原则
- 理解计算机控制系统硬件抗干扰措施和使用场合
- 理解集散控制系统（DCS）、现场总线控制系统（FCS）及工业以太网的组成和简单应用

能力培养：

通过对常用主机、模拟量输入/输出通道、数字量输入/输出通道、计算机抗干扰措施等知识点的学习，培养学生阅读、理解、分析与设计计算机控制系统硬件电路的基本能力。学生能根据现场工程实际需求和控制系统性能指标的要求，正确选择和合理使用主控制器、模拟量和数字量的输入/输出通道，学会根据现场的干扰来源和特性，采取相应的抗干扰措施。运用本章所学知识，可以自主地搭建控制电路，培养工程实践能力。

计算机控制系统在工业生产过程中得到了广泛的应用，其基本硬件结构主要包括主控机、输入/输出通道、人机接口、测量变换环节、执行机构、被控对象。不同的生产工艺和生产规模对计算机控制系统的要求也不同，因而如何依据实际情况搭建合理的计算机控制系统是一个关键问题。

工业控制计算机（IPC）、可编程控制器（PLC）是中小型控制系统中的主要控制装置，也是大型网络控制系统中的控制单元，在工业控制中得到了广泛应用。而嵌入式系统在智能仪表及小型控制系统中应用广泛。

本章主要介绍计算机控制系统常用主机、输入/输出通道和硬件抗干扰措施。

2.1　计算机控制系统常用主机

2.1.1　工业控制计算机（IPC）

工业控制计算机即工控机（Industrial Personal Computer，IPC），是专门为工业现场而设计的计算机。工控机是以计算机为核心的测量和控制系统，处理来自工业系统的输入信号，再根据控制要求将处理结果输出到控制器，去控制生产过程，同时对生产进行监督和管理。工控机在架构上与 PC 类似，但其更注重生产设备的软硬件接口，强调设备之间的自动沟通。在硬件上，IPC 由生产厂家按照某种标准总线设计制造符合工业标准的主机板及各种 I/O 模板，设计和使用者只要选用相应的功能模板，像搭积木似地灵活构成各种用途的计算机控制装置即可；而在软件上，利用熟知的系统软件和工具软件，编制或组态相应的应用软件，就可以非常便捷地完成对生产流程的集中控制与调度管理。

工控机安装

1．工控机常规构件

典型的工控机由工业机箱、工业电源、主板、显示板、硬盘驱动器、光盘驱动器、各类输入/输出接口模板、显示器、键盘、鼠标等组成，图 2-1 是工控机的内部和外部结构。

（a）外部结构　　　　　　　　　　　（b）内部结构

图 2-1　工控机的主机箱结构

IPC 的各部件均采用模板化结构，即在一块无源的并行底板总线上，插接多个功能模板组成一台 IPC。例如，一台标准的工控机配置如下：

处理器：四核 i7-4709（3.6GB）；

芯片组：Intel H81；

缓存：8MB；

前端总线：5GT/s；

内存：DDRIII，4GB；

硬盘：500GB；

以太网：2*INTEL i210-AT 千兆网卡；

声卡：ALC887；

DVD：标配 1 个；

I/O 接口：1*DVi-i、1*VGA、7*USB2.0、2*USB3.0、1*PS/2；

工控机结构

COM 口：2*RS-232（可扩展 10 个，其中 1 个 422/485、9 个 RS-232，可通过跳线设置）；

显存：共享 1.7GB；

数字 I/O 功能：4 进 4 出；

扩展槽：5 个 PCI、1 个 PCI-E X4、1 个 PCI-E X6 插槽；

工作温度：0～60℃；

工作湿度：10%～90%RH；

机箱尺寸：483mm*177mm*450mm（*W*H*D*）；

系统支持：DOS、Windows 7、Windows 10、Windows 2008、Windows 2012。

2．工控机的特点

由于工业现场一般具有震动强烈、多灰尘、电磁干扰严重等特点，并且需要工控机长时连续工作，因此工控机与 PC 相比具有如下特点：

（1）可靠性高，IPC 具有在粉尘、烟雾、高/低温、潮湿、震动、腐蚀等环境下正常工作的能力，快速诊断和可维护性好，其 MTTF（平均无故障时间）为 10 万小时以上，而普通 PC 的 MTTF 仅为 10000～15000h。机箱内有专门电源，有较强的抗干扰能力。

（2）实时性好，IPC 对工业生产过程进行实时在线检测与控制，对工作状况的变化给予快速响应，及时进行采集和输出调节。

（3）可扩充性高，IPC 由于采用底板+CPU 卡结构，因而具有很强的输入/输出功能，便于插接扩展板卡，能与工业现场的各种外设、板卡相连，以完成各种任务。

（4）兼容性好，能同时利用 ISA 与 PCI 等资源，并支持各种操作系统、多种语言汇编、多任务操作系统。

（5）一般配置硬盘容量小，不具备较高的显卡性能、多媒体显示性能等。

（6）控制软件包功能强，具有人机交互方便、画面丰富、实时性好等性能；具有系统组态和系统生成功能；具有实时及历史的曲线记录与显示功能；具有实时报警及事故追忆等功能；具有丰富的控制算法。

（7）系统通信功能强，具有远程通信功能，为满足实时性要求，工控机的通信网络速度要高，并符合国际标准通信协议。

（8）具有一定的冗余性，在对可靠性要求很高的场合，要求有双机工作及冗余系统，包括双控制站、双操作站、双网通信、双供电系统、双电源等，具有双机切换功能、双机监视软件等，以保证系统长期不间断工作。

3．工控机的硬件组成

1）CPU

IPC 的 CPU 卡有多种，取决于系统规模、应用领域和结构形式。根据尺寸可分为长卡和半长卡，用户可视自己的需要任意选配。其主要特点是：工作温度为 0～60℃；带有硬件"看门狗"计时器；要求低功耗的 CPU 卡时，可采用嵌入式系列的 CPU。

2）无源主机板

无源底板的插槽由总线扩展槽组成，总线扩展槽可依据用户的实际应用选用扩展 ISA 总线、PCI 总线和 PCI-E 总线、PCIMG 总线的多个插槽组成。底板可插接各种板卡，包括 CPU 卡、显示卡、控制卡、I/O 卡等。

3）系统总线

系统总线是一些线的集合，它定义了各引线的信号、电气和机械特性，使计算机系统内部的各部件之间以及外部的各设备之间建立信号联系，进行数据传送和通信。

系统总线可分为内部总线和外部总线、并行总线和串行总线。内部总线是工控机内部各组成部分之间进行信息传送的公共通道，是一组信号线的集合。常用的内部总线有 ISA 总线、PCI 总线、EISA 总线等；外部总线是工控机与其他计算机和智能设备进行信息传送的公共通道，常用的外部总线有 STD 总线、串行总线（RS-232、RS-422、RS-485）、局域网（LAN）、工业以太网（Ethernet）、控制网络（C-NET）等。内部总线与外部总线在计算机控制系统中的位置见图 2-2。并行总线按字节或字并行传送位信号，传送线数等于位数。串行总线按字节或字串行传送位信号，一根传送线上按位先后依次传送。

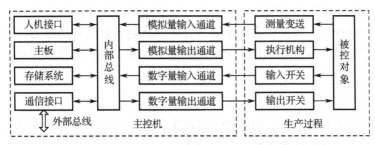

图 2-2　内部总线与外部总线在计算机控制系统中的位置

尽管各种内部总线的线数不同，但按其功能可分为数据总线 D、地址总线 A、控制总线 C 和电源总线 P。

4）输入/输出模板

反映生产过程工作状况的信号既有模拟量，又有数字量（或开关量）。对工控机来说，其输入和输出都必须是数字量。因而输入和输出通道的主要功能，一是将模拟信号变换成数字信号，二是将数字信号变换为模拟信号，三是解决工控机与输入和输出之间的接口问题。

输入/输出通道是工控机和生产过程之间进行信号传递和变换的连接通道，包括模拟量输入通道（AI）、模拟量输出通道（AO）、数字量（开关量）输入通道（DI）、数字量（开关量）输出通道（DO）。输入通道的作用是将生产过程的信号变换成主机能够接收和识别的代码；输出通道的作用是将主机输出的控制命令和数据进行变换，作为执行机构或电气开关的控制信号，系统输入/输出通道见图 2-3。

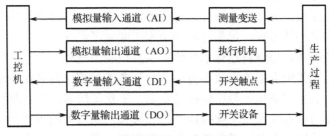

图 2-3　系统输入/输出通道

5）通信接口

通信接口是工业控制机与其他计算机和智能设备进行信息传送的通道。常用的有

IEEE-488、RS-232C、RS-485、局域网（LAN）、工业以太网（Ethernet）等接口。此外，为方便主机系统集成，USB 总线接口技术正日益受到重视。

6）系统支持功能

系统支持功能主要包括：

（1）监控定时器，俗称"看门狗"（Watchdog），当系统因干扰或软故障等原因出现异常时，能够使系统自动恢复运行，提高系统的可靠性。

（2）电源掉电监测，当工业现场出现电源掉电故障时，及时发现并保护当时的重要数据和计算机各寄存器的状态。一旦上电，工控机能从断电处继续运行。

（3）后备存储器，Watchdog 和电源掉电监测功能均需要后备存储器用来保存重要数据。后备存储器能在系统掉电后保证所存数据不丢失。系统存储器工作期间，后备存储器应处于上锁状态。

（4）实时日历时钟，实际控制系统中通常有事件驱动和时间驱动能力。工控机可在某时刻自动设置某些控制功能，可自动记录某个动作的发生时间。实时时钟在掉电后仍能正常工作。

7）机箱

工控机机箱的优点是耐挤压、耐腐蚀、抗灰尘、抗振动、抗辐射，主要用于环境比较恶劣的场合，有卧式与壁挂式两种结构。

机箱

8）人机接口

工控机和操作人员之间需要互通信息，如工控机实时显示生产状况，工作人员需要向工控机发出操作控制命令。为此，在工控机和操作人员之间应设置操作显示设备，常用的有 LCD 显示器、键盘、打印机、手动操作器、操作显示面板等。

4. 工控机的软件组成

在整个计算机控制系统中，所需的硬件构成了工业控制机系统的设备基础，硬件大部分可以直接从市场购买到。软件是工业控制机的程序系统，软件研制的工作量往往大于硬件，所以计算机控制系统的设计在很大程度上取决于软件，软件是影响整个控制系统性能的关键。

1）控制系统对软件的要求

（1）实时性。由于工业控制多为实时控制，特别是控制任务比较复杂时，程序的执行时间是控制系统应用软件设计必须考虑的一个问题。

（2）通用性和灵活性。为了提高程序的通用性，节省内存，提高程序的复用性，在软件设计上可采用模块化和结构化设计，尽量将共同的程序编成子程序。

（3）多任务和多线程。综合自动化系统除了包括控制系统外，还包括生产管理、调试和账务管理等系统，因此软件所面临的对象不再是单一任务或线程，而是比较复杂和多任务系统。

（4）可靠性。工业生产环境一般比较恶劣复杂，干扰源较多。在计算机控制系统的设计过程中，除了硬件方面的可靠性和抗干扰措施外，还必须考虑软件的可靠性和抗干扰性，两者同等重要。例如，在软件设计中可以设置检测与诊断程度，采用冗余技术和软件陷阱等技术来提高其可靠性和抗干扰性。

2）软件分类

工控机软件可分为系统软件、工具软件、应用软件三部分。

（1）系统软件。系统软件用来管理 IPC 的资源，并以简便的形式向用户提供服务，包括实时多任务操作系统、引导程序、调度执行程序，如美国 Intel 公司的 iRMX86 实时多任务操作系统。除了实时多任务操作系统以外，也常使用 MS-DOS，特别是 Windows 软件。

（2）工具软件。工具软件是技术人员从事软件开发工作的辅助软件，包括汇编语言、高级语言、编译程序、编辑程序、调试程序、诊断程序等。

（3）应用软件。所谓应用软件，是系统设计人员针对某个生产过程而编制的控制和管理程序，通常包括过程输入/输出接口程序、输入/输出驱动程序、实时数据库、过程控制程序、人机接口程序、打印显示程序和公共子程序等。目前，工业控制软件正向组态化、结构化方向发展。

5．工控机的内部总线

内部总线是微机系统中各插件之间的信息传输通路，是一种标准化的总线电路，它提供通用的电平信号来实现各种电路信号的传递，包括 ISA 总线（Industry Standard Architecture）、PCI 总线（Peripheral Component Interconnect）、EISA 总线（Extended Industry Standard Architecture）等。

1）ISA /EISA 总线

ISA 总线又称 AT 总线，为 16 位体系结构，支持 8/16 位的 I/O 设备，最大传输率为 16Mbps，总线频率为 8MHz。1988 年 ISA 扩展到 32 位，即 EISA 总线，频率达到 16MHz，与 ISA 在结构上具有良好的兼容性。虽然以上两种总线形式已逐渐被 PCI 总线所替代，但在工业控制的一些设备中仍在使用。下面对 ISA 总线做简单介绍。

ISA 总线扩展槽一般为黑色，由两部分组成，一部分为 8 位基本插槽，有 62 引脚，正反面分别称为 A 列和 B 列；另一部分是添加部分，由 36 引脚组成，它增加了 8 位数据线和 7 位地址线，正反面分别称为 C 列和 D 列，不能独立工作，需要和基本插槽一起使用。图 2-4 为 ISA 总线扩展槽，表 2-1 为 8 位 ISA 总线引脚功能。

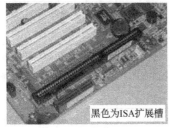

黑色为ISA扩展槽

（a）ISA扩展槽　　　　　　　　　　（b）插槽外观

图 2-4　ISA 总线扩展槽

表 2-1　8 位 ISA 总线引脚功能

元　件　面			焊　接　面		
引　脚　号	信　号　名	说　明	引　脚　号	信　号　名	说　明
A1	I/OCHC		B1	GND	地

续表

元 件 面			焊 接 面		
引 脚 号	信 号 名	说 明	引 脚 号	信 号 名	说 明
A2	D7		B2	RESETDRV	复位
A3	D6		B3	+5V	电源
A4	D5		B4	IRQ3(IRQ9)	中断请求2,输入
A5	D4	输入数据,双向	B5	-5V	电源-5V
A6	D3		B6	IRQ2	DMA通过2请求,输入
A7	D2		B7	-12V	电源-12V
A8	D1		B8	$\overline{\text{CARDSLCTD}}$	
A9	D0		B9	+12V	电源+12V
A10	$\overline{\text{I/OCHRDY}}$	输入I/O准备好	B10	GND	地
A11	AEN	输出,地址允许	B11	$\overline{\text{MEMW}}$	存储器写,输出
A12	A19		B12	$\overline{\text{MEMR}}$	存储器读,输出
A13	A18		B13	$\overline{\text{IOW}}$	接口写,双向
A14	A17		B14	$\overline{\text{IOR}}$	接口读,输出
A15	A16		B15	$\overline{\text{DACK3}}$	DMA通道3响应,输出
A16	A15		B16	DRQ3	DMA通道3响应,输入
A17	A14		B17	$\overline{\text{DACK1}}$	DMA通道1响应,输出
A18	A13		B18	DRQ1	DMA通道1响应,输入
A19	A12		B19	$\overline{\text{DACK0}}$	DMA通道0响应,输入
A20	A11		B20	CLK	系统时钟,输出
A21	A10	地址信号,双向	B21	IRQ7	中断请求,输出
A22	A9		B22	IRQ6	中断请求,输出
A23	A8		B23	IRQ5	中断请求,输出
A24	A7		B24	IRQ4	中断请求,输出
A25	A6		B25	IRQ3	中断请求,输出
A26	A5		B26	$\overline{\text{DACK2}}$	DMA通道2响应,输出
A27	A4		B27	T/C	技术终点信号,输出
A28	A3		B28	ALE	地址锁存信号,输出
A29	A2		B29	+5V	电源+5V
A30	A1		B30	OSC	振荡信号,输出
A31	A0		B31	GND	地

2）PCI/Compact PCI 总线

通常认为，I/O 总线的速度应为外设速度的 3～5 倍。因此随着外设速度的提高，对总线的速度提出了更高的要求，原有的 ISA 和 EISA 总线已经不能满足要求。

PCI 总线从 1992 年创立规范至今，取代了早先的 ISA 总线，是在 CPU 和原来的系统总线之间的一级总线。外设通过局部总线与 CPU 的数据传输率得以大大提高。PCI 总线支持 64 位数据传送、多总线主控模块和线性读/写及并发工作方式。PCI 总线引脚信号如表 2-2 所示，基于 PCI 总线的 I/O 板卡如图 2-5 所示。

表 2-2 PCI 总线引脚信号（32 位数据总线宽度）

引 脚	A 侧		B 侧	
1	电源	−12V	JTAG 信号	$\overline{\text{TRST}}$
2	JTAG 信号	TCK	电源	+12V
3	地	Ground	JTAG 信号	TMS
4	JTAG 信号	TDO	JTAG 信号	TDI
5	电源	+5V	电源	+5V
6	电源	+5V	中断信号	$\overline{\text{INTA}}$
7	中断信号	$\overline{\text{INTB}}$	中断信号	$\overline{\text{INTC}}$
8	中断信号	$\overline{\text{INTD}}$	电源	+5V
9	电源管理	$\overline{\text{PRSNT1}}$	保留	
10	保留		电源	+3.3V
11	电源管理	$\overline{\text{PRSNT2}}$	保留	
12	接口识别	Connector Key	接口识别	Connector Key
13	接口识别	Connector Key	接口识别	Connector Key
14	保留		保留	
15	地	Ground	复位	$\overline{\text{RST}}$
16	时钟	CLK	电源	+3.3V
17	地	Ground	总线允许	$\overline{\text{GNT}}$
18	总线请求	$\overline{\text{REQ}}$	地	Ground
19	电源	+3.3V	保留	
20	数据/地址信号	AD31	数据/地址信号	AD30
21	数据/地址信号	AD29	电源	+3.3V
22	地	Ground	数据/地址信号	AD28
23	数据/地址信号	AD27	数据/地址信号	AD26
24	数据/地址信号	AD25	地	Ground
25	电源	+3.3V	数据/地址信号	AD24
26	总线指令和字节允许	$\overline{\text{C/BE3}}$	初始化时设备选择	IDSEL
27	数据/地址信号	AD23	电源	+3.3V
28	地	Ground	数据/地址信号	AD22
29	数据/地址信号	AD21	数据/地址信号	AD20
30	数据/地址信号	AD19	地	Ground
31	电源	+3.3V	数据/地址信号	AD18
32	数据/地址信号	AD17	数据/地址信号	AD16
33	总线指令和字节允许	$\overline{\text{C/BE2}}$	电源	+3.3V
34	地	Ground	总线"帧"信号	$\overline{\text{FRAME}}$

引　脚	A　侧		B　侧	
35	主设备就绪	$\overline{\text{IRDY}}$	地	Ground
36	电源	+3.3V	目标设备就绪	$\overline{\text{TRDY}}$
37	设备选择	$\overline{\text{DEVSEL}}$	地	Ground
38	地	Ground	停止操作	$\overline{\text{STOP}}$
39	总线锁	$\overline{\text{LOCK}}$	电源	+3.3V
40	奇偶校验错误	$\overline{\text{PERR}}$	监视完成	$\overline{\text{SDONE}}$
41	电源	+3.3V	监视补偿	$\overline{\text{SBO}}$
42	系统错误	$\overline{\text{SERR}}$	地	Ground
43	电源	+3.3V	数据校验位	PAR
44	总线指令和字节允许	$\overline{\text{C/BE1}}$	数据/地址信号	AD15
45	数据/地址信号	AD14	电源	+3.3V
46	地	Ground	数据/地址信号	AD13
47	数据/地址信号	AD12	数据/地址信号	AD11
48	数据/地址信号	AD10	地	Ground
49	总线宽度识别	M66EN	数据/地址信号	AD9
50	地	Ground	地	Ground
51	地	Ground	地	Ground
52	数据/地址信号	AD8	总线指令和字节允许	$\overline{\text{C/BE0}}$
53	数据/地址信号	AD7	电源	+3.3V
54	电源	+3.3V	数据/地址信号	AD6
55	数据/地址信号	AD5	数据/地址信号	AD4
56	数据/地址信号	AD3	地	Ground
57	地	Ground	数据/地址信号	AD2
58	数据/地址信号	AD1	数据/地址信号	AD0
59	电源	+3.3V	电源	+3.3V
60	64 位总线扩展	$\overline{\text{ACK64}}$	64 位总线扩展	$\overline{\text{REQ64}}$
61	电源	+5V	电源	+5V
62	电源	+5V	电源	+5V

图 2-5　基于 PCI 总线的 I/O 板卡

其主要特点如下：

（1）PCI 总线时钟为 33MHz 和 66MHz 两种，与 CPU 时钟无关，总线带宽为 32 位，可扩充到 64 位。

PCI

（2）PCI 传输率高，最大传输率为 133Mbps（266Mbps），能提高硬盘、网络界面卡的性能；充分发挥影像、图形及各种高速外围设备的性能。

（3）PCI 采用数据线和地址线复用结构，减少了总线引脚数，从而节省线路空间，降低设计成本。

（4）即插即用，即当板卡插入系统时，系统会自动对板卡所需资源进行分配，并自动寻找相应的驱动程序。

Compact PCI 总线简称 CPCI，又称紧凑型 PCI。它采用与标准 PCI 相同的电气规范，可使用与传统 PCI 系统相同的芯片、防火墙和相关软件。一个标准 PCI 插卡转化成 Compact PCI 插卡几乎不需要重新设计，只需对物理连接进行重新分布即可。

Compact PCI 具有以下特点：

（1）采用标准的欧式卡的工业组装标准，具有较好的抗震性及散热性能，增强了 PCI 系统在电信或条件恶劣的工业环境中的可维护性和可靠性。

（2）每个 Compact PCI 总线段最多支持 8 个插槽，同时通过 PCI-PCI 桥的使用，能对系统规模进行进一步的扩展。

（3）通风性较好。为了满足电信等领域对热插拔的需求，Compact PCI 所使用的连接器是高低不同的针和槽式连接器，并定义了热交换对驱动程序的要求，实现了连接器电源和信号引线对热交换规范的支持。

CPCI 应用

目前 Compact PCI 在通信领域的高速交换机及路由器、实时机器控制器、工业自动化、军用通信系统得到了广泛应用，图 2-6 为基于 CPCI 总线的板卡。

图 2-6 基于 CPCI 总线的板卡

3）PCI 总线的应用

下面介绍 PCI 总线的工程应用实例。图 2-7 和图 2-8 是一个基于 PCI 总线的超声显微镜设计系统。该系统在结构上包括高频超声换能器、脉冲发射电路、高速 A/D 采集卡、机械控制系统、机械扫描平台、工业控制计算机及超声显微镜成像系统。专用超声换能器检测工件缺陷，高速 A/D 采集卡将采样信号变换成离散的数字量，高速的 CPLD 对信号做处理，PCI9054 实现与计算机的 PCI 通信。A/D 转换器选用了 AD9054，它的最高采样频率为 250MHz，模拟带宽高达 380MHz，量化误差仅有 1/2LSB，并且 AD9054 的双口输出模式可以将数据传输速率降低到采集速率的 1/2，降低了对数据存储器的性能要求，同时也降低了相关电路的设计难度。CPLD 是采集卡上控制电路的核心部分，其主要功能有：与 PCI9054 间的通信，对 AD9054 的采样频率和信号放大电路中 AD603 的增益进行设定，与 PCI9054 或 SRAM 之间的数据传输。

PCI 设备驱动程序：采用 WinDriver、Win DDK 和 VC++6.0 编写。

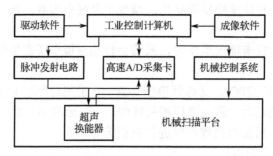

图 2-7 超声显微镜设计系统总体框图

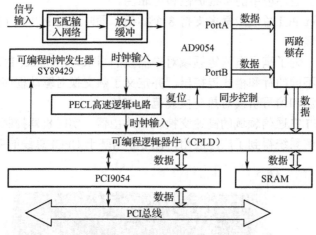

图 2-8 超声显微镜设计系统原理图

4）PC/104 和 PC/104 PLUS 总线

PC/104 是嵌入式 PC 所用的小型化的总线标准，实质上就是一种紧凑型的 IEEE-P996，其信号定义和 PC/AT 基本一致，但电气和机械规范却完全不同，是一种优化的、小型、堆栈式结构的嵌入式控制系统。它有两个总线插头，共有 104 个引脚，这也是 PC/104 名称的由来。PC/104 以其小尺寸（90mm×96mm）、高可靠性、模块可自由扩展、低功耗、堆栈式连接、丰富的软件资源等优点，在嵌入式系统领域得到了广泛应用。

PC/104 PLUS 是专为 PCI 总线设计的，可以连接高速外接设备。为了向下兼容，PC/104 PLUS 保持了 PC/104 的所有特性。

PC/104 PLUS 与 PC/104 相比有以下三个特点：

● 相对 PC/104 连接，增加了第三个连接接口支持 PCI bus。

● 改变了组件高度的需求，增加了模块的柔韧性。

● 加进了控制逻辑单元，以满足高速度 bus 的需求。

PC/104 PLUS 规范包含了两种总线标准：ISA 和 PCI，可以双总线并存。
图 2-9 和图 2-10 为基于这两种总线的板卡。

图 2-9　基于 PC/104 总线的板卡

图 2-10　基于 PC/104 PLUS 总线的板卡

6. 工控机的外部总线

外部总线是指用于计算机与计算机之间或计算机与其他智能外设之间的通信线路。常用的外部总线有 STD 总线、IEEE-488 并行总线、RS-232C 和 RS-422/RS-485 串行总线。

1）STD 总线

STD 总线是美国普洛公司于 1978 年作为工业标准发明的适用于工业控制机的特点和要求的 56 根线的总线，如图 2-11 所示。采用公共母板结构，板上安装若干个插座，插座对应引脚连在同一根总线信号线上。

STD 56 根总线中，包括 6 根逻辑电源线、4 根辅助电源线、8 根数据总线、16 根地址总线和 22 根控制总线。STD 总线性能满足嵌入式和实时性应用要求，特别是它的小板尺寸、垂直放置无源背板的直插式结构、丰富的工业 I/O OEM 模板、低成本、低功耗、扩展的温度范围、可靠性和良好的可维护性设计，使其在空间和功耗受到严格限制、可靠性要求较高的工业自动化领域得到了广泛应用。STD 总线产品其实就是一种板卡（包括 CPU 卡）和无源母板结构。

随着 32 位微处理器的出现，通过附加系统总线与局部总线的转换技术，1989 年美国的 EAITECH 公司又开发出了对 32 位微处理器兼容的 STD32 总线。

2）IEEE-488 并行总线

IEEE-488 并行总线又称通用接口总线（General Purpose Interface Bus），使用 24 芯连接器，其中 8 条双向数据线、3 条字节传送控制线、5 条接口管理线及 8 条地线，均为低电平有效。打印机、绘图仪、电压表、信号发生器等各类外设都可以使用这种总线。总线上最多可连接 15 台设备，可以采用串行或星形方式连接。最大传输距离 20m，信号传输速率一般为 500Kbps，最大传输速率为 1Mbps。图 2-12 为采用 IEEE-488 总线的板卡。

图 2-11　采用 STD 总线的板卡

图 2-12　采用 IEEE-488 总线的板卡

3）RS-232C 串行总线

RS-232C 是由美国电子工业协会（EIA）制定的一种串行接口标准，在异步串行通信中应用最早和最广泛。RS 是英文"推荐标准"（Recommended Standard）的缩写，232 为标识号，C 表示修改次数。

RS-232 的连接插头用 25 针（DB25）或 9 针（DB9）的 EIA 连接插头座，其主要端子分配如表 2-3 所示。随着设备的不断改进，现在 DB25 很少看到，一般是 DB9 的接口。

表 2-3　RS-232C 主要端子

引　脚		方　向	符　号	功　能
25 针	9 针			
2	3	输出	TXD	发送数据
3	2	输入	RXD	接收数据
4	7	输出	$\overline{\text{RTS}}$	请求发送
5	8	输入	$\overline{\text{CTS}}$	允许发送
6	6	输入	DSR	数据设备准备好
7	5		GND	信号地
8	1	输入	$\overline{\text{DCR}}$	载波检测
20	4	输出	$\overline{\text{DTR}}$	数据终端准备好
22	9	输入	RI	振铃指示

RS-232C 采用不平衡传输方式，即所谓的单端通信。其收发端的数据信号均相对于地信号，所以共模抑制能力差，再加上双绞线的分布电容影响，通信距离有限。当采用 150pF/m 的通信电缆时，最大通信距离为 15m。若需要进行联网，需通过一个 RS-232/RS-485 转换器将 RS-232 总线转换成 RS-485 总线来实现。图 2-13 为 RS-232 接口、RS-232 转 USB 接口和 RS-232/RS-485 转换器实物图。

（a）RS-232接口　　　　（b）RS-232转USB接口　　　（c）RS-232/RS-485转换器

图 2-13　RS-232 接口及其转换

RS-232 采用负逻辑，如表 2-4 所示，低电平为逻辑"1"，高电平为逻辑"0"。逻辑"1"状态电平为-15V～-5V，逻辑"0"状态电平为+5V～+15V，其中-5V～+5V 用作信号状态的变迁区。在串行通信中把逻辑"1"称为传号（MARK）或 OFF 状态，把逻辑"0"称为空号（SPACE）或 ON 状态。

RS-232 转其他

表 2-4　RS-232C 信号状态

状　态	$-15V < V_1 < -5V$	$+15V < V_1 < +15V$
逻辑状态	1	0
信号条件（数据线上）	信号（MARK）	空号（SPACE）
功能（控制线上）	OFF	ON

综上，RS-232 的特点如下：

传输速率低，传输距离有限，抗噪声干扰能力弱，接口的信号电平较高，易损坏接口电路和芯片，不与 TTL 电平兼容。

4）RS-422/RS-485 串行总线

（1）RS-422 总线。RS-422 总线是由 RS-232 发展而来的，主要克服 RS-232 通信距离短、传输速度低的缺点。采用 4 线制，传输速率可达 10Mbps，在一条平衡总线上最多可连接 10 个接收器，是一种单机发送、多机接收和平衡传输规范。其主要特点如下：

- 支持点对多点的双向通信，可实现一个主设备与多个从设备通信，但从设备之间不能通信（全双工）；
- 传输距离长，最大距离 1000m 以上；
- 抗干扰能力强。

（2）RS-485。在许多工业过程控制中，要求用最少的信号线来完成通信任务。目前广泛应用的 RS-485 是从 RS-422 基础上发展而来的，所以 RS-485 许多电气规定与 RS-422 相仿，如都采用平衡传输方式，都需要在传输线上连接终接电阻等。

RS-485 可以采用二线与四线方式。二线制可实现真正的多点双向通信，在发送端增加了使能控制，属于半双工方式通信，如图 2-14 所示。采用四线连接时，与 RS-422 一样只能实现点对多点的通信，即只能有一个主（Master）设备，其余为从设备，但它比 RS-422 有所改进，总线上最多可连接 32 个设备。其主要特点如下：

- 支持多点到多点的通信；
- 采用半双工工作方式；
- 具有抑制共模干扰的能力；
- 传输距离远。

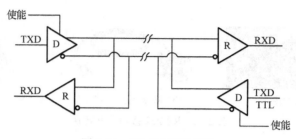

图 2-14　RS-485 两线接口

5）通用串行总线 USB

通用串行总线 USB 是为实现计算机和通信的集成而提出的，是一种快速、双向、同步传输、廉价、可热插拔的串行接口，它已被公认是一种用于扩充 PC 体系结构的工业标准。

该总线是一种连接外围设备的机外总线，最多可连接 127 个设备，为微机系统扩充和配置外部设备提供了方便。USB 采用四线电缆，其中两根用来传送数据，另两根为外部设备提供电源，对于高速且需要高带宽的外设，USB 以全速 12Mbps 的传输速率来传输数据；对于低速外设，USB 则以 1.5Mbps 的传输速率来传输数据。USB 总线会根据外设情况在两种传输模式中自动地动态转换。

7. 工控机的输入/输出板卡

工业控制需要处理和控制的信号主要有模拟量信号和数字量信号（开关量信号）两类。工控机的输入/输出板卡有模拟量输入/输出板卡、数字量输入/输出板卡或多功能的数据采集卡。下面以研华公司的 PCI-1710HG 板卡为例，对多功能的数据采集卡做简单介绍。

PCI-1710HG 是一款基于 PCI 总线的多功能数据采集卡，主要特点如下：

- 2 路 12 位模拟量输出；
- 16 路数字量输入和 16 路数字量输出；
- 16 路单端或 8 路差分模拟量输入，或组合方式输入；
- 12 位 A/D 转换器，采样速率可达 100KSps，每个输入通道的增益可编程；
- 单端或差分输入自由组合；
- 板载 4KB 采样 FIFO 缓冲器；
- 可编程触发器/定时器；
- PCI 总线数据传输；
- 即插即用。

PCI-1710

2.1.2　可编程控制器（PLC）

可编程控制器（Programmable Logic Controller）简称 PLC，是可通过编程或软件配置改变控制对策的控制器。PLC 是一种专门为在工业环境下应用而设计的数字运算操作的电子装置。它采用可以编制程序的存储器，用来在其内部存储执行逻辑运算、顺序运算、计时、计数和算术运算等操作的指令，并能通过数字式或模拟式的输入和输出，控制各种类型的机械或生产过程。从单机自动化到整条生产线的自动化，乃至整个工厂的生产自动化，PLC 均担当着重要角色，它在工厂自动化设备中占据第一位。

PLC 安装

1．可编程控制器的基本结构

PLC 实质上是一种专门为在工业环境下自动控制应用而设计的计算机，从结构上分，PLC 分为整体式和模块式两种。整体式 PLC 包括 CPU、I/O 板、显示面板、电源、内存等。它体积小、价格低，小型 PLC 一般采用这种结构。模块式 PLC 由各模块组成，可根据实际情况选配相应的模块，主要有 CPU 模块、I/O 模块、内存、电源、底板、机架、导轨等。图 2-15 为 PLC 实物图。

　　　　　　（a）整体式　　　　　　　　　　　（b）模块式

图 2-15　PLC 实物图

PLC 具有可靠性高、抗干扰能力强、易学易用、维护方便等特点，可完成开关量控制、模拟量控制、运行控制、过程控制、数据处理、通信等功能。

1）可编程控制器的硬件结构

PLC 由中央处理器（CPU）、存储器、I/O 接口单元、I/O 扩展接口及扩展部件、外设接口及外设和电源等部分组成，各部分之间通过系统总线进行连接。对于整体式 PLC，通常将 CPU、存储器、I/O 接口、I/O 扩展接口、外设接口及电源等部分集成在一个箱体内，构成 PLC 的主机。对于模块式 PLC，上述各组成部分均做成各自相互独立的模块，可根据系统需求灵活配置。

2）可编程控制器的软件结构

PLC 的软件分为系统软件和用户程序两大部分。

（1）系统软件。PLC 的系统软件一般包括系统管理程序、用户指令解释程序、标准程序库和编程软件等。系统软件是 PLC 生产厂家编制的，并固化在 PLC 内部 ROM 或 PROM 中，随产品一起提供给用户。

（2）用户程序。用户程序是指用户根据工艺生产过程的控制要求，按照所用 PLC 规定的编程语言而编写的应用程序。用户程序可采用梯形图语言、指令表语言、功能块语言、顺序功能图语言和高级语言等多种方法来编写，利用编程装置输入到 PLC 的程序存储器中。

2．可编程控制器的主要产品

目前 PLC 专业生产厂家很多，主要有美国的 AB、莫迪康（MODICON）、德国的西门子（SIEMENS）、日本三菱（MITSUBISHI）、中国和利时、台达等。下面以西门子 PLC 为例进行简单介绍。

西门子 PLC 产品包括 LOGO、S7-200、S7-1200、S7-300、S7-400、S7-1500 等。西门子 S7 系列 PLC 体积小、速度快、标准化，具有网络通信能力，功能更强，可靠性高。S7 系列 PLC

产品可分为微型 PLC（如 S7-200）、小规模性能要求的 PLC（如 S7-300）和中、高性能要求的 PLC（如 S7-400、S7-1500）等。

1）控制规模

PLC 可以分为大型机、中型机和小型机。

小型机：小型机的控制点一般在 256 点之内，适合于单机控制或小型系统的控制。

中型机：中型机的控制点一般不大于 2048 点，可用于对设备进行直接控制，还可以对多个下一级的可编程控制器进行监控，它适合中型或大型控制系统的控制。

大型机：大型机的控制点一般大于 2048 点，不仅能完成较复杂的算术运算，还能进行复杂的矩阵运算。它不仅可用于对设备进行直接控制，还可以对多个下一级的可编程控制器进行监控。

不同品牌的 PLC 对小、中、大型机的分类方法不一致。

2）结构

（1）整体式。整体式结构的可编程控制器把电源、CPU、存储器、I/O 系统都集成在一个单元内，该单元叫作基本单元。一个基本单元就是一台完整的 PLC。

控制点数不符合需要时，可再接扩展单元。整体式结构的特点是紧凑、体积小、成本低、安装方便。

（2）组合式。组合式结构的可编程控制器是把 PLC 系统的各个组成部分按功能分成若干个模块，如 CPU 模块、输入模块、输出模块、电源模块等。其中各模块功能比较单一，模块的种类却日趋丰富。比如，一些可编程控制器，除了一些基本的 I/O 模块外，还有一些特殊功能模块，如温度检测模块、位置检测模块、PID 控制模块、通信模块等。组合式结构的 PLC 特点是 CPU、输入、输出均为独立的模块。模块尺寸统一，安装整齐，I/O 点选型自由，安装调试、扩展、维修方便。

（3）叠装式。叠装式结构集整体式结构的紧凑、体积小、安装方便和组合式结构的 I/O 点搭配灵活、安装整齐的优点于一身。它也是由各个单元的组合构成。其特点是 CPU 自成独立的基本单元（由 CPU 和一定的 I/O 点组成），其他 I/O 模块为扩展单元。在安装时不用基板，仅用电缆进行单元间的连接，各个单元可以一个个地叠装，使系统达到配置灵活、体积小巧。

3）工作原理

当 PLC 投入运行后，其工作过程一般分为三个阶段，即输入采样、用户程序执行和输出刷新。完成上述三个阶段称作一个扫描周期。在整个运行期间，PLC 的 CPU 以一定的扫描速度重复执行上述三个阶段。

输入采样阶段，PLC 以扫描方式依次读入所有输入状态和数据，并将它们存入 I/O 映像区中的相应单元内。输入采样结束后，转入用户程序执行和输出刷新阶段。在这两个阶段中，即使输入状态和数据发生变化，I/O 映像区中相应单元的状态和数据也不会改变。因此，如果输入的是脉冲信号，则该脉冲信号的宽度必须大于一个扫描周期，才能保证在任何情况下该输入均能被读入。

在用户程序执行阶段，PLC 总是按由上而下、自左而右的顺序依次扫描用户程序（梯形图），并按先左后右、先上后下的顺序对由触点构成的控制线路进行逻辑运算，然后根据逻辑运算的结果，刷新该逻辑线圈在系统 RAM 存储区中对应位的状态，刷新该输出线圈在 I/O 映像区中对应位的状态，确定是否要执行该梯形图所规定的特殊功能指令。

当扫描用户程序结束后，PLC 就进入输出刷新阶段。在此期间，CPU 按照 I/O 映像区内对应的状态和数据刷新所有的输出锁存电路，再经输出电路驱动相应的外设。这时，才是 PLC 的真正输出。

3. PLC 的保养

1）设备定期测试、调整

每半年或季度检查 PLC 柜中接线端子的连接情况，若发现松动的地方及时重新连接牢固；对柜中给主机供电的电源每月重新测量工作电压。

2）设备定期清扫

每半年或季度对 PLC 进行清扫，切断给 PLC 供电的电源，把电源机架、CPU 主板及输入/输出板依次拆下，进行吹扫、清扫后再依次原位安装好，将全部连接恢复后送电并启动 PLC 主机，每三个月更换电源机架下方过滤网。

4. 可编程控制器的主要应用场合

1）开关量控制

这是 PLC 最基本、最广泛的应用领域，它取代传统的继电器电路，可实现逻辑控制、顺序控制。

2）模拟量控制

在工业生产过程当中，有许多连续变化的量，如温度、压力、流量、液位和速度等都是模拟量。为了使可编程控制器处理模拟量，必须依靠 A/D 转换及 D/A 转换模块完成。使用时可根据输入/输出点数和特性选配相应的 AO 或 AI 模块。

3）过程控制

过程控制是指对压力、温度、流量等模拟量的闭环控制。PID 调节是一般闭环控制系统中用得较多的调节方法。大中型 PLC 都有 PID 模块，目前许多小型 PLC 也具有此功能模块。

4）运动控制

PLC 可以用于直线运动或圆周运动的控制，现在一般使用专用的运动控制模块，广泛用于各种机械、机床、机器人、电梯等场合。

5）通信及联网

PLC 通信指 PLC 间的通信及 PLC 与其他智能设备间的通信。各 PLC 厂商都十分重视 PLC 的通信功能，纷纷推出各自的网络系统。新近生产的 PLC 都具有通信接口，通信非常方便。

2.1.3 嵌入式系统

根据 IEEE（国际电气和电子工程师协会）的定义，嵌入式系统是"控制、监视或者辅助设备、机器和车间运行的装置"。目前国内一个普遍被认同的定义是：以应用为中心，以计算机技术为基础，软件、硬件可裁剪，适应应用系统对功能、可靠性、成本、体积、功耗严格要求的专用计算机系统。

嵌入式系统由处理器、存储器、输入/输出（I/O）和软件等组成。目前嵌入式系统在工业控制、交通管理、信息家电、家庭智能管理系统、POS 网络及电子商务、环境工程与自然、机器人等领域得到了广泛的应用。

1．嵌入式系统的组成

嵌入式系统通常由包含嵌入式处理器、嵌入式操作系统、应用软件和外围设备接口的嵌入式计算机系统和执行装置（被控对象）组成。

2．系统硬件层

1）嵌入式处理器

嵌入式处理器是嵌入式系统的核心，为特定用途专门设计。嵌入式微处理器将通用 PC 中的 CPU 和各种接口集成到芯片内部，有利于系统设计趋于微型化、高效率和高可靠性。嵌入式微处理器有各种不同的体系，目前全世界嵌入式微处理器已经超过 1000 多种，体系结构有 30 多个系列。其中主流的体系有 ARM、MIPS、PowerPC、X86 和 SH 等。即使在同一体系中，也可以具有不同的时钟频率、数据总线宽度、接口和外设。嵌入式微处理器的选择是根据具体的应用而决定的。

2）外围设备

外围设备包括存储器、通用设备接口和 I/O 接口等。

（1）存储器。嵌入式系统的存储器包含 Cache、主存储器和辅助存储器。

Cache 是一种位于主存储器和嵌入式微处理器内核之间的快速存储器阵列，存放的是最近一段时间微处理器使用最多的程序代码和数据，使处理速度更快，实时性更强。Cache 集成在嵌入式微处理器内，可分为数据 Cache、指令 Cache 或混合 Cache。

（2）主存储器用于存放系统、用户程序和数据。主存储器有 ROM 和 RAM 两类，位于微处理器的内部或外部。常用的 ROM 类存储器有 Flash、EEPROM 等，RAM 类存储器有 SRAM、DRAM 和 SDRAM 等，容量为 256KB～1GB。

（3）辅助存储器指硬盘、NAND Flash、CF 卡、MMC 和 SD 卡等，存放大容量的程序代码或信息，容量较大，但读取速度较慢。

（4）通用设备接口和 I/O 接口。嵌入式系统通常具有与外界交互所需要的各种通用设备接口，如 GPIO（通用 I/O 接口）、A/D（模/数转换接口）、D/A（数/模转换接口）、RS-232 接口（串行通信接口）、Ethernet（以太网接口）、USB（通用串行总线接口）、I^2C、IIS（音频接口）、VGA 视频输出接口、CAN（现场总线）、SPI（串行外围设备接口）和 IrDA（红外线接口）等。

3．系统软件层

系统软件层通常由实时多任务操作系统（Real-Time Operation System，RTOS）、文件系统、图形用户接口（Graphic User Interface，GUI）、网络系统及通用组件模块组成。RTOS 是嵌入式应用软件的基础和开发平台。

（1）嵌入式操作系统（Embedded Operating System，EOS）负责系统的软、硬件资源分配、任务调度，控制协调。

（2）文件系统。嵌入式文件系统与通用操作系统的文件系统不完全相同，主要提供文件存储、检索和更新等功能，一般不提供保护和加密等安全机制。嵌入式文件系统可方便地挂接不同存储设备的驱动程序，支持多种存储设备。以系统调用和命令方式提供文件的各种操作，如设置、修改对文件和目录的存取权限，提供建立、修改、改变和删除目录等服务，提供创建、打开、读/写、关闭和撤销文件等服务。

（3）图形用户接口（GUI）。GUI 使用户可通过窗口、菜单、按键等方式来方便地操作计算机或嵌入式系统。嵌入式 GUI 与 PC 的 GUI 不同，嵌入式 GUI 具有轻型、占用资源少、高性能、高可靠性、便于移植、可配置等特点。

实现嵌入式系统中的图形界面一般采用下面的几种方法：

● 针对特定的图形设备输出接口，自行开发相应的功能函数；
● 购买针对特定嵌入式系统的图形中间软件包；
● 采用源码开放的嵌入式 GUI 系统；
● 使用独立软件开发商提供的嵌入式 GUI 产品。

4．典型的嵌入式微处理器和微控制器

根据用途，嵌入式处理器可分为嵌入式微控制器、嵌入式微处理器、嵌入式 DSP 处理器、嵌入式片上系统、双核或多核处理器等类型。

1）嵌入式微控制器（Micro Controller Unit，MCU）

嵌入式微控制器又称为单片机，芯片内部集成 ROM、EPROM、RAM、总线、总线逻辑、定时器/计数器、看门狗、I/O、串行口、脉宽调制输出（PWM）、A/D、D/A、Flash、EEPROM 等各种必要功能和外设。嵌入式微控制器具有单片化、体积小、功耗和成本低、可靠性高等特点，约占嵌入式系统市场份额的 70％。嵌入式微控制器品种和数量很多，单片机的种类非常多，常用单片机有 STC 单片机、PIC 单片机、TI 单片机、EMC 单片机、ATMEL 单片机等。

下面介绍国内常用的三种单片机的特性和应用。

（1）AT89S52 单片机。AT89S52 单片机是 AT89S 系列中的增强型产品，采用了 ATMEL 公司技术领先的 Flash 存储器，是低功耗、高性能、采用 CMOS 工艺制造的 8 位单片机，主要特性如下：

● 晶片内部具有时钟振荡器（传统最高工作频率可至 12MHz）；
● 内部程序存储器（ROM）为 8KB；
● 内部数据存储器（RAM）为 256B；
●32 个可编程 I/O 口线；
●8 个中断向量源、6 个中断矢量、2 级优先权的中断系统；
●3 个 16 位定时器/计数器；
● 三级加密程序存储器；
● 全双工 UART 串行通信口；
●1 个看门狗定时器 WDT；
● 与 MCS-51 单片机产品完全兼容。

（2）ATmega128 单片机。ATmega128 单片机是低功耗 8 位微控制器，其主要特性如下：
●RICS 结构；
●133 条指令，大多数可以在一个时钟周期内完成；
●32 × 8 位通用工作寄存器+外设控制寄存器；
● 工作频率为 16MHz 时性能高达 16 MIPS；
●2 个片内乘法器；

- 128KB 片上 Flash，10^4 次擦写；
- 4KB EEPROM，10^5 次擦写；
- 内部 SRAM，4KB；
- 2 个 8 位定时器/计数器；
- 2 个 16 位扩展定时器/计数器；
- 1 个实时时钟计数器；
- 2 个 8 位 PWM 通道；
- 8 通道 10 位 A/D 转换器。

（3）MC9S12DG128 单片机。MC9S12DG128 是飞思卡尔公司推出的 S12 系列微控制器中的一款增强型 16 位微控制器，其内核为 CPU12 高速处理器，它拥有丰富的片内资源：

- 128KB 的 Flash、8KB 的 RAM、2KB 的 EEPROM；
- 2 个 8 路 10 位精度的 A/D 转换器；
- 8 路 8 位 PWM 通道，并可两两级联为 16 位精度 PWM；
- 2 路 SCI 接口；
- 2 路 SPI 接口；
- I^2C 接口；
- CAN 总线接口；
- BDM 调试。

2）嵌入式微处理器（Embedded Micro Processing Unit，EMPU）

嵌入式微处理器由通用计算机中的 CPU 发展而来，它只保留和嵌入式应用紧密相关的功能硬件，去除其他的冗余功能部分，以最低的功耗和资源实现嵌入式应用的特殊要求。通常嵌入式微处理器把 CPU、ROM、RAM 及 I/O 等做到同一个芯片上。32 位微处理器采用 32 位的地址和数据总线，其地址空间达到了 2^{32}＝4GB。

目前主流的 32 位嵌入式微处理器系列主要有 ARM 系列、MIPS 系列、PowerPC 系列等。属于这些系列的嵌入式微处理器产品很多，有千种以上。

（1）ARM（Advanced RISC Machines）是微处理器行业的一家知名企业，采用发放许可方式，产品由其他公司生产。它是一个 32 位精简指令集 RISC（Reduced Instruction Set Computer，精简指令集计算机）处理器架构，具有性能高、成本低和耗能省的特点，适用于多种领域，如嵌入式实时控制系统、教育类多媒体、移动式应用设备等。

ARM 内核分为 ARM7、ARM9、ARM10、ARM11 及 StrongARM 等几类。每一类又根据各自包含的功能模块而具有多种构成。ARM 处理器一般具有如下特点：

- 体积小、低功耗、低成本、高性能；
- 支持 Thumb（16 位）/ARM（32 位）双指令集；
- 大量使用寄存器，指令执行速度更快；
- 大多数数据操作都在寄存器中完成；
- 寻址方式灵活简单，执行效率高；
- 指令长度固定。

（2）MIPS 处理器。美国斯坦福大学 Hennessy 教授领导的研究小组研制的 MIPS（无互锁流水级的微处理器）是世界上很流行的一种 RISC 处理器。MIPS 以其高性能的处理能力被广泛应用于宽带接入、路由器、调制解调设备、电视、游

ARM 介绍

戏、打印机、办公用品、DVD 播放等领域。与 ARM 公司一样，MIPS 公司本身并不从事芯片的生产活动，不过其他公司如果要生产该芯片，则必须得到 MIPS 公司的许可。

MIPS 的系统结构及设计理念比较先进，嵌入式指令体系的发展已经十分成熟。在设计理念上 MIPS 强调软硬件协同提高性能，同时简化硬件设计。

2.2 数字量输入/输出通道

在工业生产过程中，需要检测开关的闭合与断开、继电器或接触器触点的吸合与释放的状态，即数字量（开关量）输入信号；有时要控制电机的启动与停止、阀门的打开与关闭等，即要输出数字量（开关量）信号。数字量的"导通"和"截止"两个状态，需要变换成二进制的逻辑"1"和"0"表示的数字量送给计算机。

输入/输出

过程通道是在计算机和生产过程之间设置的信息传送和交换的连接通道，接口是计算机与外部设备交换信息的桥梁，它包括输入接口和输出接口。外部设备的各种信息通过输入接口送到计算机，而计算机的各种信息通过输出接口送到外部设备，因而输入/输出接口是信息通道的重要组成部分。

目前工业现场中经常把数字量输入通道或数字量输出通道集成在一块板卡上，称为 DI 板卡或 DO 板卡，即通常所说的 I/O 板卡。图 2-16 为同时含有 DI 和 DO 通道的 PC 总线数字量 I/O 板卡的结构框图。

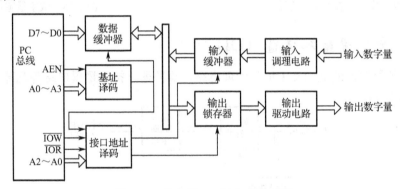

图 2-16 数字量 I/O 板卡结构框图

2.2.1 数字量输入/输出接口技术

1. 数字量输入接口技术

数字量输入（DI）接口包括信号缓冲电路和接口地址译码电路，某数字量输入接口电路如图 2-17 所示。其中，信号缓冲电路采用三态门缓冲器 74LS244 和可编程接口芯片来完成。74LS244 有 8 个通道，可同时输入 8 个开关状态，并隔离输入和输出线路，在两者之间起缓冲作用。经过端口地址译码，得到片选信号 $\overline{CS}$，当 CPU 执行 IN 指令时，产生 $\overline{IOR}$ 信号，当 $\overline{IOR} = \overline{CS} = 0$ 时，则 74LS244 直通，被测的状态信息通过三态门送到计算机的数据总线，然后装入寄存器。

2. 数字量输出接口技术

对生产过程进行控制时，控制状态需要保持，直到下次给出新值为止，因而输出需要锁存。数字量输出（DO）接口包括输出信号锁存电路和接口地址译码电路，某接口电路如图 2-18 所示，锁存器采用 74LS273。当在执行 OUT 指令周期时，产生 $\overline{IOW}$ 信号，使 $\overline{IOW}=\overline{CS}=0$，才能进行输出控制。

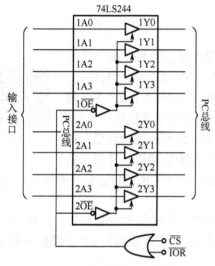

图 2-17 数字量输入接口电路

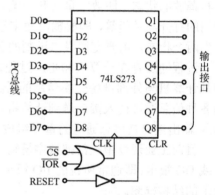

图 2-18 数字量输出接口电路

2.2.2 数字量输入通道 (DI)

典型的开关量输入通道通常由信号调理电路、缓冲器、接口逻辑电路等几部分组成，通道结构如图 2-19 所示。

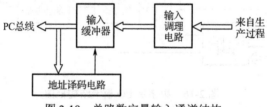

图 2-19 单路数字量输入通道结构

1. 信号调理电路

生产过程的状态信号形式可能是电压、电流、开关的触点，可能会引起瞬时高压、过电压、接触抖动等现象。为了将外部开关量信号输入计算机，必须将现场输入的状态信号经转换、保护、滤波、隔离等措施转换成计算机能够接收的逻辑信号，这些功能称为信号调理。

（1）信号变换器：将生产过程的非电量开关量转换为电压或电流的双值逻辑值。

（2）整形变换电路：将混有毛刺之类干扰的输入双值逻辑信号或其信号前后沿不符合要求的输入信号整形为接近理想状态的方波或矩形波，然后再根据系统要求变换为相应形状的脉冲信号。

（3）电平变换电路：将输入的双值逻辑电平转换为与 CPU 兼容的逻辑电平。

2. 缓冲器

缓冲器用于暂存数字量信息并实现与 CPU 数据总线的连接。

3．接口逻辑电路

接口逻辑电路用于协调各通道的同步工作，向 CPU 传递状态信息并控制开关量的输入、输出。

2.2.3　数字量输出通道（DO）

数字量输出通道的任务是把经过计算机计算输出的数字信号（或开关信号）传送给开关型的执行机构（如继电器或指示灯等），其典型结构如图 2-20 所示。

当对生产过程进行控制时，输出的控制信号需要保持，这部分功能由输出器锁存完成。锁存器在存在锁存信号时将输入的状态保存到输出，直到出现下一个锁存信号。锁存器的另一个功能是解决高速控制与慢速的外设不同步的问题。

输出驱动器的作用则是把计算机输出的微弱数字信号转换成能对生产过程进行控制的驱动信号。根据现场负载的不同，可以选用不同功率的放大器件组成不同的输出驱动通道。常用的有三极管输出驱动电路、继电器驱动电路等。

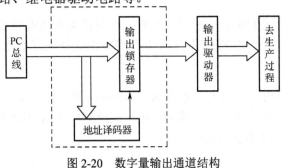

图 2-20　数字量输出通道结构

2.2.4　数字量输入/输出通道设计

1．输入信号调理电路

外部状态信号在输入计算机之前，由于存在瞬时高压、接触抖动等问题，需要经过转换、保护、滤波、隔离等措施，将其转换为计算机能够正确接收的逻辑信号。

1）小功率输入调理电路

将开关、继电器的接通和断开状况转换成 TTL 电平信号与计算机相连。为了清除由于接点的机械抖动而产生的振荡信号，通常采用积分电路和 R-S 触发器电路来消除这种振荡，见图 2-21。

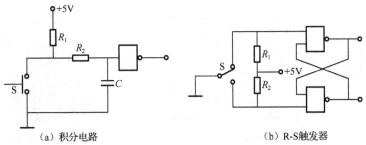

（a）积分电路　　　　　　　　　　（b）R-S触发器

图 2-21　小功率输入调理电路

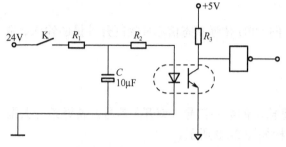

图 2-22　大功率输入调理电路

2）大功率输入调理电路

在大功率系统中，为了使触点工作可靠，触点两端至少要加 24V 以上的直流电压。由于这种电路所带电压高，又来自工业现场，有可能带有干扰信号，因而通常采用光电耦合器进行隔离，大功率输入调理电路如图 2-22 所示。电路中参数 R_1、R_2 的选取要考虑光电耦合器允许通过的电流，同时注意光电耦合器两端的电源不能共地。

2. 输出驱动电路

输出驱动电路的功能有两个，一是进行信号隔离，二是驱动开关器件。

1）小功率直流驱动电路

驱动直流电磁阀、直流继电器、发光二极管、小型直流电动机等低压电器，开关量控制输出可采用三极管、OC 门或运放等方式输出。晶体管输出驱动电路如图 2-23 所示。

2）大功率驱动电路

一般在驱动大型设备时，经常利用继电器作为控制系统输出到输出驱动级之间的第一级执行机构，通过第一级继电器输出，可完成从低电压直流到高电压交流的过渡。继电器和固态继电器输出驱动电路见图 2-24 和图 2-25。

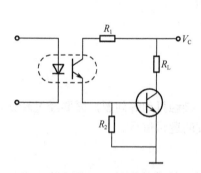

图 2-23　晶体管输出驱动电路

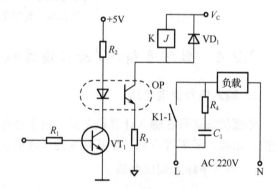

图 2-24　继电器输出驱动电路

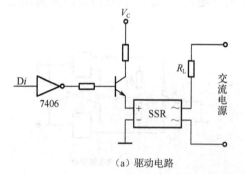

（a）驱动电路　　　　（b）固态继电器实物

图 2-25　固态继电器输出驱动电路及实物图

2.3　模拟量输入通道

在计算机控制系统中，模拟量输入通道的功能是将传感器检测到的被控对象的模拟信号（压力、温度、流量等）转换成计算机可以接收的二进制信号，模拟量输入通道又称 AI 通道。

2.3.1　模拟量输入通道的组成

模拟量输入通道接收传感器或变送器输出的信号，一般经过信号调理电路、多路开关、前置放大器、采样保持器、A/D 转换器、接口及控制器，通过 PC 数据总线送入 PC，其核心是A/D 转换器。模拟量输入通道的组成结构如图 2-26 所示。

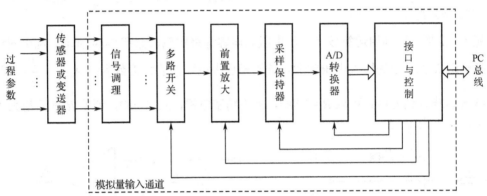

图 2-26　模拟量输入通道的组成结构

2.3.2　信号调理和 I/V 变换

信号调理电路是传感器和 A/D 转换器之间的桥梁，其主要作用是对来自传感器或变送器的信号进行适当的处理，包括信号放大、滤波、限幅、线性化、温度补偿、隔离等方面，将其转换为 A/D 转换器可以接收的电压信号。

1. 滤波电路

根据被测信号与干扰信号的频带范围不同，滤波器可采用高通、低通、带通、带阻等形式。根据组成滤波器电路的器件不同，可分为无源或有源滤波器，以便滤除干扰信号，保留或增加有用信号。图 2-27 为一阶有源滤波器。

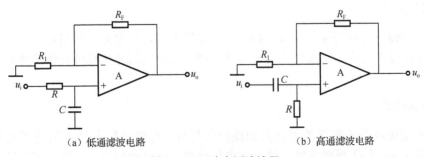

（a）低通滤波电路　　　　　　　　　　（b）高通滤波电路

图 2-27　一阶有源滤波器

2．I/V 变换

若变送器输出的信号为 0～10mA 或 4～20mA 的电流信号，而 A/D 的输入只能为电压信号时，需要经过 I/V 变换将电流信号变成电压信号。常用 I/V 变换的实现方法有无源 I/V 变换和有源 I/V 变换。

1）无源 I/V 变换

无源 I/V 变换主要利用无源器件电阻来实现，并加滤波和输出限幅等保护措施，如图 2-28 所示，图中 R_2 为精密电阻。

对于 0～10mA 输入信号，可取 R_1=100Ω，R_2=500Ω，这样当输入电流在 0～10mA 变化时，输出的电压范围为 0～5V。

对于 4～20mA 输入信号，可取 R_1=100Ω，R_2=250Ω，这样输出的电压范围为 1～5V。

2）有源 I/V 变换

有源 I/V 变换主要利用运算放大器、电阻和电容等来实现，如图 2-29 所示。利用同相放大电路，把电阻 R 上产生的输入电压放大。该同相放大电路的放大倍数为：$A_V = 1 + \dfrac{R_f}{R_3}$。当 I 为 4～20mA 输入电流信号时，可取 R_1=100Ω，且为精密电阻，R_3=10kΩ，调整 R_f 的阻值为 15kΩ，这时输出电压 V 为 1～5V。

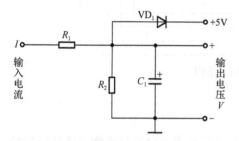

图 2-28　无源 I/V 变换电路

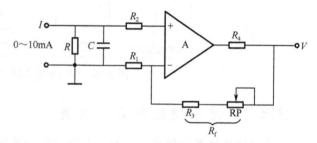

图 2-29　有源 I/V 变换电路

3）专用 I/V 转换集成电路

以 RCV420 为例，它可将 4～20mA 的电流变换成 0～5V 的电压输出，是一种精密的专用 I/V 转换器。RCV420 的内部电路主要由精密运算放大器、电阻网络和 10V 基准电源组成，基本应用电路如图 2-30 所示。它是目前最佳的 I/V 转换电路方案，具有可靠的性能和较低的成本，有商用级（0～70℃）和工业级（-25～+85℃）两种类型可供选择。

3．线性化处理

有些信号经传感器后的输出与被测参量呈非线性关系，需要对信号进行线性化处理。在硬件上可加负反馈放大器或采用线性化处理电路；软件上可采用分段线性化数字处理的办法来解决。

4．保护和隔离

当从生产现场取得传感器信号或其他模拟信号时，可能在输入端出现过高电压而损坏设备，因此在输入端可加入保护电路，进行过电压保护、过电流保护、防静电保护等。数字信号的隔离可以用光电耦合器，但模拟信号的隔离比较复杂，可以先转换成数字信号再采用光电隔离，也可以经过高频转换，用变压器进行隔离。

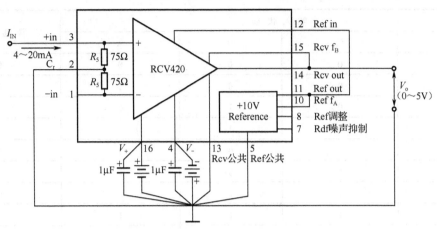

图 2-30　RCV420 的基本应用电路

2.3.3　多路转换器

多路转换器（多路开关）的主要作用是多选一，即按要求切换多路模拟信号，确保需要的某一路模拟量信号引入 A/D 转换器，切换过程是在 CPU 控制下完成的（也可以用其他控制逻辑实现）。理想的多路开关其开路电阻为无穷大，接通时的接通电阻为零，切换速度快，噪声小，寿命长，工作可靠。

常用的芯片有：CD4051（双向 8 路）、CD4052（单向差动 4 路）、AD7501（单向 8 路）、AD7506（单向 16 路）等。选择多路开关的主要因素有：通道数、通道切换时间、导通电阻、通道间的串扰误差等。

CD4051 是单端 8 通道多路模拟开关，可双向工作，具有 A、B、C 三个二进制控制输入端及 INH 输入。CD4051 的结构原理如图 2-31 所示。

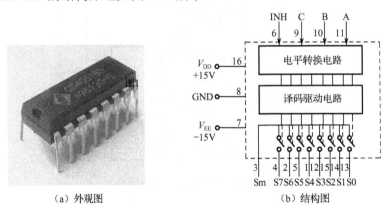

（a）外观图　　　　　（b）结构图

图 2-31　CD4051 的结构原理

INH 是禁止输入端，当 INH=“1”，即 INH=V_{DD} 时，所有通道均断开，禁止模拟量输入；当 INH=“0”，即 INH=V_{SS} 时，通道接通，允许模拟量输入，真值表如表 2-5 所示。

表 2-5 CD4051 的真值表

输 入 状 态				接 通 通 道
INH	C	B	A	
0	0	0	0	0
0	0	0	1	1
0	0	1	0	2
0	0	1	1	3
0	1	0	0	4
0	1	0	1	5
0	1	1	0	6
0	1	1	1	7
1	×	×	×	禁止

2.3.4 前置放大器

前置放大器的功能是将小的模拟信号放大到 A/D 转换的量程范围之内，通常 A/D 转换器均为多路，每路的输入信号幅值不同，因而需要可变增益放大器。下面给出一种可变增益放大器电路，该电路由运算放大器 OP-27 和多路开关 CD4051 等构成，如图 2-32 所示。图中 CPU 控制 CD4051 的选择输入端 C、B、A 的不同组合，就可改变接通电阻，实现不同的放大倍数，详见表 2-6。

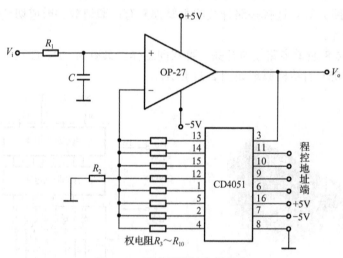

图 2-32 可变增益放大器电路

表 2-6 放大倍数控制表

逻 辑 输 入			放大倍数	阻 值
C	B	A		
0	0	0	1	$R_2=10\text{k}\Omega$，$R_3=10\text{k}\Omega$
0	0	1	2	$R_2=10\text{k}\Omega$，$R_4=20\text{k}\Omega$

续表

逻 辑 输 入			放 大 倍 数	阻　　值
C	B	A		
0	1	0	4	$R_2=10\text{k}\Omega$，$R_3=40\text{k}\Omega$
0	1	1	8	$R_2=10\text{k}\Omega$，$R_3=80\text{k}\Omega$
1	0	0	10	$R_2=10\text{k}\Omega$，$R_3=100\text{k}\Omega$

2.3.5　采样保持器

1. 工作原理

由于 A/D 转换需要一定的时间，如果输入信号变化较快，就会引起较大的转换误差。为了保证转换精度，一般情况下采样信号要经过采样保持器（S/H）后再送至 A/D 转换器。采样保持器的作用是采集模拟输入信号在某一时刻的瞬时值，并在 A/D 转换期间保持不变。但如果输入信号变化慢，或 A/D 转换时间较短，使得在 A/D 转换期间输入变化很小，就不必接采样保持器。

采样保持器有两种工作模式：一种是采样模式，此时其输出跟踪输入模拟电压；另一种是保持方式，采样保持器的输出将保持命令发出时刻的模拟量输入值，直到再次接收到采样命令时为止。

2. 常用芯片

常用的集成采样保持器有 AD582/585/346/389、LF198/298/398 等。LF398 外形图和引脚排列如图 2-33 所示。LF398 采用 TTL 逻辑电平控制采样和保持，逻辑控制端电平为 "1" 时采样，电平为 "0" 时保持。偏置输入端用于零位调整。保持电容 C_H 通常外接，其取值与采样频率和精度有关，常选 510～1000pF。减小 C_H 可提高采样频率，但会降低精度。

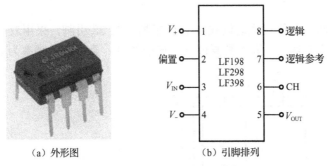

（a）外形图　　　　　　　（b）引脚排列

图 2-33　LF398 外形图和引脚排列

LF398 引脚功能如下：

（1）V_{IN}：模拟电压输入。

（2）V_{OUT}：模拟电压输出。

（3）逻辑及逻辑参考：用来控制采样保持器的工作方式。当引脚 8 为高电平时，电路工作在采样状态；反之，当引脚 8 为低电平时，电路进入保持状态。

（4）偏置：偏差调整引脚，可用外接电阻调整采样保持的偏差。

（5）CH：保持电容引脚，用来连接外部保持电容。

（6）V_+、V_-：采样保持电路电源引脚，电源变化范围为±5～10V。

2.3.6　常用 A/D 转换器

A/D 转换器是将模拟信号转变为数字信号的装置或器件。它是模拟量输入通道的核心部件，是模拟系统和计算机之间的接口。按转换方式分类有计数比较型、双斜率积分型、逐次比较型，按转换的分辨率分类有 8 位分辨率、12 位分辨率、16 位分辨率等。

1．A/D 转换器主要性能指标

（1）分辨率：通常用数字量的位数 n（字长）来表示，如 8 位、12 位、16 位等。分辨率为 n 位，表示它能对满量程输入的 $1/2^n$ 的增量做出反应，即数字量的最低有效位（LSB）对应于满量程输入的 $1/2^n$。

（2）转换时间：从发出转换命令信号到转换结束信号有效的时间间隔，即完成 n 位转换所需要的时间。

（3）线性误差：A/D 转换器的理想转换特性应该是线性的，但实际转换特性并非如此。在满量程输入范围内，偏移理想转换特性的最大误差定义为线性误差。线性误差通常用 LSB 的分数表示，如 1/2LSB 或±1LSB。

（4）量程：A/D 转换器能转换的模拟电压的范围。

（5）精度：分为绝对精度和相对精度。常用数字量的位数作为度量绝对精度的单位；绝对精度与满量程的百分比为相对精度。

注意：精度和分辨率是两个不同的概念。精度为转换后所得结果相对实际值的准确度，而分辨率指的是对转换结果发生影响的最小输入量。

（6）输出逻辑电平：输出数据的电平形式和数据输出方式（如三态逻辑和数据是否锁存）。

（7）工作温度范围：A/D 转换器在规定精度内允许的工作温度范围。

（8）对基准电源的要求：基准电源精度对 A/D 转换器精度有重大影响。

2．ADC0809

ADC0809 是 8 通道 8 位逐次逼近式 A/D 转换器，共 28 引脚，采用双列直插式结构。输出引脚电平与 TTL 电路兼容，一般不需要调零和增益校准，典型时钟频率为 640kHz，见图 2-34。

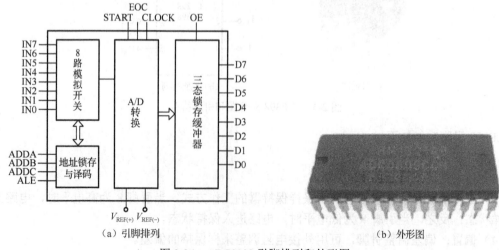

（a）引脚排列　　　　　　　　　　　　　（b）外形图

图 2-34　ADC0809 引脚排列和外形图

ADC0809 主要引脚功能如下：

（1）IN0～IN7：8 路模拟量输入端。

（2）START：启动信号，高电平有效，上升沿进行内部清零，下降沿开始 A/D 转换。

（3）EOC：转换结束信号，当 A/D 转换结束之后，发出一个正脉冲，表示 A/D 转换结束。此信号可作为 A/D 转换是否结束的检测信号或中断信号。

（4）OE：输出允许信号，高电平有效。当 OE 为高电平时，允许从 A/D 转换器锁存器中读取数字量。

（5）CLOCK：时钟信号。

（6）ALE：允许地址锁存信号，高电平有效。当 ALE 为高电平时，允许 C、B、A 所示的通道被选中，并将该通道的模拟量接入 A/D 转换器。

（7）ADDA、ADDB、ADDC：通道选择端子，通道选择信号 C、B、A 与所选通道之间的关系如表 2-7 所示。

表 2-7　ADC0809 输入真值表

地 址 线			选 择 输 入
C	B	A	
0	0	0	IN0
0	0	1	IN1
0	1	0	IN2
0	1	1	IN3
1	0	0	IN4
1	0	1	IN5
1	1	0	IN6
1	1	1	IN7

（8）D_7～D_0：8 位数字量输出引脚。

（9）$V_{REF(+)}$、$V_{REF(-)}$：参考电压端子，用来提供 DAC 电阻网络权电阻的基准电平。

（10）V_{CC}：电源端子，接+5V。

（11）GND：接地。

A/D 转换的基本步骤是：首先 ALE 的上升沿将地址代码锁存，译码后选通模拟开关中的某一路，该路模拟量进行 A/D 转换；接下来，START 的上升沿将转换器内部清零，下降沿启动 A/D 开始转换，EOC 变为低电平；转换结束后，EOC 变为高电平，此时，如果 OE 为高电平，则可读出数据。

2.3.7　A/D 转换器接口设计

接口设计包括硬件电路设计和软件程序设计两部分。硬件电路设计主要完成模拟量输入信号的连接、数字量输出引脚的连接、参考电平的连接、控制信号的连接等。软件程序设计主要完成对控制信号的编程，如启动信号、转换结束信号及转换结果的读出等。

1. 硬件和软件设计

1) 模拟量输入信号的连接

一般 A/D 转换器所要求接收的模拟量大都为 0～5V DC 的标准电压信号，有些 A/D 转换器允许双极性输入。

2) 数字量输出引脚的连接

A/D 转换器数字量输出引脚和 PC 总线的连接方法与其内部结构有关。对于内部不含输出锁存器的 A/D 来说，一般通过锁存器或 I/O 接口与计算机相连，常用的接口及锁存器有 Intel8155、8255、8243 及 74LS273、74LS373、8282 等。当 A/D 转换器内部含有数据输出锁存器时，可直接与 PC 总线相连。

单片机火灾报警系统

3) 参考电平的连接

在 A/D 转换器中，参考电平的作用是供给其内部 DAC 电阻网络的基准电源，直接关系到 A/D 转换的精度，所以对基准电源的要求比较高，一般要求由稳压电源供电。不同的 A/D 转换器，参考电源的提供方法也不一样。有采用外部电源供给的，如 AD7574、ADC0809 等。对于精度要求比较高的 12 位 A/D 转换器，一般在 A/D 转换器内部设置有精密参考电源，如 AD574A 等，不需要采用外部电源。

4) 时钟的选择

时钟频率是决定芯片转换速度的基准。整个 A/D 转换过程都是在时钟作用下完成的。A/D 转换时钟的提供方法也有两种，一种是由芯片内部提供，一种是由外部时钟提供。对于外部时钟可以用单独的振荡器，更多的则是通过系统时钟分频后，送至 A/D 转换器的时钟端子。

若 A/D 转换器内部设有时钟振荡器，一般不需要任何附加电路，如 AD574A。也有的需外接电阻和电容，如 MC14433，还有些转换器使用内部时钟或外部时钟均可。

5) 启动 A/D 转换

根据 A/D 的启动信号及硬件连接电路对启动引脚进行控制。脉冲启动往往用写信号及地址译码器的输出信号经过一定的逻辑电路进行控制。电平启动对相应的引脚清 0 或置 1。

6) 转换结果的读出

根据硬件连接的不同，转换结果的读出有三种方式：中断方式、查询方式和软件延时方式。

（1）中断方式：当转换结束时，即提出中断申请，计算机响应后，在中断服务程序中读取数据。这种方法使 A/D 转换器与计算机的工作同时进行，因而节省机时，常用于实时性要求比较强或多参数的数据采集系统。

（2）查询方式：计算机向 A/D 转换器发出启动信号后便开始查询 A/D 转换是否结束，一旦查询到 A/D 转换结束，则读出结果数据。这种方法的程序设计比较简单，且实时性也比较强，是应用最多的一种方法。

（3）软件延时方式：计算机启动 A/D 转换后，根据芯片的转换时间，调用一段软件延时程序，通常延时时间略大于 A/D 转换时间，延时程序执行完以后 A/D 转换应该已完成，即可读出结果数据。这种方法不必增加硬件连线，但占用 CPU 的机时较多，多用在 CPU 处理任务较少的系统中。

2. ADC0809 的应用

图 2-35 为基于 ADC0809 的查询方式基本应用电路，A/D 转换的启动通过 74138 译码器完成。

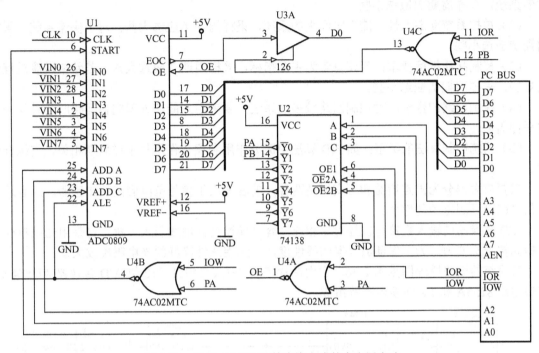

图 2-35　基于 ADC0809 的查询方式基本应用电路

接口程序如下：

	MOV BX,BUFF	；置保存采样数据区首址
	MOV CX,08H	；8 路输入
START:	OUT PA,AL	；地址 PA=40H 使 74138 译码器输出一个低电平启动 A/D 转换
REOC;	IN　AL,PB	；地址 PB=48H，读 EOC
	RCR AL,01	；判断 EOC
	JNC REOC	；若 EOC=0，继续查询
	IN　AL,PA	；若 EOC=1，使 OE 有效读 A/D 转换数
	MOV [BX],AL	；存 A/D 结果
	INC BA	；存 A/D 转换数地址加 1
	INC PA	；接口地址加 1
	LOOP START	；循环

2.3.8　模拟量输入通道设计

首先确定计算机控制系统的被控对象和性能指标，确定测量用传感器或变送器，考虑输入信号的处理方式，然后选用 A/D 转换器、接口电路及转换通道的结构。

A/D 转换器位数的选择取决于系统的测试精度，通常要比传感器测量精度要求的最低分辨率高一位。

采样保持器的选用取决于测量的变化频率，原则上直流信号或变化缓慢的信号可以不采用采样保持器。根据 A/D 转换器的转换时间和分辨率及测量信号频率决定是否选用采样保持器。

采样周期的选取对控制系统的控制效果影响较大，除了满足香农采样定理外，采样周期的选取还需遵循以下的一般原则：

（1）系统受扰动情况：若扰动和噪声都较小，采样周期 T 应选大些；对于扰动频繁和噪声大的系统，采样周期 T 应选小些。

（2）被控系统动态特性：滞后时间大的系统，采样周期 T 应选大些；对于快速系统，采样周期 T 应选小些。

（3）控制品质指标要求：若超调量为主要指标，采样周期 T 应选大些；若希望过渡过程时间短些，采样周期 T 应选小些。

（4）控制回路的数量：对控制回路较多的系统，要考虑到能够处理完各回路所需时间来确定采样周期。

（5）系统控制算法的类型：如 PID 算法中微分作用和积分作用与采样周期相关，需综合考虑。

前置放大器分为固定增益和可变增益两种，前者适用于信号范围固定的传感器，后者适用于信号范围不固定的传感器。

A/D 转换器的输入直接与被控对象相连，容易通过公共地线引入干扰。可采用光电耦合器来提高抗干扰能力。为了保证放大器的线性度，应选用线性度好的光电隔离放大器。

某系统的电路原理图见图 2-36。它由两片多路开关 CD4051、12 位 A/D 转换器 AD574A、接口电路 8255A 和 I/V 转换电路等组成。

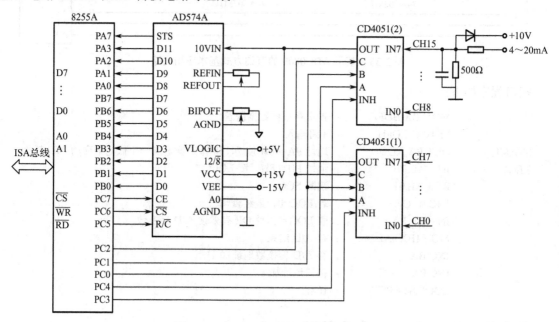

图 2-36　16 路 A/D 转换模板电路原理图

该 A/D 转换接口程序包括对 8255A 的初始化、启动 A/D 转换、查询 A/D 转换结束、读 A/D 转换结果并存入缓冲区 BUFFER。部分程序指令如下：

```
AD574A      PROC  NEAR
            CLD
            LEA  DI, BUFFER    ; 设置 A/D 转换结果的缓冲区
            MOV  BL, 00000000B ; CE=CS=R/C =INH1=INH2=0，通道 0
```

```
                MOV  CX, 16           ; 16 通道数→CX
ADC:            MOV  DX, 01A2H        ; 8255A 端口 C 地址 01A2H
                MOV  AL, BL
                OUT  DX, AL           ; 选通多路开关
                NOP
                NOP
                NOP
                OR   AL, 10000000B    ; 置 CE=1，CS̄=0，R/C̄=0
                OUT  DX, AL           ; 启动 A/D 转换
                MOV  DX, 01A0H        ; 8255A 端口 A 地址 01A0H
POLLING:        IN   AL, DX           ; 输入 STS
                TEST AL, 80H          ; 查询 STS
                JNZ  POLLING
                MOV  AL, BL
                OR   AL, 00100000B    ; 置 CE=1，CS̄=0，R/C̄=1
                MOV  DX, 01A2H        ; 8255A 端口 C 地址 01A2H
                OUT  DX, AL           ; 准备读 A/D 转换结果
                MOV  DX, 01A0H        ; 8255A 端口 A 地址 01A0H
                IN   AL, DX           ; 读 A/D 转换结果高 4 位
                AND  AL, 0FH;
                MOV  AH, AL           ; A/D 转换结果高 4 位存入 AH
                INC  DX               ; 8255A 端口 B 地址 01A1H
                IN   AL, DX           ; 读 A/D 转换结果低 8 位存入 AL
                STOSW                 ; 存 A/D 转换结果到 BUFFER 为首的缓冲区
                INC  BL               ; 通道数加 1
                LOOP ADC
                MOV  AL, 01111000B    ; 置 CE=0，CS̄=R/C̄=1
                MOV  DX, 01A2H        ; 8255A 端口 C 地址 01A2H
                OUT  DX, AL           ; 停止 A/D 转换，关闭多路开关
                RET
AD574A  ENDP
```

2.4 模拟量输出通道

模拟量输出通道是计算机控制系统实现对生产过程控制的关键，它主要将计算机处理后输出的数字信号转换成模拟信号去驱动相应的模拟量执行机构，以达到一定的控制目的。

2.4.1 模拟量输出通道的结构形式

模拟量输出通道一般由接口电路、D/A 转换电路、V/I 转换电路、多路转换开关、保持器、驱动电路、执行机构等部分组成。另外，在输出接口与 D/A 转换器之间可进行信号的光电隔离。D/A 转换器是 AO 通道的核心器件。模拟量输出通道的结构形式主要取决于输出保持器的构成方式。保持器一般有数字保持方案和模拟保持方案两种，这就决定了模拟量输出通道的两种基本结构形式。

1．一个通路设置一个 D/A 转换器的结构形式

微处理器和通路之间通过独立的接口缓冲器传送信息，这是一种数字保持的方案。其优点是转换速度快、工作可靠，即使某一路 D/A 转换器有故障，也不会影响其他通路的工作。缺点是使用了较多的 D/A 转换器。但随着大规模集成电路技术的发展，这个缺点正在逐步得到克服，见图 2-37。

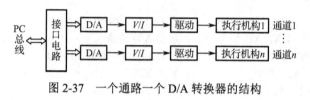

图 2-37　一个通路一个 D/A 转换器的结构

2．多个通路共用一个 D/A 转换器的结构形式

多个通路共用一个 D/A 转换器的模拟量输出通道的结构形式如图 2-38 所示。因为共用一个 D/A 转换器，故必须在计算机控制下分时工作，即依次把 D/A 转换器转换成的模拟电压（或电流），通过多路开关传送给输出保持器。这种结构形式的优点是节省了 D/A 转换器，但因为分时工作，只适用于通路数量多且速度要求不高的场合。它还要用多路开关，且要求输出采样保持器的保持时间与采样时间之比较大。这种方案的可靠性较差。

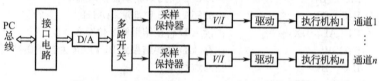

图 2-38　多个通路共用一个 D/A 转换器的结构

2.4.2　常用的 D/A 转换器

1．D/A 转换器的基本原理

D/A 转换器的基本原理是：将输入的每一位二进制代码按其权的大小转换成模拟量，然后将代表各位的模拟量相加，所得的总模拟量与数字量成正比，这样便实现了从数字量到模拟量的转换。

2．D/A 转换器的主要性能指标

（1）分辨率：D/A 转换器能分辨的最小输出模拟增量，即当数字量发生单位数码变化时所对应输出模拟量的变化量，取决于二进制的位数，有

$$分辨率=满刻度值/2^n$$

（2）转换精度：D/A 转换器实际输出与其理论值的差值，是由于非线性、零点刻度、满量程刻度及温漂等原因引进的。

（3）稳定时间：指从输入数字量变换到输出模拟量达到终值误差 1/2LSB 所需用的时间。稳定时间越大，转换速度越低，主要取决于运算放大器的响应时间。

（4）线性度：指 D/A 转换器的实际转换特性曲线与理想直线间的最大偏差，一般其绝对值不应超过 1/2LSB。

3．常用 D/A 转换器

1）8 位 D/A 转换器 DAC0832

DAC0832 具有 8 位分辨率，电流输出，稳定时间为 1μs，含有双输入数据锁存器，单一电源供电（+5～+15V），低功耗（20mW），逻辑电平输入与 TTL 兼容。其内部结构原理框图如图 2-39 所示。DAC0832 采用 20 脚双列直插式封装，如图 2-40 所示。

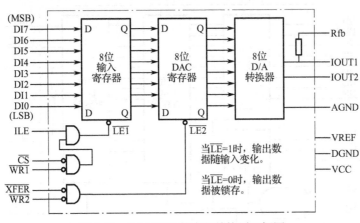

图 2-39　DAC0832 的内部结构原理框图

DAC0832 主要由 8 位输入寄存器、8 位 DAC 寄存器、采用 R-2R 电阻网络的 8 位 D/A 转换器及控制电路 4 部分组成。

DAC0832 各引脚功能如下：

DI0～DI7：数据输入线，DI0 为最低位，DI7 为最高位。

CS：片选信号输入线，低电平有效。

VREF：基准电压，−10～+10V。

VCC：电源电压，+5～+15V。

IOUT1、IOUT2：模拟电流输出端，$I_{OUT1} + I_{OUT2}$=常数＝V_{REF}/R_{fb}，输入全 1 时，I_{OUT1} 最大，I_{OUT2} 最小；反之则相反。

Rfb：运放用反馈电阻引出端。

AGND：第 3 引脚，模拟信号接地端。

DGND：第 10 引脚，数字信号接地端。

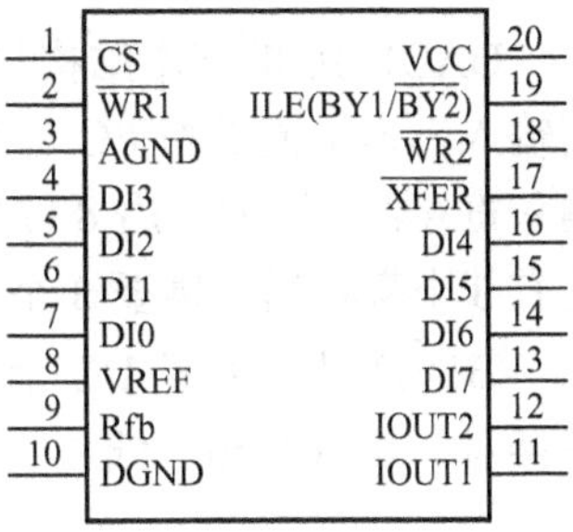

图 2-40　DAC0832 的引脚排列

WR1：写信号 1，低电平有效。

WR2：写信号 2，低电平有效。

ILE：输入锁存使能，高电平有效。

XFER：D/A 转换控制端，低电平有效。

在输入锁存允许 ILE、片选 $\overline{CS}$ 有效时，写选通信号 $\overline{WR1}$（负脉冲）能将输入数字 D 锁入 8 位输入寄存器。在传送控制 $\overline{XFER}$ 有效条件下，$\overline{WR2}$（负脉冲）能将输入寄存器中的数据传送到 DAC 寄存器。数据送入 DAC 寄存器后 1μs（建立时间），I_{OUT1} 和 I_{OUT2} 稳定。

$\overline{LE}$ =1 时，寄存器直通；$\overline{LE}$ =0 时，寄存器锁存。

一般情况下，把 $\overline{XFER}$ 和 $\overline{WR2}$ 接地（此时 DAC 寄存器直通），ILE 接+5V，总线上的写信号作为 $\overline{WR1}$ 信号，接口地址译码信号作为 $\overline{CS}$ 信号，使 DAC0832 接为单缓冲形式，数据 D 写

入输入寄存器即可改变其模拟输出。在要求多个 D/A 同步工作（多个模拟输出同时改变）时，将 DAC0832 接为双缓冲，此时，$\overline{XFER}$ 和 $\overline{WR2}$ 分别受接口地址译码信号、I/O 端口信号驱动。

2）12 位 D/A 转换器 DAC1210

DAC1210 具有 12 位分辨率，单电源（+5～+15V）工作；电流建立时间为 1μs，输入信号与 TTL 电平兼容，内部结构见图 2-41。

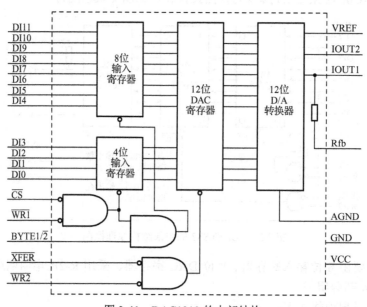

图 2-41　DAC1210 的内部结构

DAC1210 的基本结构与 DAC0832 相似，也由两级缓冲器组成；主要差别在于它是 12 位数据输入，为了便于和 PC 总线接口，它的第一级缓冲器分成了一个 8 位输入寄存器和一个 4 位输入寄存器，以便利用 8 位数据总线分两次将 12 位数据写入 DAC 芯片。这样，DAC1210 内部就有 3 个寄存器，需要 3 个端口地址，为此，内部提供了 3 个 $\overline{LE}$ 信号的控制逻辑。

B1/$\overline{B2}$ 是写字节 1/字节 2 的控制信号。B1/$\overline{B2}$ =1，12 位数据同时存入第一级的两个输入寄存器；B1/$\overline{B2}$ =0，低 4 位数据存入输入寄存器。

2.4.3　D/A 转换器接口电路

D/A 转换器接口电路主要包括数字量输入信号的连接及控制信号的连接。D/A 编程包括选中 D/A 转换器、送转换数据到数据线和启动 D/A 转换。

1. 数字量输入信号的连接

数字量输入信号连接时要考虑数字量的位数及 D/A 转换器内部是否有锁存器。若 D/A 转换器内部无锁存器，则需要在 D/A 转换器与系统数据总线之间增设锁存器或 I/O 口；若 D/A 转换器内部有锁存器，则可以将 D/A 转换器与系统数据总线直接相连。

2. 控制信号的连接

控制信号主要有片选信号、写信号及转换启动信号，它们一般由 CPU 或译码器提供。一般片选信号由译码器提供，写信号多由 PC 总线的 $\overline{IOW}$ 提供，启动信号一般为片选信号和 $\overline{IOW}$ 的合成。另外，有些 D/A 转换器可以工作在双缓冲或单缓冲工作方式，这时还需再增加控制线。

3．DAC0832 的应用

1）DAC0832 直接与 PC 相连

有时为了节省硬件，对于带有锁存器的 D/A 转换器，可以采用直接连接方式。例如，DAC0832 与 8088CPU 的连接如图 2-42 所示。

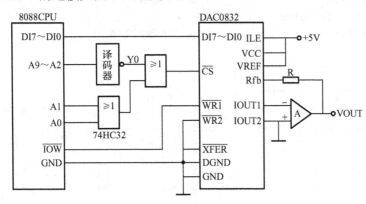

图 2-42　DAC0832 与 8088CPU 的连接

在此电路中，由于 DAC0832 内部有输入锁存器，所以不需要其他接口芯片，便可直接与 CPU 数据总线相连，也不需要保持器，只要没有新的数据输入，它将保持原来的输出值。

在图 2-42 中，WR2 和 XFER 接成低电平，故 8 位 DAC 缓冲器始终是直通的，因此该电路属于单缓冲锁存器接法。当执行 OUT 指令时，CS 和 WR1 为低电平，CPU 输出的数据打入 DAC0832 的 8 位输入锁存器，再经 8 位 DAC 缓冲器送入 D/A 转换网络进行转换。DAC0832 输出电压表达式为

$$V_{OUT} = \frac{D}{2^8} \cdot V_{REF}$$

2）DAC0832 输出驱动

设计 AO 通道时需要完成输出驱动任务，输出驱动电路可以采用电压和电流两种输出形式。
- 电流输出：0～10mA DC 或 4～20mA DC;
- 电压输出：0～5V DC 或 1～5V DC。

图 2-43 中 DAC0832 的输出电流经过运算放大器的作用，为外接负载提供 0～10mA DC 或 4～20mA DC 电流。

4．DAC1210 转换器与 PC 工业控制机的接口

DAC1210 转换器与 PC 工业控制机的接口电路如图 2-44 所示。

图 2-44 中电路由 DAC1210 转换芯片、运算放大器、地址译码器组成。数据总线中的 D0～D7 与 DAC1210 高 8 位 DI4～DI11 相连，D0～D3 与 DAC1210 低 4 位 DI0～DI3 复用。在软件设计中，为了实现 8 位数据线传送 12 位被转换数，主机须分两次传送被转换数，首先将被转换数的高 8 位输入 8 位寄存器 DI4～DI11，再将低 4 位传给 4 位输入寄存器 DI0～DI3。当输出指令执行完后，DAC 寄存器又自动处于锁存状态以保持数模转换的输出不变。设 12 位被转换数的高 8 位存放在 DATA 单元内，低 4 位存放在 DATA+1 单元内，3 个口地址：低 2 位输入寄存

器为 380H，高 8 位输入寄存器为 381H，12 位 DAC 寄存器为 384H。参考转换程序为：

```
DAC:      MOV DX, 038H
          MOV AL,[DATA]
          OUT DX,AL             ; 送高 8 位数据
          DEC DX
          MOVE AL,[DATA+1]
          OUT DX,AL             ; 送低 4 位数据
          MOV       DX,0384H
          OUT DX，AL             ; 完成 12 位数据转换
```

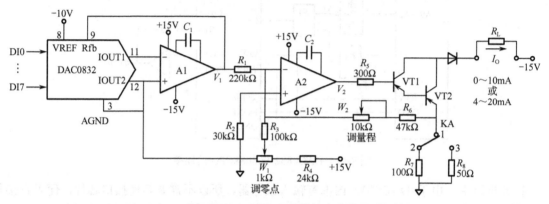

图 2-43 DAC0832 转换输出电流

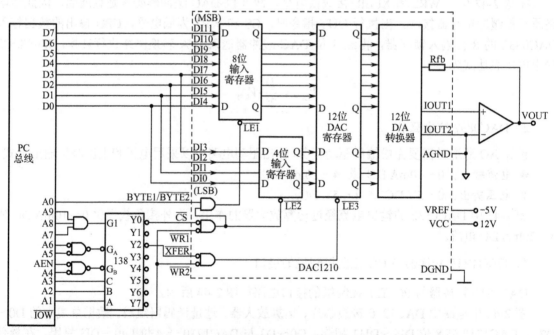

图 2-44 DAC1210 转换器与 PC 工业控制机的接口电路

2.4.4　D/A 转换器的输出形式

D/A 转换器的输出有电流和电压两种方式，一般电流输出需经放大器转换成电压输出。电压输出可以构成单极性电压输出和双极性电压输出电路。

D/A 转换器的输出方式只与模拟量输出端的连接方式有关，而与其位数无关。

单极性电压输出指输入值只有一个极性（或正或负），D/A 转换器的输出也只有一个极性。双极性电压输出指当输入值为符号数时，D/A 转换器的输出反映正负极性。

利用 DAC0832 实现的单、双极性输出电路如图 2-45 所示。V_{OUT1} 为单极性输出电压，V_{OUT2} 为双极性输出电压。若 D 为数字输入量，V_{REF} 为参考电压，n 为 D/A 转换器的位数，则

$$V_{OUT1} = -V_{REF}\frac{D}{2^n - 1}$$

$$V_{OUT2} = -\left(V_{REP}\frac{R_3}{R_1} + V_{OUT1}\frac{R_3}{R_2}\right) = -V_{REF} + V_{REF}\frac{D}{2^n - 1} \times 2 = V_{REF}\left(\frac{2D}{2^n - 1} - 1\right)$$

根据上面两式，对于 8 位 D/A 转换器，有

D=0 时，　　　　　　　$V_{OUT1} = 0,\quad V_{OUT2} = -V_{REF}$

D=80H 时，　$V_{OUT1} = -V_{REF}\dfrac{128}{2^8 - 1} \approx -\dfrac{V_{REF}}{2},\quad V_{OUT2} = -V_{REF}\left(\dfrac{2 \times 128}{2^8 - 1} - 1\right) \approx 0$

D=FFH 时，　$V_{OUT1} = -V_{REF}\dfrac{255}{2^8 - 1} = -V_{REF},\quad V_{OUT2} = -V_{REF}\left(\dfrac{255}{2^8 - 1} - 1\right) = V_{REF}$

实现了双极性输出。

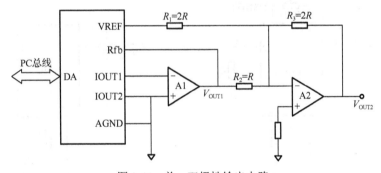

图 2-45　单、双极性输出电路

2.4.5　V/I 变换

电流传输方式具有较强的抗干扰能力，适于长距离传输。因而在计算机控制系统输出通道中常以电流信号来传送信息，这就需要将 D/A 输出的电压信号转换成电流信号，即经过 V/I 变换。

V/I 转换电路一般有两种形式：一是利用普通运放搭建功能电路；二是采用集成 V/I 转换器。下面主要以集成 V/I 转换器 ZF2B20 为例介绍 V/I 转换器的应用。

ZF2B20 是一个完整的电压/电流转换器，可用于子系统之间的信息传递，广泛用于工业仪表和控制系统。

ZF2B20 的输入电压范围是 0～10V，输出电流是 4～20mA（加接地负载），采用单正电源供电，电源电压范围为 10～32V。它的特点是低漂移，在工作温度为-25～85℃范围内，最大漂移为 0.005%/℃，可用于控制和遥测系统，作为子系统之间的信息传送和连接。图 2-46 为 ZF2B20 的引脚及基本接线。

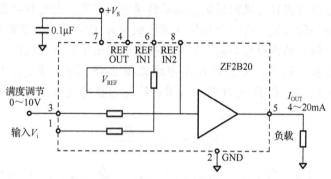

图 2-46　ZF2B20 的引脚及基本接线

ZF2B20 中包括一个高精度运算放大器、精密电阻和一个高稳定度的基准电压源。其内部基准电压源可输出一个 2.5V 的基准电压（第 4 引脚 REFOUT 为输出端），目的是扩大偏置和输出能力。当 REFIN 和 REFOUT 连接时，对应 0V 输入电压可以相应输出 4mA 电流。ZF2B20 的输入电阻为 10kΩ，动态响应时间小于 25μs，非线性小于 ±0.025%。

图 2-47（a）所示电路是一种带初值校准的 0～10V/4～20mA 的转换电路；图 2-47（b）则是一种带满度校准的 0～10V/0～10mA 的转换电路。

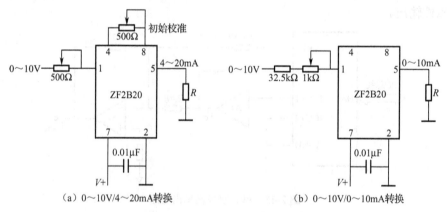

（a）0～10V/4～20mA转换　　　　　　（b）0～10V/0～10mA转换

图 2-47　ZF2B20 的 V/I 转换电路

2.4.6　模拟量输出通道设计

D/A 转换通道的设计过程中，首先要确定使用对象和性能指标，然后选用 D/A 转换器、接口电路和输出电路。

1. 模拟量输出通道设计中应考虑的问题

（1）输出的形式，即是电压输出、电流输出还是频率输出等，进而考虑采用什么转换电路。

（2）输出的范围，比如电压输出时，要求的输出电压是单极性的还是双极性的，是 0～5V 还是 0～10V 输出。

（3）要求的分辨率、精度、线性度，进而考虑采用何种 D/A 转换芯片。

（4）与 CPU 之间的接口，数据采用串行输入还是并行输入。

（5）应用的场合，温度范围、干扰等方面的问题，考虑选择何种抗干扰措施。

2．D/A 转换模板的设计

1）设计步骤

（1）确定性能指标。

（2）设计电路原理图。

（3）设计和制造电路板。

（4）焊接和调试电路板。

2）设计原则

（1）合理地选择 D/A 转换芯片及相关的外围电路，需要掌握各类集成电路的性能指标及引脚功能，以及与 D/A 转换模板连接的 CPU 或计算机总线的功能、接口及其特点。

（2）安全可靠。尽量选用性能好的元器件，并采用光电隔离技术。

（3）性能与经济的统一。综合考虑性能与经济性，在选择集成电路芯片时，应综合考虑速度、精度、工作环境和经济性等因素。

（4）通用性。在设计 D/A 转换器模板时应考虑以下几个方面：符合总线标准，用户可以任意选择口地址和输入方式。

3）设计实例

图 2-48 为采用 STD 总线标准的 4 路 8 位 D/A 转换模板电路原理图，主要技术指标如下：

● 通道数：4 路；

● 分辨率：8 位；

● 输出方式：0～10mA DC 或 4～20mA DC；

● 输出阻抗：0～10mA DC 时，小于或等于 1.2kΩ，4～20mA DC 时，小于或等于 0.6kΩ；

● 转换时间：约 50μs。

该电路由数据缓冲器 U1、控制电路 U2～U4、数据寄存器 U5、控制寄存器 U6、光电耦合器 U7～U9、DAC0832 和电压/电流转换器等组成。

用户可根据需要通过开关 S1～S7 来设置接口基址（A1～A7），再由控制电路产生两个写信号 WD 和 WC。当 A0＝0 时，产生送 D/A 转换器的写信号 WD；当 A0＝1 时，产生送 D/A 控制字的写信号 WC。

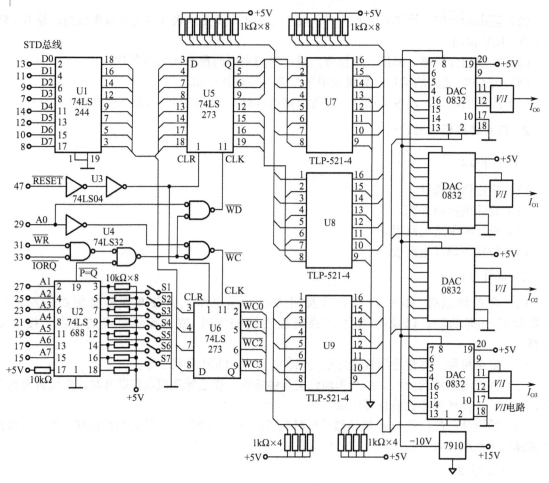

图 2-48　4 路 8 位 D/A 转换模板电路原理图

2.5　计算机控制系统硬件抗干扰技术

在工作过程中，计算机控制系统不可避免地会受到来自系统内部和外部的各种干扰的影响。所谓干扰，就是各种噪声或造成计算机设备不能正常工作的破坏因素。干扰将影响计算机控制系统的可靠性和稳定性，给系统调试和运行增加难度，甚至会导致严重故障。

2.5.1　硬件抗干扰技术分析

1. 干扰的来源

干扰的来源是多方面的，有的来自外部，有的来自内部，并有多种传播途径。

外部干扰由使用条件和外部环境因素决定，有天气电干扰，如雷电或大气电离作用及其他气象引起的干扰电波；电气设备的干扰，如广播电台或通信发射台发出的电磁波，动力机械、高频炉、电焊机等都会产生干扰；此外，荧光灯、开关、电流断路器、过载继电器、指示灯等具有瞬变过程的设备也会产生较大的干扰。

内部干扰则是由系统的结构布局、制造工艺所引入的。有分布电容、分布电感引起的耦合感应、电磁场辐射感应，长线传输造成的波反射；多点接地造成的电位差引入的干扰；装置及设备中各种寄生振荡引入的干扰，以及热噪声、闪变噪声、尖峰噪声等引入的干扰；元器件产生的噪声等。

2．干扰的作用途径

在工业现场中，往往存在许多强电设备，它们的启动和工作将产生干扰电磁场，还有来自空间传播的电磁波、雷电的干扰，以及高压输电线周围交变电磁场的影响等。典型的计算机控制系统的干扰环境可以用图 2-49 表示。

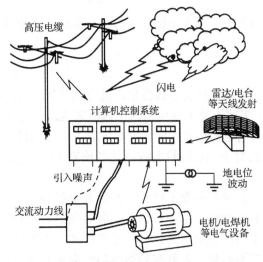

图 2-49　计算机控制系统干扰环境

（1）传导耦合：干扰由导线进入电路中称为传导耦合。

（2）静电耦合：电场通过电容耦合途径窜入其他线路。两根并排的导线之间会构成分布电容，如印制电路板上的印制线路之间、变压器绕线之间都会构成分布电容。

（3）电磁耦合：在空间磁场中电路之间的互感耦合。

（4）公共阻抗耦合：多个电路的电流流经同一公共阻抗时所产生的相互影响。

3．干扰的作用形式及抑制措施

1）共模干扰

共模干扰是在电路输入端相对公共接地点同时出现的干扰，可以是直流电压，也可以是交流电压，其幅值达几伏甚至更高，这取决于现场产生干扰的环境条件和计算机等设备的接地情况，如图 2-50 所示。图中 U_{cm} 是加在放大器输入端上共有的干扰电压，故称为共模干扰，其中 U_S 是信号源，U_{cm} 就是共模电压。

共模干扰电压的抑制就应当是有效地隔离两个地之间的电联系，以及采用被测信号的双端差动输入方式。具体有变压器隔离、光电隔离与浮地屏蔽等三种措施。对于存在共模干扰的场合，必须采用双端不对地输入方式。

2）串模干扰

串模干扰就是指串联叠加在工作信号上的干扰，也称为正态干扰、常态干扰、横向干扰等，如图 2-51 所示。

图中 U_s 为信号源，U_n 为串模干扰电压，引至计算机控制系统的输入端。

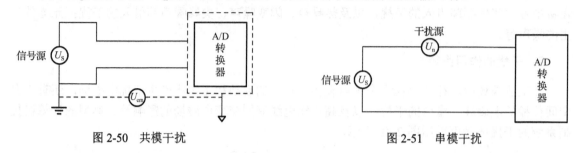

图 2-50　共模干扰　　　　　　　　　　　　　图 2-51　串模干扰

对串模干扰的抑制较为困难，因为干扰直接与信号串联。目前常采用双绞线与滤波器两种措施。

3）长线传输干扰

由生产现场到计算机的连线往往长达数百米，甚至几千米。即使在中央控制室内，各种连线也有几米到几十米。对于采用高速集成电路的计算机来说，长线的"长"是一个相对的概念，是否是"长线"取决于集成电路的运算速度。例如，对于 ns 级的数字电路来说，1m 左右的连线就应当作长线来看待；而对于 μs 级的电路，几米长的连线才需要当作长线来处理。

信号在长线中传输除了会受到外界干扰和引起信号延迟外，还可能会产生波反射现象。当信号在长线中传输时，由于传输线的分布电容和分布电感的影响，信号会在传输线内部产生正向前进的电压波和电流波，称为入射波。如果传输线的终端阻抗与传输线的阻抗不匹配，入射波到达终端时会引起反射；同样，反射波到达传输线始端时，如果始端阻抗不匹配，又会引起新的反射，使信号波形严重畸变。

隔离变压器

2.5.2　过程通道抗干扰技术分析

从干扰源、传播途径及控制系统的硬件、软件方面进行考虑，主要有屏蔽、隔离、滤波和接地等方法。

1. 共模干扰的抑制

抑制共模干扰的主要方法是设法消除不同接地点之间的电位差。

1）变压器隔离

利用隔离变压器把"模拟地"与"数字地"断开。此被测信号通过变压器耦合或光电耦合获得通路，而共模干扰由于不成回路而得到有效的抑制，如图 2-52 所示。

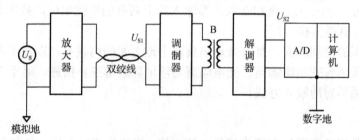

图 2-52　变压器隔离

需要注意的是，隔离前和隔离后应分别采用两组互相独立的电源，以切断两部分的地线联系。被测信号 U_S 经双绞线引到输入通道中的放大器，放大后的直流信号 U_{S1} 先通过调制器变换成交流信号，经隔离变压器 B 由原边传输到副边，然后用解调器再将它变换为直流信号 U_{S2}，再对 U_{S2} 进行 A/D 转换。这样，被测信号通过变压器的耦合获得通路，而共模电压由于变压器的隔离无法形成回路而得到有效的抑制。

2）光电隔离

在 A/D 转换器与 CPU 或 CPU 与 D/A 转换器的数字信号之间插入光耦隔离器，可以隔离模拟量，也可以隔离数字量。

光电隔离利用光电耦合器完成信号的传送，实现电路的隔离，如图 2-53 所示。根据所用的器件及电路不同，通过光电耦合器可以实现模拟信号的隔离，也可以实现数字量的隔离。注意，光电隔离前后两部分电路应分别采用两组独立的电源。

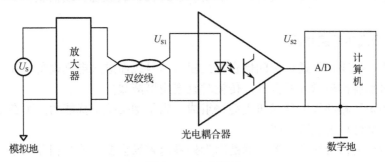

图 2-53　光电隔离

3）浮地输入双层屏蔽放大器隔离

采用浮地输入双层屏蔽放大器来抑制共模干扰，如图 2-54 所示。

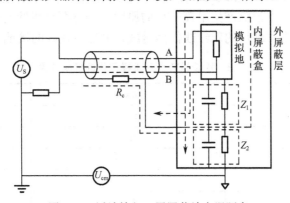

图 2-54　浮地输入双层屏蔽放大器隔离

这是利用屏蔽方法使输入信号的"模拟地"浮空，使共模输入阻抗大为提高，共模电压在输入回路中引起的共模电流大为减小，从而抑制了共模干扰的来源，使共模干扰降至很低，达到抑制共模干扰的目的。图中 Z_1 和 Z_2 分别为模拟地与内屏蔽盒之间和内屏蔽盒与外屏蔽层（机壳）之间的绝缘屏蔽线的阻抗，它们由漏电阻和分布电容组成，所以此阻抗值很大。用于传送信号的 Z_2 为共模电压 U_{cm} 提供了共模电流 I_{cm1} 的通路。由于屏蔽线的屏蔽层存在电阻 R_c，因此共模电压 U_{cm} 在 R_c 上会产生较小的共模信号，它将在模拟量输入回路中产生共态电流 I_{cm2}，此 I_{cm2} 在模拟量输入回路中产生常态干扰电压。显然，由于 $R_c \ll Z_2$，$Z_2 \ll Z_1$，故由 U_{cm} 引入的常态干扰电压是非常微弱的。所以这是一种十分有效的共模抑制措施。

2．串模干扰的抑制

对串模干扰的抑制较为困难，因为干扰直接与信号相串联，只能从干扰信号的特性和来源入手，针对不同的情况采取相应的措施。

1）在输入回路中接入模拟滤波器

根据串模干扰频率与被测信号频率的分布特性，可以选用低通、高通、带通等滤波器。如果干扰频率比被测信号频率高，则选用低通滤波器；如果干扰频率比被测信号频率低，则选用高通滤波器；如果干扰频率落在被测信号频率的两侧，则需用带通滤波器。

2）使用双积分式 A/D 转换器

当尖峰型串模干扰为主要干扰时，使用双积分式 A/D 转换器，或在软件上采用判断滤波的方法加以消除。

3）采用信号线的屏蔽措施

为了防止"干扰噪声"通过空间耦合方式侵入信号线而进入电气设备，在干扰比较强的工业现场，或者对那些比较微弱的信号，传输时宜选用屏蔽线。

双绞线由两根互相绝缘的导线扭绞缠绕组成，为了增强抗干扰能力，可在双绞线的外面加金属编织物或护套形成屏蔽双绞线。

采用双绞线作为信号线的目的，就是因为外界电磁场会在双绞线相邻的小环路上形成相反方向的感应电势，从而互相抵消减弱干扰作用。双绞线相邻的扭绞处之间为双绞线的节距，双绞线不同节距会对串模干扰有不同的抑制效果。

双绞线可用来传输模拟信号和数字信号，用于点对点连接和多点连接应用场合，传输距离为几千米，数据传输速率可达 2Mbps。用这种方法可使干扰抑制比达到几十分贝，其效果如表 2-8 所示。为了从根本上消除产生串模干扰的原因，一方面对测量仪表要进行良好的电磁屏蔽，另一方面应选用带有屏蔽层的双绞线作信号线，并应有良好的接地。

表 2-8　双绞线节距对串模干扰的抑制效果

节距/mm	干扰衰减比	屏蔽效果（dB）
100	14∶1	23
75	71∶1	37
50	112∶1	41
25	141∶1	43
平行线	1∶1	0

4）电流传送

当传感器信号距离主机很远时很容易引入干扰。如果在传感器出口处将被测信号由电压转换为电流，以电流形式传送信号，将大大提高信噪比，从而提高传输过程中的抗干扰能力。

3．长线传输干扰的抑制

采用终端阻抗匹配或始端阻抗匹配的方法，可以消除长线传输中的波反射或者把它抑制到最低限度。为了进行阻抗匹配，必须事先知道传输线的波阻抗 R_p。

波阻抗的测量方法如图 2-55 所示，调节可变电阻 R，并用示波器观察电路 A 的波形，当完成匹配时，即 $R=R_P$，电路 A 输出的波形不畸变，反射波完全消失，这时的 R 值就是该传输线的波阻抗。

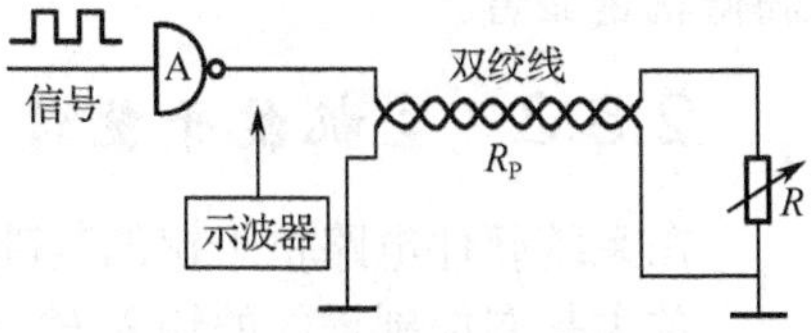

图 2-55 测量传输线波阻抗

1）终端阻抗匹配

最简单的终端匹配方法如图 2-56（a）所示，如果传输线的波阻抗是 R_P，则当 $R=R_P$ 时，便实现了终端匹配，消除了波反射。此时终端波形和始端波形的形状一致，只是时间上滞后。由于终端电阻变低，故加大负载会使波形的高电平下降，从而降低高电平的抗干扰能力，但对波形的低电平没有影响。为了克服上述匹配方法的缺点，可采用图 2-56（b）所示的终端匹配法。其等效阻抗

$$R = \frac{R_1 + R_2}{R_1 R_2}$$

适当调整 R_1 和 R_2 的值，可使 $R=R_P$。这种匹配方法也能消除波反射，优点是波形的高电平下降较少，缺点是低电平抬高，从而降低了低电平的抗干扰能力。为了同时兼顾高电平和低电平两种情况，可选取 $R_1=R_2=2R_P$，此时等效电阻 $R=R_P$。实践中宁可使高电平降低得稍多点，而让低电平抬高得少点，可通过适当选取电阻 R_1 和 R_2，使 $R_1>R_2$，即可达到此目的，当然还要保证等效电阻 $R=R_P$。

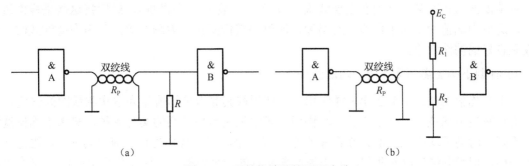

（a）　　　　　　　　　　　　（b）

图 2-56 两种终端阻抗匹配电路

2）始端阻抗匹配

在传输线始端串入电阻，也能基本上消除反射，达到改善波形的目的，如图 2-57 所示。一般选择始端电阻 R 为

$$R = R_P - R_{sc}$$

式中，R_{sc} 为门 A 输出低电平时的输出阻抗。

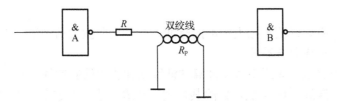

图 2-57 始端阻抗匹配

这种匹配方式的优点是波形的高电平不变，缺点是波形低电平会抬高。这是终端门 B 的输入电流在始端匹配电阻 R 上形成的压降所造成的。显然，始端所带负载门个数越多，低电平抬

高得就越显著。

2.5.3 主机抗干扰技术

在系统硬件电路抗干扰的基础上，可以配合软件抗干扰措施，以达到更好的效果。

首先是在控制系统的输入/输出通道中，采用某种计算方法对通道的信号进行数字处理，以削弱或滤除干扰噪声，这就是数字滤波方法。这是一种廉价而有效的软件程序滤波，在控制系统中被广泛采用。而对于那些可能穿过通道而进入 CPU 的干扰，可采取指令冗余、软件陷阱及程序运行监视等措施来使 CPU 恢复正常工作。

1. 数字滤波

数字滤波只是一个计算过程，无须硬件，因此可靠性高，并且不存在阻抗匹配、特性波动、非一致性等问题。只要适当改变数字滤波程序的有关参数，就能方便地改变滤波特性，因此数字滤波使用时方便灵活。

1）克服大脉冲干扰的数字滤波法

限幅滤波法：又称程序判别法，通过程序判断被测信号的变化幅度，从而消除缓变信号中的尖脉冲干扰。具体方法是，依赖已有的时域采样结果，将本次采样值与上次采样值进行比较，若它们的差值超出允许范围，则认为本次采样值受到了干扰，应予剔除。

中值滤波法：对某一被测参数连续采样 n 次（一般 n 应为奇数），然后将这些采样值进行排序，选取中间值为本次采样值。对温度、液位等缓慢变化的被测参数，采用中值滤波法一般能收到良好的滤波效果。

2）抑制小幅度高频噪声的平均滤波法

算数平均值滤波：N 个连续采样值相加，然后取其算术平均值作为本次测量的滤波值。

滑动平均值滤波：对于采样速度较慢或要求数据更新率较高的实时系统，算术平均值滤波效果不好。滑动平均值滤波把 N 个测量数据看成一个队列，队列的长度固定为 N，每进行一次新的采样，把测量结果放入队尾，而去掉原来队首的一个数据，这样在队列中始终有 N 个"最新"的数据。

加权滑动平均值滤波：增加新的采样数据在滑动平均中的比重，以提高系统对当前采样值的灵敏度，即对不同时刻的数据加以不同的权。通常越接近现在时刻的数据，权取得越大。

$$\overline{Y}(k) = \sum_{i=0}^{n-1} C_i x_{n-i}, \qquad \sum_{i=0}^{n-1} C_i = 1$$

3）复合滤波法

在实际应用中，有时既要消除大幅度的脉冲干扰，又要做数据平滑。因此常把前面介绍的方法结合起来使用，形成复合滤波。

去极值平均滤波算法：先用中值滤波算法滤除采样值中的脉冲性干扰，然后把剩余的各采样值进行平均滤波。连续采样 N 次，剔除其最大值和最小值，再求余下 $N-2$ 个采样的平均值。显然，这种方法既能抑制随机干扰，又能滤除明显的脉冲干扰。

2．输入/输出软件抗干扰措施

1）开关量（数字量）输入抗干扰措施

对于开关量的输入，为了确保信息准确无误，在软件上可采取多次读取的方法（至少读两次），认为无误后再行输入。

2）开关量（数字量）输出抗干扰措施

当计算机输出开关量控制闸门、料斗等执行机构动作时，为了防止这些执行机构产生误动作，可以在应用程序中每隔一段时间发出一次输出命令，不断地关闭闸门或开启闸门。

3．程序运行失常的软件抗干扰

当干扰导致程序计数器 PC 值混乱时，可能造成 CPU 离开正确的指令顺序而跑飞到非程序区去执行一些无意义地址中的内容。

（1）设置软件陷阱。所谓软件陷阱，就是一条引导指令，强行将捕获的程序引向一个指定的地址，在那里有一段专门对程序出错进行处理的程序。

（2）设置监视跟踪定时器。监视跟踪定时器也称为看门狗定时器（Watchdog），可以使陷入"死机"的系统产生复位，重新启动程序运行。

2.5.4 供电技术与接地技术

1．供电技术

计算机控制系统一般由交流电网供电，电网电压与频率的波动将直接影响到控制系统的可靠性与稳定性。实践表明，电源的干扰是计算机控制系统的一个主要干扰，抑制这种干扰的主要措施有以下几个方面。

1）交流电源系统

理想的交流电应该是 50Hz 的正弦波。但事实上，由于负载的变动，如电动机、电焊机、鼓风机等电气设备的启停，甚至日光灯的开关都可能造成电源电压的波动，严重时会使电源正弦波上出现尖峰脉冲。这种尖峰脉冲，幅值可达几十甚至几千伏，持续时间也可达几毫秒之久，容易造成计算机的"死机"，甚至会损坏硬件，对系统威胁极大。

可采用交流稳压器稳定电网电压；利用 UPS 保证不中断供电，电网瞬间断电或电压突然下降等掉电事件会使计算机系统陷入混乱状态，是可能产生严重事故的恶性干扰。对于要求更高的计算机控制系统，可以采用不间断电源即 UPS 向系统供电。

2）直流电源系统

在计算机控制系统中，无论是模拟电路还是数字电路，都需要低压直流供电。直流电源环节是经过交流电源环节转换而来的，也要采取以下抗干扰措施。

（1）交流电源变压器的屏蔽。把交流高压转化为低压直流的首要设备就是交流变压器。因此对电源变压器设置合理的静电屏蔽和电磁屏蔽，是一种十分有效的抗干扰措施。通常将电源变压器的原级、副级分别加以屏蔽，原级的屏蔽层与铁芯同时接地。在要求更高的场合，可采用层间也加屏蔽的结构。

（2）采用开关电源。直流开关电源即采用功率器件获得直流电的电源，为脉宽调制型电源，通常脉冲频率可达 20kHz，具有体积小，重量轻，效率高，电网电压变化时不会输出过电压或欠电压，输出电压保持时间长等优点。开关电源原级、副级之间具有较好的隔离，对于交流电网上的高频脉冲干扰有较强的隔离能力。

（3）采用 DC-DC 变换器。如果系统供电电源不够稳定，或者对直流电源的质量要求较高，可以采用 DC-DC 变换器，将一种电压值的直流电源变换成另一种电压值的直流电源。DC-DC 变换器具有体积小，性能价格比高，输入电压范围大，输出电压稳定，对环境温度要求低等优点。

（4）各电路设置独立的直流电源。较为复杂的计算机控制系统往往设计了多块功能电路板，为了防止板与板之间的相互干扰，可以对每块板设置独立的直流电源分别供电。在每块板上安装 1～2 块集成稳压块组成稳压电源，每个功能电路板单独进行过电流保护。这样即使某个稳压块出现故障，整个系统也不会遭到破坏，而且减少了公共阻抗的相互耦合，大大提高了供电的可靠性，也有利于电源散热。

2．接地技术

接地技术对计算机控制系统极为重要，不合理的接地会带来严重的干扰。接地的目的有两个：一是为了保证控制系统稳定可靠地运行，二是保护计算机、电气设备和操作人员的安全。

1）计算机控制系统中的地线

数字地，也叫逻辑地，它是计算机系统中各种 TTL、CMOS 芯片及其他数字电路的零电位。

模拟地，它是放大器、A/D 转换器、D/A 转换器中的模拟电路零电位。

信号地，它是传感器和变送器的地。

功率地，它是功率放大器和执行部件的地。

屏蔽地，它是为了防止静电感应和磁场感应而设置的，同时也是为了避免机壳带电而危及人身安全而设置的。

交流地，它是交流 50Hz 电源的地线，也称为噪声地。

直流地，它是直流电源的地线。

2）常用接地方法

（1）一点接地和多点接地。对于信号频率小于 1MHz 的电路，采用一点接地，防止地环流的产生；当信号频率大于 10MHz 时，应采用就近多点接地；如果信号频率在 1～10MHz 之间，当地线长度不超过信号波长的 1/20 时，可以采用一点接地，否则就要多点接地。在工业控制系统中，信号频率大多小于 1MHz，所以通常采用单点接地方式。

（2）模拟地和数字地的连接。在计算机控制系统中，数字地和模拟地必须分别接地，然后仅在一点把两种地连接起来，如图 2-58 所示。否则，数字回路通过模拟电路的地线再返回到数字电源，将会对模拟信号产生影响。

（3）交流接地点与直流接地点分开。为了避免电阻把交流电力线引入的干扰传输到控制装置内部，一般将两种地分开。这样既能保证控制系统内部器件的安全性，又能提高系统工作的可靠性和稳定性。

（4）印制电路板地线的安排。在安排印制电路板地线时，首先要保证地线阻抗较低，为此必须尽可能地加

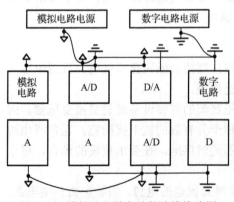

图 2-58   模拟地与数字地的连接线路图

宽地线；其次要充分利用地线的屏蔽作用，将印制电路板全部边缘用较粗的印刷地线环绕整块板子作为地线干线，并同时在板中的所有空隙处均填以地线。

2.6　工业控制网络技术简介

本节以集散控制系统（DCS）、工业以太网（Internet-Intranet-Infranet）和现场总线控制系统（FCS）为主，讲述工业控制网络的组成和应用。

2.6.1　集散控制系统（DCS）

DCS

DCS 是分布式控制系统的英文缩写，是计算机技术、控制技术和网格技术调试结合的产物，采用分散控制和集中管理的设计思想，分而自治和综合协调的设计原则。DCS 自问世以来，随着计算机、控制、通信和屏幕显示技术的发展而发展，广泛地应用于工业控制的各个领域。DCS 的主要特点和优点体现在以下 4 个方面。

1．分散性和集中性

集中性是指集中监视、集中操作和集中管理。分散性是指控制分散、地域分散、功能分散、设备分散和危险分散，进而提高系统的可靠性和安全性。分散性要求 DCS 的硬件积木化、软件模块化。

2．灵活性和扩展性

硬件采用积木式结构，可以灵活地配置成大、中、小各类系统。软件采用模块式结构，提供输入、输出、运算和控制功能，可灵活地组态成系统。

3．协调性和自治性

自治性是指系统中的各个计算机可以独立工作，协调性是指系统中的各台计算机利用网络进行通信，相互传递信息。协调性与自治性相互补充，达到协调工作，以实现系统的总体功能。

4．可靠性和适应性

DCS 采用一系列冗余技术、故障诊断技术和抗干扰技术，提高系统的可靠性，同时 DCS 的分散性可以将危险分散。

DCS 的结构原型如图 2-59 所示。其中控制站 CS 实现 DDC 功能，对生产过程进行信号的输入/输出和运算控制。操作员站 OS 是操作员对生产过程进行监视、操作的管理。工程师站 ES 用于控制工程师设计控制系统，并对系统硬件和软件进行维护和管理。监督计算机站 SCS 实现系统优化控制、预测控制等一系列先进控制算法。计算机网关 CG 完成 DCS 网络（CNET）与其他网络的连接，实现网络互联与开放。

2.6.2　DCS 的层次结构

按照分散控制和集中管理的设计思想，DCS 可分为直接控制层和操作监控层，这两层是DCS 的基本构成。另外，根据生产过程要求，可扩展生产管理层和决策管理层。

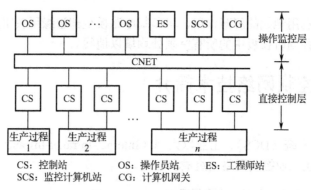

CS：控制站　　　OS：操作员站　　　ES：工程师站
SCS：监控计算机站　　CG：计算机网关

图 2-59　DCS 的结构原型

1. 直接控制层

DCS 的基础，主要设备是控制器 CS，完成输入、输出、运算、控制和通信。直接与生产过程的信号传感器、执行器相连，并且通过控制网络通信，使操作监控层对生产过程进行监视和操作。

2. 操作监控层

DCS 的中心，其主要设备是操作员站、工程师站、监控计算机站和计算机网关，其功能是操作、监视和管理。

3. 生产管理层和决策管理层

生产管理层是 DCS 的扩展层，主要设备是生产管理计算机，该层处于工厂级，根据订货量、库存量、生产能力、生产原料和能源供应情况及时制订全厂的生产计划，并分解落实到生产车间，及时协调全厂的生产，进行科学的生产调试和管理，使全厂的生产始终处于最佳状态。

决策管理层也是 DCS 的扩展层，该层处于公司级，管理公司的生产、供应、销售、计划、市场、财务、人事、后勤等部门。通过收集各部门的信息，进行综合分析，实时做出决策，协调各级管理，使公司各个部门的工作处于最优状态。

2.6.3　现场总线控制系统（FCS）

随着控制、计算机、网络和信息集成等技术的发展，带来了自动化领域的深刻变革，产生了现场总线和现场总线仪表，在此基础上产生了现场总线控制系统（FCS）。FCS 用现场总线把具有输入、输出、运算、控制功能的现场总线数字仪表（如传感器、变送器、执行器）等集成于一体。现场总线控制系统是一种以现场总线为基础的分布式网络自动化系统。现场总线是将自动化系统底层的现场控制器和现场智能仪表设备进行互连的实时控制、数字化、多分支结构的通信网络。现场总线控制的特点和优点主要表现在系统的分散性、开放性、可靠性、产品的互操作性、环境的适应性、经济性和易维护等。

FCS 的体系结构类似于 DCS，变革了 DCS 直接控制层的控制站和生产现场层的模拟仪表，保留了 DCS 的操作监控层、生产管理层和决策管理层。其层次结构见图 2-60。

现场控制层是 FCS 的基础，其主要设备是现场总线仪表（如传感器、执行器等）和现场总线接口（FBI）。现场总线仪表的功能是输入、输出、运算、控制和通信，现场总线接口的功能是下接现场总线，上接监控网络（SNET）。

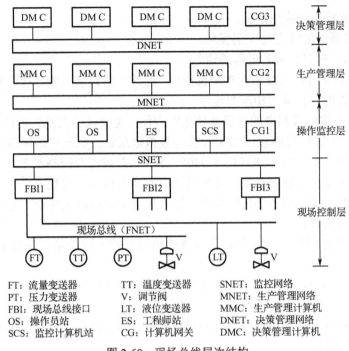

FT：流量变送器   TT：温度变送器   SNET：监控网络
PT：压力变送器   V：调节阀   MNET：生产管理网络
FBI：现场总线接口   LT：液位变送器   MMC：生产管理计算机
OS：操作员站   ES：工程师站   DNET：决策管理网络
SCS：监控计算机站   CG：计算机网关   DMC：决策管理计算机

图 2-60 现场总线层次结构

2.6.4 工业以太网

一般来讲，工业以太网（Ethernet）在技术上与商用以太网兼容，但在产品设计时，在材质的选用、产品的强度、适用性及实时性、可互操作性、可靠性、抗干扰性和本质安全等方面能满足工业现场的需要。工业以太网技术具有价格低廉、稳定可靠、通信速率高、软硬件产品丰富、应用广泛及支持技术成熟等优点，已成为最受欢迎的通信网络之一。工业以太网的特点如下：

（1）Ethernet 是全开放、全数字化的网络，遵照网络协议，不同厂商的设备可以很容易实现互联。

（2）能够实现工业控制网络与企业信息网络的无缝连接，形成企业级管控一体化的全开放网络。

（3）软硬件成本低廉，由于以太网技术已经非常成熟，支持以太网的软硬件受到厂商的高度重视和广泛支持，有多种软件开发环境和硬件设备供用户选择。

（4）通信速率高，当前通信速率为 1000Mbps 的快速以太网开始广泛应用，10Gbps 以太网也正在研究，其速率比现场总线快很多。

习题

1. 什么是工业控制计算机？其特点有哪些？
2. 工业控制计算机由哪几部分组成？各部分的主要作用是什么？
3. 什么是总线、内部总线和外部总线？
4. 常用的外部总线有哪些？

5. 简述 PLC 的特点与应用范围。

6. 简述嵌入式系统的特点与应用领域。

7. 什么是接口、接口技术和过程通道？

8. 利用 74LS244 与 PC 总线工业控制机接口，设计 8 路数字量输入接口和 8 路数字量输出接口，画出电路原理图，并编写相应的程序。

9. 模拟量输入通道信号调理的作用是什么？为什么需要量程变换？为什么需要 I/V 变换？

10. 利用 12 位 A/D 转换器通过 8255A 实现模拟量采集，画出电路原理图，并编写程序。

11. 试用 8255A、AD574、LF398、CD4051 和 PC 总线工业控制机接口，设计出 8 路模拟量采集系统。请画出接口电路原理图，并编写相应的 8 路模拟量的数据采集程序。

12. 为了信号的恢复，信号的采样频率与输入信号中的最高采样频率之间应该满足什么关系？工程上一般如何选取？

13. 采样保持器的作用是什么？是否所有的模拟量输入通道中都需要采样保持器？为什么？

14. 利用 8255A、DAC1210 和 PC 总线工业控制机设计 D/A 输出接口，画出电路图并编写程序。

15. 请分别画出 D/A 转换器的单极性和双极性电压输出电路，并分别推导出输出电压与输入数字量之间的关系式。

16. 采用 DAC0832、运算放大器、CD4051 等元器件与 PC 总线工业控制机接口，设计 8 路模拟量采集系统。请画出接口原理图，并编写出 8 路模拟量的数据采集程序。

17. 什么是串模干扰和共模干扰？如何抑制？

18. 数字信号通道一般采取哪些抗干扰措施？

19. 计算机控制系统中一般有几种接地形式？常用的接地技术有哪些？

第 3 章

计算机控制系统的分析

本章知识点：
- 线性离散系统的稳定性条件
- 计算机控制系统的动态特性分析
- 计算机控制系统的稳态误差
- 离散系统的根轨迹法
- 离散系统的频域分析法

基本要求：
- 理解连续系统与离散系统的主要区别
- 掌握离散系统稳定性判据的应用
- 理解离散系统过渡过程特性
- 掌握稳态误差的分析方法
- 掌握离散系统在采样间的动态特性
- 了解离散最小拍控制系统
- 理解离散系统基于根轨迹的分析方法
- 理解离散系统频域分析法

能力培养：

通过计算机控制系统的稳定性分析、动态特性分析和稳态误差等知识点的学习，培养学生理解、分析与设计计算机控制系统的基本能力。学生能够根据工程应用背景和技术指标要求，对计算机控制系统进行正确分析，能够通过分析得到系统的性能指标，同时具备一定的工程设计能力。

可以将计算机控制系统看作采样系统，进而又可将其看作时间离散系统。对于离散系统，通常使用时域的差分方程、复数域的 z 变换和脉冲传递函数、频域的频率特性及离散状态空间等作为系统分析和设计的基本数学工具。

3.1 离散系统的稳定性分析

计算机控制系统能够正常工作的首要条件是系统的稳定，不稳定的系统是不可能付诸于工程实施的。其次还要满足动态性能指标和稳态性能指标，这样才能保证在实际生产中的良好应用。对于连续系统和离散系统，所谓稳定，就是在有界输入作用下，系统的输出也是有界的。

如果有一个线性定常系统是稳定的，则它的微分方程的解必须是收敛的和有界的。在分析连续系统的稳定性时，主要是根据系统传递函数的极点是否都分布在 s 平面的左半部。如果有极点出现在 s 平面的右半部，则系统不稳定。所以 s 平面的虚轴是连续系统稳定与不稳定的分界线。描述离散系统的数学模型是 z 传递函数，其变量为 z，而 z 与 s 之间具有指数关系，即 $z=\mathrm{e}^{sT}$。如果将 s 平面按这个指数关系映射到 z 平面，即找出 s 平面的虚轴及稳定区域（s 左半平面）在 z 平面的映像，就可以很容易地获得离散系统稳定的充要条件。

系统稳定性

了解计算机控制系统的稳定性条件、采样周期与系统稳定性关系是研究计算机控制系统必不可少的过程。确定系统具有怎样的性能，这属于控制系统性能分析方面的工作。本章将首先讨论离散系统各种数学描述方法，之后对离散系统的稳定性、稳态特性和动态响应特性的描述方法和计算手段进行分析。

3.1.1　s 平面与 z 平面的关系

1. s 平面与 z 平面的映射关系

s 平面与 z 平
面的关系

将 s 平面映射到 z 平面，并找出离散系统稳定时闭环脉冲传递函数零、极点在 z 平面的分布规律，从而获得离散系统的稳定性判据。由于复变量 z 与 s 存在如下关系：

$$z = \mathrm{e}^{sT} \text{ 或 } s = \frac{1}{T}\ln z$$

代入 $s = \sigma + \mathrm{j}\omega$，则

$$z = \mathrm{e}^{(\sigma+\mathrm{j}\omega)T} = \mathrm{e}^{\sigma T}\,\mathrm{e}^{\mathrm{j}\omega T} = \mathrm{e}^{\sigma T}\angle\omega T$$

由于 $\mathrm{e}^{\mathrm{j}\omega T} = \cos\omega T + \mathrm{j}\sin\omega T$ 是以 2π 为周期的函数，所以上式又可以写为

$$z = \mathrm{e}^{(\sigma+\mathrm{j}\omega)T} = \mathrm{e}^{\sigma T}\,\mathrm{e}^{\mathrm{j}(\omega T + 2k\pi)} = \mathrm{e}^{\sigma T}\angle\omega T + 2k\pi \qquad (3\text{-}1)$$

这样，复变量 z 的模 R 及相角 θ（z 平面一点到原点连线与横坐标之间的夹角）与复变量 s 的实部与虚部的关系为

$$\begin{cases} R = |z| = \mathrm{e}^{\sigma T} \\ \theta = \angle z = \omega T + 2k\pi \end{cases} \qquad k = 0, \pm 1, \pm 2 \cdots \qquad (3\text{-}2)$$

式（3-2）为 s 平面与 z 平面的基本对应关系。

由上式可知，s 平面中频率相差采样频率 $2\pi/T$ 整数倍的极点、零点都被映射到 z 平面中同一位置，即每个 z 对应无限多个 s 值。

在 z 平面上，当 σ 为某个定值时，$z = \mathrm{e}^{sT}$ 随 ω 由 $-\infty$ 变到 ∞ 的轨迹是一个圆，圆心位于原点，半径为 $z = \mathrm{e}^{\sigma T}$，而圆心角是随线性增大的。$s$ 平面与 z 平面的映射关系如下：

（1）当 $\sigma = 0$ 时，$|z| = 1$，即 s 平面上的虚轴映射到 z 平面上以原点为圆心的单位圆的圆周。

（2）当 $\sigma < 0$ 时，$|z| < 1$，即 s 平面上的左半平面映射到 z 平面上以原点为圆心的单位圆的内部。

（3）当 $\sigma > 0$ 时，$|z| > 1$，即 s 平面上的右半平面映射到 z 平面上以原点为圆心的单位圆的外部。

（4）s 平面左半面负实轴的无穷远处对应于 z 平面单位圆的圆心。

（5）s 平面的原点对应于 z 平面正实轴上 $|z| = 1$ 的点。

s 平面与 z 平面的映射关系如图 3-1 所示。

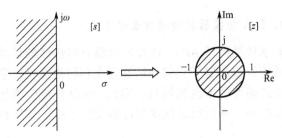

图 3-1　s 平面与 z 平面的映射关系

2．z 平面的稳定性判据

在 s 平面上，ω 每变化一个 $\omega_s\left(\omega_s=\dfrac{2\pi}{T}\right)$，则对应在 z 平面上重复画出一个单位圆，在 s 平面中 $-\dfrac{\omega_s}{2}\sim\dfrac{\omega_s}{2}$ 的频率范围内称为主频区，其余为辅频区（有无限多个）。s 平面的主频区和辅频区映射到 z 平面的重叠称为频率混叠现象。由于实际系统正常工作时的频率较低，因此，实际系统的工作频率都在主频区内。

在连续系统中，如果其闭环传递函数的极点都在 s 平面的左半部分，或者说它的闭环特征方程根的实部均小于零，则该系统是稳定的。由此可以得到离散系统的稳定性条件：

（1）当闭环 z 传递函数的全部极点（特征方程的根）位于 z 平面中的单位圆内时，系统稳定。

（2）当闭环 z 传递函数的全部极点位于 z 平面中的单位圆外时，系统不稳定。

（3）当闭环 z 传递函数的全部极点位于 z 平面中的单位圆上时，系统临界稳定。

3．采样周期的选择

与连续系统不同，在采样系统里，采样周期是系统的一个重要参数，它的大小影响特征方程的系数，从而对闭环系统的稳定性有明显的影响。对采样周期的确定需要考虑多种因素。

1）从系统抗干扰性能和随动性方面考虑

如果系统受到高频干扰信号的影响，应该选择采样周期使采样频率低于干扰信号的频率，保证系统具有足够的抗干扰能力。如果系统受到低频干扰信号的影响，且干扰信号的频率准确已知，可以选择采样周期，使采样频率是干扰信号频率的整数倍，以便系统可以采用滤波的方法去除干扰。对于随动系统，为了能够迅速地反应给定值的变化，采样周期应尽量小。

2）从被控对象的特性方面考虑

若被控对象的时间常数为 T_p，一般采样周期 $T<0.1T_p$。对于具有较大纯滞后时间的被控对象，常选 $T=(1/8\sim1/4)\tau$，τ 为被控对象的滞后时间。

3）从系统的控制品质方面考虑

一般来说，在计算机运算速度允许的情况下，采样周期越小，控制品质越高。通常在系统输出达到 95% 的过渡过程时间内，采样 6～15 次。

4）从计算机的工作量和回路成本方面考虑

大多数计算机控制系统是多回路控制系统，计算机的工作量很大，因此，采样周期应选择大一些。尤其是当控制回路较多时，应该使每个回路都有足够的计算时间。

5）从计算机及 A/D、D/A 转换器的特性方面考虑

较小的采样周期，要求计算机及 A/D、D/A 转换器具有快速的运算和转换能力。而计算机字长及 A/D、D/A 转换器的位数决定了它们的运算速度和转换速度，字长越长，位数越高，速度越快，价格越高，系统的硬件成本也就越高。因此，应从性能价格比出发进行考虑。从计算精度考虑，如果采样周期过小，导致前后两次采样值变化很小，计算机的量化误差会使调节作用减弱。

6）从执行机构的响应速度方面考虑

通常计算机控制系统的执行机构具有大惯性特性，响应速度较慢。如果采样周期过小，新的控制量已经输出，而前一次的控制量还没有执行完成，这样采样周期过小就没有意义。因此，应选择与之相适应的采样周期。

根据现场实践总结出采样周期的经验值，见表 3-1。

表 3-1　常见对象的采样周期经验值

被 控 量	采样周期（s）	备　　注
流量	1～5	优选 1～2s
压力	3～10	优选 3～5s
液位	6～8	优选 7s
温度	15～20	取纯滞后时间常数
成分	15～20	优选 18s

3.1.2　离散系统输出响应的一般关系式

1. 离散系统的结构图和闭环传递函数

设线性离散系统的结构如图 3-2 所示。

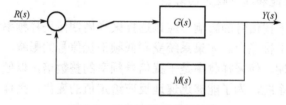

图 3-2　线性离散系统的结构

系统的闭环 z 传递函数（脉冲传递函数）为

$$\Phi(z) = \frac{Y(z)}{R(z)} = \frac{G(z)}{1 + MG(z)}$$

其中

$$MG(z) = Z[G(s)M(s)]$$

系统的特征方程为

$$1 + MG(z) = 0$$

系统的闭环传递函数具有以下形式：

$$\Phi(z) = \frac{Y(z)}{R(z)} = \frac{b_0 z^m + b_1 z^{m-1} + \cdots + b_m}{z^n + a_1 z^{n-1} + \cdots + a_n} = \frac{B(z)}{A(z)} \quad (n \geq m) \tag{3-3}$$

2．离散系统的输出响应与闭环特征根的关系

离散系统闭环特征根在 z 平面上单位圆内的分布对系统的输出响应有重要的影响。下面从定性的角度，研究闭环特征根与系统输出响应之间的关系。

按式（3-3），可将闭环传递函数写成零、极点的形式：

$$\Phi(z) = \frac{b_0 z^m + b_1 z^{m-1} + \cdots + b_m}{z^n + a_1 z^{n-1} + \cdots + a_n} = b_0 \frac{\prod\limits_{i=1}^{m}(z - z_i)}{\prod\limits_{j=1}^{n}(z - p_j)} \quad (n \geqslant m)$$

式中，$z_i (i = 1, 2, \cdots, m)$ 为系统的闭环零点，$p_j (j = 1, 2, \cdots, n)$ 为系统的闭环极点，它们既可以是实数，也可以是共轭复数。不失一般性，设系统的闭环极点 p_j 互异，输入为单位阶跃函数 $R(z)$，即

$$R(z) = \frac{z}{z - 1}$$

则

$$\frac{Y(z)}{z} = \frac{c_0}{z - 1} + \sum_{i=0}^{n} \frac{c_i}{z - z_i}$$

其中

$$c_0 = \frac{B(1)}{A(1)} = \Phi(1), \quad c_i = \frac{B(z_i)}{(z_i - 1)A(z_i)} \quad (i = 1, 2, 3 \cdots)$$

取输出 $Y(z)$ 的 z 反变换得

$$y(k) = c(0)u(k) + \sum c_i z_i^k \quad (k = 1, 2, 3 \cdots) \tag{3-4}$$

上式为采样系统在单位阶跃函数作用下输出响应序列的一般关系，第一项为稳态分量，第二项为暂态分量。

若离散系统稳定，则当时间为无穷大时，系统的暂态分量为 0，即当 $k \to \infty$ 时，$z_i^k \to 0$，则可以得出离散系统稳定的充分必要条件是：闭环系统特征方程的所有根的模 $|z_i| < 1$，即闭环脉冲传递函数的极点均位于 z 平面的单位圆内。

【例 3-1】 某离散系统的闭环 z 传递函数为

$$\Phi(z) = \frac{3.16 z^{-1}}{1 + 1.792 z^{-1} + 0.368 z^{-1}}$$

解： 根据已知条件知 $\Phi(z)$ 的极点为

$$z_1 = -0.237, \quad z_2 = -1.556$$

由于 $|z_2| > 1$，故系统是不稳定的。

3.1.3　Routh 稳定性准则在离散系统中的应用

判断系统是否稳定，需要求出系统的特征根，也可以通过稳定性判据进行判断，从而避免求特征根。连续系统的 Routh 稳定性准则不能直接应用到离散系统中，这是因为 Routh 稳定性准则只能用来判断复变量代数方程的根是否位于 s 平面的左半面。将 Routh 稳定性准则应用在离散系统时，需要将 z 平面经过某种映射，将 z 平面映射到 W 平面，使得 z 平面的单位圆内部映射到 W 平面的左半面。

设 $z = \dfrac{W + 1}{W - 1}$（或 $z = \dfrac{1 + W}{1 - W}$），则 $W = \dfrac{z + 1}{z - 1}$ 或 $W = \dfrac{z - 1}{z + 1}$。

其中，z、W 均为复变量，即构成 W。为证明 W 变换能满足图 3-3 所示的对应关系，设 $z=x+\mathrm{j}y$，$W=u+\mathrm{j}v$，则

$$W=u+\mathrm{j}v=\frac{x^2+y^2-1}{(x-1)^2+y^2}-\mathrm{j}\frac{2y}{(x-1)^2+y^2}$$

根据上式，可以看到，当

$x^2+y^2>1$ 时，则 $u>0$，即 z 平面上的单位圆外部对应 W 平面的右半平面。

$x^2+y^2=1$ 时，则 $u=0$，即 z 平面上的单位圆圆周对应 W 平面的虚轴。

$x^2+y^2<1$ 时，则 $u<0$，即 z 平面上的单位圆内部对应 W 平面的左半平面。

通过 z-W 变换，将 z 特征方程变成 W 特征方程，就可以用 Routh 稳定性准则来判断 W 特征方程的根是否在 W 平面的左半面，即系统是否稳定。

【例 3-2】某离散系统如图 3-4 所示，试用 Routh 准则确定使该系统稳定的 k 值范围，设采样周期 $T=0.25\mathrm{s}$。

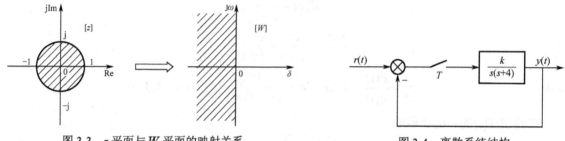

图 3-3　z 平面与 W 平面的映射关系　　　　图 3-4　离散系统结构

解：该系统的开环 z 传递函数为

$$G(z)=Z\left[\frac{k}{s(s+4)}\right]=\frac{0.158kz}{(z-1)(z-0.38)}$$

该系统的闭环 z 传递函数为

$$\Phi(z)=\frac{G(z)}{1+G(z)}=\frac{0.158kz}{(z-1)(z-0.38)+0.158kz}$$

系统的闭环 z 特征方程为

$$(z-1)(z-0.368)+0.158kz=0$$

对应的 W 特征方程为

$$0.158kW^2+1.264W+(2.736-0.158k)=0$$

列 Routh 表：

W^2	$0.158k$	$(2.736-0.158k)$
W^1	1.264	0
W^0	$(2.736-0.158k)$	0

若使系统稳定，即 Routh 表中第一列的元素均大于 0，则可求出使系统稳定的 k 值范围为

$$0<k<17.3$$

3.1.4　基于 MATLAB 的系统稳定性分析

在分析系统稳定性时，在特征根不易求取的情况下，常采用间接判断方法，如利用 Routh 和 Hurwize 稳定性判据来判定系统的稳定性。目前，由于 MATLAB 软件的广泛应用，利用它

可以方便求取特征根，并且可以容易绘制根轨迹法、BODE 图和 NYQUIST 图等，对系统稳定性的判定方法能够方便地利用计算机进行辅助计算。

【例 3-3】已知单位负反馈系统的开环传递函数为

$$G(s) = \frac{1}{3s^3 + s^2 + 5s + 4}$$

试判断系统的稳定性。

MATLAB 程序如下：

```
num=1;
den=[3 1 5 4];
[numc,denc]=cloop(num,den);        %求系统闭环传递函数
p=roots(denc)                      %求系统特征根
ii=find(real(p)>0);                %判断特征根是否在 s 左半平面
n=length(ii);
if(n>0),disp('system is unstable')
else,disp('system is stable')
end
```

运行结果为：

```
p =

    0.2390 + 1.4133i
    0.2390 − 1.4133i
   −0.8113
system is unstable
```

【例 3-4】已知一个离散控制系统的闭环传递函数为

$$\Phi(z) = \frac{3z^2 + 1.56z + 1}{15z^3 + 1.4z^2 - 1.35z + 0.68}$$

试判断系统的稳定性。

MATLAB 程序如下：

```
num=[3 1.56 1]
den=[15 1.4 1.3 0.68]
p=roots(den)               %求特征根
ii=find(abs(p)>1)          %abs 取特征根的模
n=length(ii)
if(n>0),disp('system is unstable')
else,disp('system is stable')
end
```

运行结果为：

```
p =
    0.1045 + 0.3728i
    0.1045 − 0.3728i
   −0.3024
ii =Empty matrix: 0-by-1
n = 0
```

system is stable

此外，还可以通过画零、极点图判断系统的稳定性。对于例 3-3 和例 3-4 通过 pzmap()和 zplane()绘制连续/离散系统的零、极点图，从而判断系统的稳定性。

考虑例 3-3，可输入以下 MATLAB 语句，来绘制连续系统的零、极点图，绘制后的曲线见图 3-5。

pzmap(numc,denc)

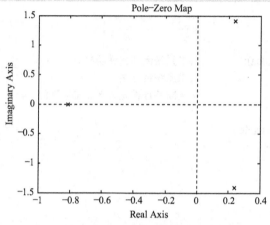

图 3-5　例 3-3 所示系统的零、极点图

由图 3-5 可以看出，有两个极点位于 s 右半平面，为系统的两个不稳定的极点。

考虑例 3-4，输入以下 MATLAB 语句绘制离散系统的零、极点图，如图 3-6 所示。

zplane(num,den)

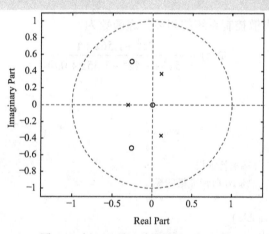

图 3-6　例 3-4 所示系统的零、极点图

由图 3-6 可以看出，所有的特征根都位于单位圆内部，系统是稳定的。此外，所有的零点也位于单位圆内部，系统为最小相位系统。

3.2　离散系统的过渡响应分析

一个控制系统在外信号作用下从原有稳定状态变化到新的稳定状态的整个动态过程称为

控制系统的过渡过程。一般认为被控变量进入新稳态值附近 ±5% 或 ±3% 的范围内就可以表明过渡过程已经结束。

在连续系统中，如已知传递函数的极点位置，便可估计出与它对应的瞬态响应形式，这对分析系统性能很有帮助。在离散系统中，若已知脉冲传递函数的极点，同样也可以估计出它对应的瞬态响应。

1. 离散系统动态性能指标

单位阶跃输入信号容易产生，并且能够提供动态响应和稳态响应的有用信息。一般情况下，线性离散系统的动态特性是指系统在单位阶跃输入信号下的过渡过程特性。线性离散系统的单位阶跃响应曲线如图 3-7 所示。

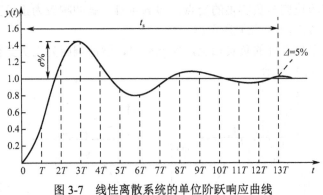

图 3-7 线性离散系统的单位阶跃响应曲线

动态性能指标通常如下：

峰值时间 t_p：响应超过其终值到达第一个峰值所需要的时间。

超调量 $\sigma\%$：响应的最大偏离量与终值的差与终值相比的百分数，即

$$\sigma\% = \frac{h(t_p) - h(\infty)}{h(\infty)} \times 100\% \qquad (3\text{-}5)$$

调节时间 t_s：响应到达并保持在终值 ±5%（或 ±3%）所需的最短时间。

上述 3 个动态性能指标基本上可以体现系统动态过程的特征。在实际应用中，通常用 t_p 评价系统的响应速度，用 $\sigma\%$ 评价系统的阻尼程度，而 t_s 是同时反映响应速度和阻尼程度的综合性指标。

如果已知线性离散系统在阶跃输入下输出的 z 变换 $Y(z)$，则对 $Y(z)$ 进行逆 z 变换就可获得动态响应 $y^*(t)$。将 $y^*(t)$ 连成光滑曲线，就可得到系统的动态性能指标（即超调量 $\sigma\%$ 与调节时间 t_s）。

2. 闭环实特征根对系统动态性能的影响

当系统的特征根位于实轴时，每一个根对应一个暂态响应分量，由于实特征根的位置不同，因而对系统动态性能的影响也不同。若脉冲传递函数为

$$G(z) = \sum_i c_i \frac{1}{z - p_i}$$

其反变换即为它的脉冲响应，有

$$c(k) = \sum_i c^i p_i^k \quad (k \geqslant 1) \tag{3-6}$$

式中，p_i 为传递函数的实极点，其位置如图 3-8 所示。

（1）若特征根在单位圆外的正实轴上，即 $p_i > 1$，脉冲响应单调发散，如图 3-8（d）所示。

（2）若特征根在单位圆与正实轴的交点，即 $p_i = 1$，脉冲响应为常值，如图 3-8（f）所示。

（3）若特征根在单位圆内的正实轴上，即 $0 < p_i < 1$，脉冲响应单调衰减，如图 3-8（b）所示。

（4）若特征根在单位圆内的负实轴上，即 $-1 < p_i < 0$。当 k 为偶数时，p_i^k 为正值；当 k 为奇数时，p_i^k 为负值。因此该响应为收敛的正负交替脉冲，或称振荡收敛，振荡周期为 $2T$，如图 3-8（a）所示。

（5）若特征根在单位圆与负实轴的交点，即 $p_i = -1$，脉冲响应为正负交替的等幅脉冲，同样，振荡周期为 $2T$，如图 3-8（e）所示。

（6）若特征根在单位圆外的负实轴上，即 $p_i < -1$，脉冲响应为正负交替发散的脉冲，振荡周期为 $2T$，如图 3-8（c）所示。

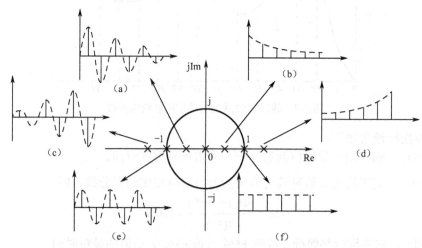

图 3-8　闭环实特征根位置与脉冲响应的关系

3. 闭环复特征根对系统动态性能的影响

（1）复特征根在 z 平面单位圆外，对应的暂态响应分量是振荡发散的，如图 3-9 中①所示。

（2）复特征根在 z 平面单位圆上，对应的暂态响应分量是等幅振荡的，如图 3-9 中②所示。

（3）复特征根在 z 平面单位圆内，对应的暂态响应分量是振荡衰减的，如图 3-9 中③所示。

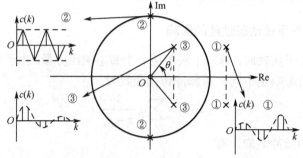

图 3-9　闭环复特征根位置与脉冲响应的关系

【例 3-5】 已知数字滤波器的脉冲传递函数为

$$\Phi(z) = \frac{0.126z^3}{(z+1)(z-0.55)(z-0.6)(z-0.65)}$$

试估计它在单位阶跃信号输入下的时间响应及稳态值。

解： 数字滤波器的输出响应为

$$C(z) = \Phi(z)R(z)$$

$$= \frac{0.126z^3}{(z+1)(z-0.55)(z-0.6)(z-0.65)} \frac{z}{z-1}$$

$$= \frac{Az}{z-1} + \frac{Bz}{z+1} + \frac{c_1 z}{z-0.55} + \frac{c_2 z}{z-0.6} + \frac{c_3 z}{z-0.65}$$

求 z 反变换，有

$$c(k) = A + B(-1)^k + \sum_{i=1}^{3} c_i p_i^k$$

其中

$$A = \frac{C(z)}{z}(z-1)\bigg|_{z=1} = 1$$

$$B = \frac{C(z)}{z}(z+1)\bigg|_{z=-1} = 0.0154$$

分析以上各式，$C(z)$ 由三部分组成，第一部分 A 为稳态值，第二部分为振幅为 B 的等幅振荡脉冲，最后一项的极点 p_i 均在单位圆内的正实轴上，因而该项的响应均为单调收敛。所以该滤波器的阶跃响应为：从零逐渐上升，在过滤过程结束后，在稳态值 $A=1$ 处附加一个幅值为 $\pm B$ 的等幅振荡。

4．基于 MATLAB 的系统过渡过程计算与分析

【例 3-6】 某单位负反馈控制系统闭环传递函数为 $G(s) = \dfrac{1}{s+(s+1)}$，采样周期 $T=1\text{s}$，求系统的单位阶跃响应，并分析系统的动态性能。

解： MATLAB 程序如下。

```
clear all
close all
num=1;
den=[1 1 1];
T=0.1;
sys=tf(num,den)
[numd,dend]=c2dm(num,den,T)        %将连续系统离散化
y=dstep(numd,dend)
maxval=max(y)
final=y(length(y))                 %求响应的终值
sigma=(maxval-final)/final*100     %求系统的超调量
dstep(numd,dend)                   %绘制单位阶跃曲线
```

运行结果为：

```
sigma =
    16.1565
```

系统单位阶跃响应曲线如图 3-10 所示。

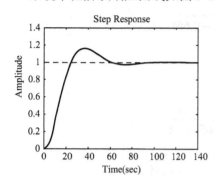

图 3-10　系统单位阶跃响应曲线

【例 3-7】 在智能制造业中，工作台运动控制系统是一个重要的定位系统，可以使工作台运动至指定的位置。运动台的运动方向可分为 x、y、z 等方向，其中 x 轴上的运动控制系统结构如图 3-11 所示，$G_1(s) = \dfrac{1}{s+20}$，$G_0(s) = \dfrac{1}{s(s+10)}$。其离散结构如图 3-12 所示，其中 $G(s) = G_1(s)G_0(s)$。现要求设计数字控制器 $D(z)$，使系统满足如下性能：

（1）超调量不大于 7%；

（2）具有较小的上升时间和调节时间（$\Delta = \pm 2\%$）。

图 3-11　工作台控制系统结构

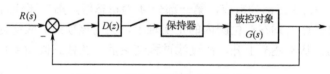

图 3-12　工作台离散控制系统结构

解：首先根据连续控制系统结构和性能指标要求，选择合适的控制器 $G_c(s)$，然后将 $G_c(s)$ 转换为要求的数字控制器 $D(z)$。为满足超调量的要求，选择阻尼比为 $\zeta = 0.707$。先取控制器为比例控制器 K，当 $K = 641$ 时，经仿真可得系统单位阶跃响应曲线如图 3-13（a）所示。

程序编制如下：

```
clear all
G=tf(641,[1 30 200 0]);
sys=feedback(G,1);          %建立闭环系统传递函数
%t=0:0.01:2;
[y,t]=step(sys);            %单位阶跃响应
plot(t,y)
grid
xlabel('time/s')
ylabel('单位阶跃响应')
k=length(y);
C=y(k);
sigma=(max(y)-C)/C*100
%计算上升时间
n=1;
while y(n)<0.1*C           %通过循环，求取输出第一次到达终值的 10%的时间
n=n+1;
end
```

```
m=1;
while y(m)<0.9*C              %通过循环，求取输出第一次到达终值的90%的时间
m=m+1;
end
risetime=t(m)-t(n)
%计算调节时间
while (y(k)>0.98*C)&(y(k)<1.02*C)
k=k-1;
end
Settingtime=t(k)
```

运行结果为：

```
sigma = 4.0074
risetime =0.4240
Settingtime =1.1625
```

若将控制器取为超前校正网络，即 $G_c(s)=\dfrac{K(s+a)}{s+b}$，为保证预期的闭环主导极点特性不变，取 $a=11$，$b=42$，$K=7800$。程序仅需改变第二行，如下所示，其他不变。仿真曲线见图 3-13（b）。

```
G=tf([7800 7800*11],conv([1 30 200 0],[1 62]));
```

运行结果为：

```
sigma = 4.8271
risetime = 0.2046
Settingtime =0.5926
```

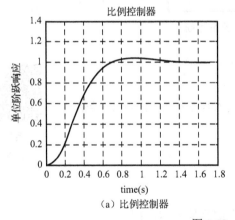

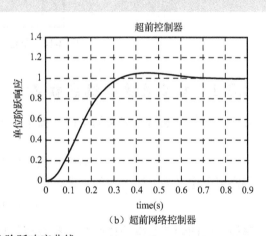

（a）比例控制器　　　　　　　　　　　　　　（b）超前网络控制器

图 3-13　单位阶跃响应曲线

由仿真结果可以看出，比例控制器时的超调量小，但调节时间和上升时间长。在超前网络的作用下，系统超调量略有增加，但调节时间和上升时间均下降。

确定模拟控制器 $G_c(s)$ 后，需要将其离散成数字控制器 $D(z)$，系统离散化过程中一定要考虑选择合适的采样周期 T。一般要求 $T\ll t_r$，这里 $t_r=0.424\mathrm{s}$，因此不妨取 $T=0.01\mathrm{s}$。利用下列程序完成控制器的离散化：

```
Gc=tf([7800 7800*11],[1 62])
c2d(Gc,0.01)
```

数字控制器的传递函数为：

```
Transfer function:
7800 z - 7161
-------------
  z - 0.5379
```

3.3　离散系统的稳态准确度分析

　　本节主要分析典型信号（单位阶跃、速度、加速度）作用下系统的稳态误差。在连续系统中，稳态误差的计算可以通过两种方法进行：一是通过拉氏变换终值定理计算，另一种是通过系统的动态误差系数求取。由于离散系统没有唯一的典型结构形式，其稳态误差需要针对不同形式的离散系统求取，本节仅介绍利用 z 变换的终值定理求取法。

控制系统典型
输入信号

　　设单位负反馈离散系统如图 3-14 所示。其中 $G(s)$ 为系统连续部分的传递函数，$e(t)$ 为系统连续误差信号，$e^*(t)$ 为系统采样误差信号，其闭环误差 z 传递函数为

$$\Phi_e(z) = \frac{E(z)}{R(z)} = \frac{1}{1 + G(z)} \tag{3-7}$$

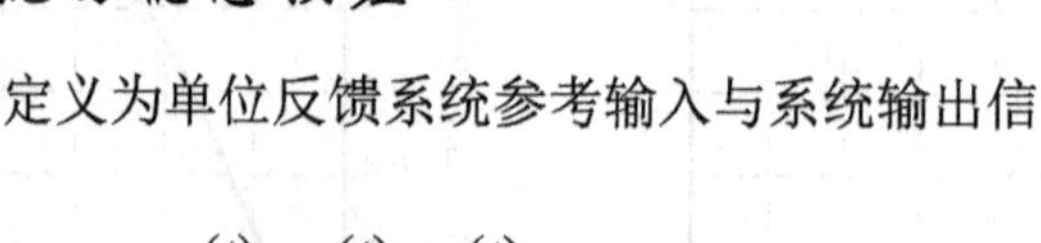

图 3-14　单位负反馈离散系统

3.3.1　离散系统的稳态误差

连续系统的误差信号定义为单位反馈系统参考输入与系统输出信号的差值，即

控制系统稳态
误差

$$e(t) = r(t) - c(t)$$

稳态误差定义为上述误差的终值，即

$$e_{ss} = \lim_{t \to \infty} e(t)$$

离散系统的误差是指采样时刻的参考输入与输出信号的差值，即

$$e^*(t) = r^*(t) - c^*(t)$$

离散系统的稳态误差定义为

$$e_{ss}^* = \lim_{t \to \infty} e^*(t) = \lim_{k \to \infty} e(kT) \tag{3-8}$$

若系统为非单位反馈系统，如图 3-15 所示，则稳态误差定义为综合点处的误差，即

$$e^*(t) = r^*(t) - b^*(t)$$

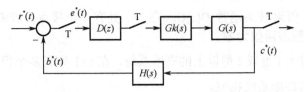

图 3-15　非单位反馈系统稳态误差定义

在连续系统中，常按其开闭环传递函数中所含积分环节的个数 ν 来分类，当 $\nu=0,1,2\cdots$ 时，分别称为 0 型、I 型、II 型……系统。按照 s 域和 z 域的映射关系，积分环节，或者说 s 域 $s=0$ 极点，映射至 z 域，极点为 $z=e^{sT}=1$。因此，离散系统若已写成脉冲传递函数形式，则按其开环脉冲传递函数在稳 $z=1$ 处的极点数 ν 来分类，同样 $\nu=0,1,2\cdots$ 时，称为 0 型、I 型、II 型……系统。

3.3.2　典型信号 $r(k)$ 作用下系统的稳态误差

离散系统的结构如图 3-16 所示，系统的闭环误差 z 传递函数为

$$\Phi_e(z)=\frac{E(z)}{R(z)}=\frac{1}{1+D(z)G(z)} \tag{3-9}$$

所以

$$E(z)=\Phi_e(z)R(z)=\frac{1}{1+D(z)G(z)}R(z)$$

根据 z 变换的终值定理，离散系统采样时刻的稳态误差为

$$e_{ss}^*=\lim_{z\to 1}(1-z^{-1})E(z)=\lim_{z\to 1}(1-z^{-1})\frac{1}{1+D(z)G(z)}R(z) \tag{3-10}$$

可见，e_{ss}^* 不但与系统本身的结构和参数有关，而且与输入序列的形式及幅值有关。除此之外，离散系统的稳态误差与采样系统周期的选取也有关。

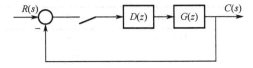

图 3-16　离散系统的结构

以下讨论常用的三种典型输入信号作用的稳态误差。

1）单位阶跃信号 $r(t)=1(t)$

单位阶跃信号的 z 变换为 $R(z)=\dfrac{1}{1-z^{-1}}$，将其代入式（3-10），得

$$e_{ss}^*=\lim_{z\to 1}(1-z^{-1})\frac{1}{1+D(z)G(z)}\cdot\frac{1}{1-z^{-1}}=\lim_{z\to 1}\frac{1}{1+D(z)G(z)}$$

$$=\frac{1}{1+\lim_{z\to 1}D(z)G(z)}=\frac{1}{1+K_p} \tag{3-11}$$

式中，$K_p=\lim_{z\to 1}D(z)G(z)$ 称为静态位置误差系数，显然 K_p 增大，稳态误差减小。

对 "0" 型系统，开环传递函数 $D(z)G(z)$ 在 $z=1$ 处无极点，或者说系统中不含有积分环节，K_p 为有限值，所以稳态误差 e_{ss}^* 也为有限值。

对"Ⅰ"型系统，开环传递函数 $D(z)G(z)$ 在 $z=1$ 处有 1 个极点，或者说系统含有 1 个积分环节，$K_p = \infty$，所以稳态误差为零。

经过分析可知，对于Ⅰ型或Ⅰ型以上的离散系统，在 $z=1$ 处有多个极点，$K_p = \infty$ 在采样瞬时没有位置误差，这与连续系统相似。

2）单位斜坡信号 $r(t)=t$

输入单位信号的 z 变换为 $R(z) = \dfrac{Tz}{(z-1)^2}$，代入式（3-10），得

$$e_{ss}^* = \lim_{z \to 1}(1-z^{-1})\frac{1}{1+D(z)G(z)} \cdot \frac{Tz}{(z-1)^2}$$
$$= \lim_{z \to 1}\frac{T}{(z-1)+(z-1)D(z)G(z)} = \frac{T}{\lim_{z \to 1}(z-1)D(z)G(z)} = \frac{T}{K_v} \tag{3-12}$$

式中，$K_v = \lim_{z \to 1}(z-1)D(z)G(z)$，称为静态速度误差系数。

3）单位加速度信号 $r(t)=\dfrac{1}{2}t^2$

输入信号的 z 变换为 $R(z) = \dfrac{T^2(z+1)z}{2(z-1)^3}$，代入式（3-10），得

$$e_{ss}^* = \lim_{z \to 1}(1-z^{-1})\frac{1}{1+D(z)G(z)} \cdot \frac{T^2(z+1)z}{2(z-1)^3} = \frac{T^2}{\lim_{z \to 1}(z-1)^2 D(z)G(z)} = \frac{T^2}{K_a} \tag{3-13}$$

式中，$K_a = \lim_{z \to 1}(z-1)^2 D(z)G(z)$，称为静态加速度误差系数。

在三种典型信号作用下的稳态误差计算公式如表 3-2 所示。

表 3-2　离散系统的稳态误差

e_{ss}^*	$r(t)=1(t)$	$r(t)=t$	$r(t)=1/2t^2$
0 型系统	$1/(1+K_p)$	∞	∞
Ⅰ 型系统	0	T/K_v	∞
Ⅱ 型系统	0	0	T^2/K_a

关于稳态误差，应注意以下几个概念：

（1）系统的稳态误差只能在系统稳定的前提下求得，如果系统不稳定，也就无所谓稳态误差。因此，在求取系统稳态误差时，应首先确定系统是稳定的。

（2）稳态误差为无限大并不等于系统不稳定，它只表明该系统不能跟踪所输入的信号，或者说，跟踪该信号时将产生无限大的跟踪误差。

（3）上面讨论的稳态误差只是由系统的结构（如放大系数和积分环节等）及外界输入作用所决定的原理误差，并非是由系统元部件精度所引起的。也就是说，即使系统原理上无稳态误差，但实际系统仍可能由于元部件精度不高而造成稳态误差。

（4）对计算机控制系统，由于 A/D 及 D/A 转换器字长有限，也在一种程度上带来附加的稳态误差。

3.3.3　干扰作用下的离散稳态误差

系统中的干扰（Disturbances）是不可避免的，干扰是一种非有用信号，由它引起的输出是系统的误差。常用的扰动输入信号有：脉冲信号、阶跃信号、速度信号、正弦信号。扰动分为三类：

（1）负载扰动。如大气运动是作用到飞行器上的主要扰动源，波浪是作用在船上的主要扰动源。

（2）量测误差。主要针对传感器而言，有两种量测误差：一是由于校准误差引起的常值误差，二是高频量测误差。

（3）参数变化。被控对象的参数在不同的环境下会发生变化。

图 3-17 中，当参考输入信号 $r(t)=0$ 时，误差完全由干扰 $n(t)$ 引起，此时

$$e(t) = -c_n(t)$$

$$C_N(z) = \frac{NG_2(z)}{1 + D(z)G(z)} \tag{3-14}$$

根据终值定理，可求出系统在干扰作用下采样时刻的稳态误差，即

$$e_{ssN}^* = \lim_{z \to 1}(1 - z^{-1})E(z) = -\lim_{z \to 1}(1 - z^{-1})C_N(z) \tag{3-15}$$

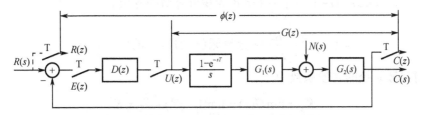

图 3-17　有干扰时的计算机控制系统结构

3.3.4　采样周期对稳态误差的影响

离散系统中采样周期 T 是系统的一个重要参数，其大小对系统的动态特性及稳定性能都有很大的影响。那么，采样周期 T 对闭环系统的稳态误差是否有影响？结论是：对于具有零阶保持器的离散系统，稳态误差的计算结果与 T 无关，它只与系统的类型、放大系数及输入信号的形式有关。

为说明上述结论，以图 3-18（a）所示的连续系统为例，加零阶保持器后的离散化结构如图 3-18（b）所示。为简便起见，设控制器 $D(s)=1$ 和 $D(z)=1$。连续部分的传递函数一般式为

$$G_0 = \frac{K(1 + \tau_1 s)(1 + \tau_2 s)\cdots(1 + \tau_m s)}{s^v(1 + T_1 s)(1 + T_2 s)\cdots(1 + T_n s)} \tag{3-16}$$

式中，K 为系统的开环放大系数，系统的类型等于积分环节 v 的数目。

图 3-18（a）所示连续系统的稳态误差系数如表 3-3 所示。

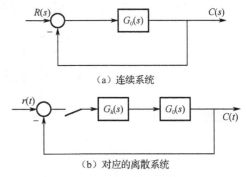

（a）连续系统

（b）对应的离散系统

图 3-18　连续系统及其对应的离散系统结构

表 3-3　系统类型与误差系数

系统类型（v）	K_p	K_v	K_a
0	K	0	0
I	∞	K	0
II	∞	K	0

图 3-18（b）所示采样系统的开环脉冲传递函数为

$$G(z) = Z\left[\frac{1-e^{-sT}}{s}G_0(s)\right] = (1-z^{-1})z\left[\frac{K(1+\tau_1 s)(1+\tau_2 s)\cdots(1+\tau_m s)}{s^{v+1}(1+T_1 s)(1+T_2 s)\cdots(1+T_n s)}\right]$$

$$= (1-z^{-1})z\left(\frac{K}{s^{v+1}} + \frac{K_1}{s^v} + \cdots + \frac{K_2}{s} + 分母无积分环节的各因式\right)$$

（3-17）

注意： 括号内进行部分分式分解时，积分环节最高幂项的系数必为原来连续系统的开环放大系数 K。对括号内各因式进行 z 变换时，只有分母中有 s 因子的项，在 z 变换后，分母中才有 $(z-1)$ 的因子。

当系统为"0"型（$v=0$）时，离散系统的开环传递函数为

$$G(z) = (1-z^{-1})z\left(\frac{K}{s} + 分母无积分环节的各项\right)$$

$$= (1-z^{-1})\left[\frac{Kz}{z-1} + 分母无(z-1)因子的各项\right]$$

（3-18）

由此求得离散系统的误差系数为

$$K_p = \lim_{z\to 1}G(z) = \lim_{z\to 1}(1-z^{-1})\frac{Kz}{z-1} = K$$

$$\frac{1}{T}K_v = \lim_{z\to 1}(z-1)G(z) = 0$$

$$\frac{1}{T^2}K_a = \lim_{z\to 1}(z-1)^2 G(z) = 0$$

可见对于"0"型系统，稳态误差系数计算结果与连续系统完全相同，并不取决于采样周期 T。

当系统为"I"型（$v=1$）时，离散系统的开环传递函数为

$$G(z) = (1-z^{-1})z\left(\frac{K}{s^2} + \frac{K_1}{s} + 分母无积分环节的各项\right)$$

$$= (1-z^{-1})\left[\frac{KTz}{(z-1)^2} + \frac{K_1 z}{z-1} + 分母无(z-1)因子的各项\right]$$

（3-19）

此时，

$$K_p = \lim_{z\to 1}G(z) = \infty$$

$$\frac{1}{T}K_v = \lim_{z\to 1}(z-1)G(z) = \frac{1}{T}\lim_{z\to 1}(z-1)(1-z^{-1})\frac{KTz}{(z-1)^2} = K$$

$$\frac{1}{T^2}K_a = \lim_{z\to 1}(z-1)^2 G(z) = 0$$

可见，I 型系统的稳态误差系数仍与连续系统相同，与 T 无关。对 II 型系统也可得出类似结论。

所以，尽管离散系统的稳态误差的公式中包含 T，但是稳态误差与采样周期 T 却无关。

【**例 3-8**】对于磁盘驱动读取系统，当磁盘旋转时，每读一组存储数据，磁头都会提取位置偏差信息。由于磁盘匀速运转，因此磁头以恒定的时间逐次读取格式信息。通常，偏差信号的采样周期介于 $100\mu s \sim 1ms$ 之间。设磁盘读取系统结构如图 3-19 所示。图中 $G_0(s) = \dfrac{1}{s(s+1)}$ 为磁盘驱动系统的传递函数，ZOH 为零阶保持器，其传递函数 $G_h(s) = \dfrac{1-e^{-sT}}{s}$，$D(z)$ 为数字控制器。当采样周期 T 分别为 0.1s、1s、2s、4s 时，求系统的输出响应和稳态误差。

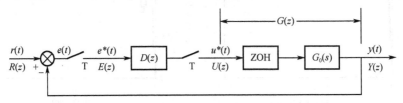

图 3-19　磁盘驱动采样读取系统

解： 广义对象脉冲传递函数

$$G(z) = Z\left[\frac{1-e^{-Ts}}{s} \cdot \frac{k}{s(s+1)}\right]$$
$$= (1-z^{-1})Z\left[\frac{k}{s^2(s+1)}\right]$$

闭环系统脉冲传递函数为

$$\Phi(z) = \frac{Y(z)}{R(z)} = \frac{D(z)G(z)}{1+D(z)G(z)}$$

若输入为单位阶跃信号，则

$$R(z) = \frac{1}{1-z^{-1}}$$

从而推出 $Y(z) = \Phi(z)R(z)$，利用 z 反变换可求出 $y(kT)$，利用 $y(kT)$ 可以求解系统的输出响应和稳态误差。

为简单起见，取 $D(z) = 1$，利用计算机辅助分析方法进行分析。

MATLAB 程序如下：

```
clear all
num=[1];
den=[1 1 0];
T=[0.1 1 2 4];
sys=tf(num,den);
for i=1:4
dsys=c2d(sys,T(i),'zoh')          %将被控对象离散化
csys=feedback(dsys,1)             %求闭环传递函数
subplot(2,2,i)
t=0:T(i):100;
step(csys,t)
xlabel('time/s')                  %画出系统的单位阶跃响应
end
```

```
gtext('T=0.1s')                    %对响应曲线进行区别性标注
gtext('T=1s')
gtext('T=2s')
gtext('T=4s')
```

离散系统在不同采样周期下的阶跃响应如图 3-20 所示。

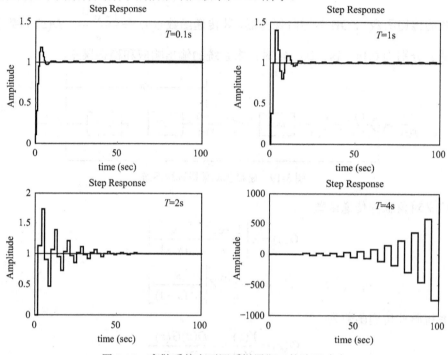

图 3-20　离散系统在不同采样周期下的阶跃响应

由上例可知，采样周期 T 对离散系统的稳定性有如下影响：

采样周期越长，丢失的信息越多，对离散系统的稳定性及动态性能均不利，甚至可使系统失去稳定性。

3.4　离散系统的输出响应

前面分析了离散系统在采样点上的稳态和动态特性。但是计算机控制系统的输出多为连续信号，为得到采样点间的响应，需要引入广义 z 变换和广义 z 传递函数。广义 z 变换定义：

$$x(z, \beta) = z^{-1} \sum_{k=0}^{\infty} x(kT + \beta T) z^{-k}$$

$$\beta = 1 - \frac{\theta}{T}, \quad \theta = (1 - \beta)T, \quad 0 \leqslant \theta \leqslant T$$

式中，θ 为延迟时间。

3.4.1　离散系统在采样点间的响应

设单位负反馈离散系统如图 3-19 所示。其中 $G_0(s)$ 为被控对象连续部分的传递函数，ZOH 为零阶保持器的传递函数，$D(z)$ 为数字控制器的 z 传递函数。

设采样点间的输出 $y(t)$ 是通过假想延迟之后再输出的，闭环广义 z 传递函数为

$$\Phi(z, \beta) = \frac{Y(z, \beta)}{R(z)}$$

式中

$$Y(z, \beta) = G(z, \beta)U(z)$$

其中

$$U(z) = D(z)E(z)$$

$$E(z) = R(z) - Y(z)$$

$$Y(z) = G(z)U(z)$$

得到闭环广义 z 传递函数为

$$\Phi(z, \beta) = \frac{D(z)G(z, \beta)}{1 + D(z)G(z)}$$

其输出广义 z 变换为

$$Y(z, \beta) = \Phi(z, \beta)R(z) = \frac{D(z)G(z, \beta)}{1 + D(z)G(z)}$$

求得上式的 z 反变换后，当 β 在 0~1 范围取值时，就可得到在采样点间的输出响应 $y(t)$，即为连续输出信号。

【例 3-9】 对于图 3-19 所示的离散系统，设 $G_0(z) = \dfrac{1}{s+1}$，$D(z) = 1.5$，$T = 1\text{s}$，求该系统在单位阶跃信号作用下在采样点间的响应。

解：

$$G(z) = Z\left[\frac{1 - e^{-Ts}}{s}G_0(s)\right] = Z\left[\frac{1 - e^{-Ts}}{s}\frac{1}{s+1}\right] = \frac{0.632z^{-1}}{1 - 0.368z^{-1}}$$

$$G(z, \beta) = (1 - z^{-1})\left(\frac{z^{-1}}{1 - z^{-1}} - \frac{e^{-\beta}z^{-1}}{1 - 0.368z^{-1}}\right) = \frac{[(1 - e^{-\beta}) + (e^{-\beta} - 0.368)z^{-1}]z^{-1}}{1 - 0.368z^{-1}}$$

于是可得闭环 z 传递函数为

$$\Phi(z, \beta) = \frac{Y(z, \beta)}{R(z)} = \frac{D(z)G(z, \beta)}{1 + D(z)G(z)}$$

$$= \frac{1.5[(1 - e^{-\beta}) + (e^{-\beta} - 0.368)z^{-1}]z^{-1}}{1 - 0.58z^{-1}}$$

由于输入 $R(z) = \dfrac{1}{1 - z^{-1}}$，故系统输出的广义 z 变换为

$$Y(z, \beta) = \frac{1.5(1 - e^{-\beta})z^{-1} + 1.5(e^{-\beta} - 0.368)z^{-2}}{1 - 0.42z^{-1} - 0.58z^{-2}}$$

$$= 1.5(1 - e^{-\beta})z^{-1} + 1.5(0.58e^{-\beta} - 0.052)z^{-2} + 1.5(0.602 - 0.336e^{-\beta})z^{-3} +$$

$$1.5(0.195e^{-\beta} + 0.283)z^{-4} + \cdots$$

当 β 在 0~1 范围取值时，就可得到在采样点间的输出响应 $y(t)$，如图 3-21 所示。

3.4.2 被控对象含延时的输出响应

在计算机控制系统中，被控对象常常固定地含有延时环节。另外，如果计算机的运算时间和 A/D 的转换时间等不能忽略，也可以把这些时间集中起来考虑，看成是被控对象的延迟时间，即把这些时间当作被控对象含有延时环节，如图 3-22 所示。利用广义 z 变换法和广义 z 传递函数，可以方便地计算被控对象含有延时的输出响应。

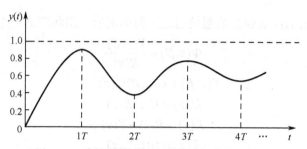

图 3-21　线性离散系统在采样点间的输出响应

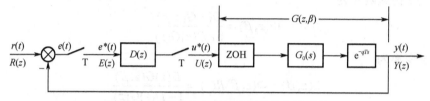

图 3-22　被控对象含有延时环节的离散系统

设 $G(z,q) = Z[\dfrac{1-\mathrm{e}^{-Ts}}{s}G_0(s)\mathrm{e}^{-qTs}]$，令 $\beta = 1-q$。

其闭环广义 z 传递函数为

$$\Phi(z,\beta) = \frac{Y(z,\beta)}{R(z)}$$

式中
$$Y(z,\beta) = G(z,\beta)U(z)$$

其中
$$U(z) = D(z)E(z)$$
$$E(z) = R(z) - Y(z)$$
$$Y(z) = G(z,\beta)U(z)$$

得到闭环广义 z 传递函数

$$\Phi(z,\beta) = \frac{D(z)G(z,\beta)}{1+D(z)G(z,\beta)}$$

其输出广义 z 变换为

$$Y(z,\beta) = \Phi(z,\beta)R(z)$$
$$= \frac{D(z)G(z,\beta)}{1+D(z)G(z,\beta)}R(z)$$

求得上式的 z 反变换，就可得到在采样点的输出响应 $y^*(t)$。

【例 3-10】对于图 3-22 所示的离散系统，设 $G_0(z) = \dfrac{1}{s+1}$，$D(z)=1.5$，$T=1\mathrm{s}$，$q=0.13$。求该系统在单位阶跃信号作用下的输出响应。

解：
$$q = 0.13,\quad \beta = 1-0.13 = 0.87$$

$$G(z,\beta) = Z[\frac{1-\mathrm{e}^{-Ts}}{s}\frac{1}{s+1}\mathrm{e}^{-1}\mathrm{e}^{0.87}]$$

$$= (1-z^{-1})z^{-1}Z[\frac{\mathrm{e}^{0.87}}{s(s+1)}]$$

$$= \frac{0.581(1+0.088z^{-1})z^{-1}}{1-0.368z^{-1}}$$

闭环广义 z 传递函数为

$$\Phi(z,\beta) = \frac{D(z)G(z,\beta)}{1+D(z)G(z,\beta)} = \frac{0.872z^{-1}+0.077z^{-2}}{1+0.504z^{-1}+0.077z^{-2}}$$

若输入信号为 $R(z) = \dfrac{1}{1-z^{-1}}$，其输出广义 z 变换为

$$Y(z,\beta) = \Phi(z,\beta)R(z)$$

$$= \frac{0.872z^{-1}+0.077z^{-2}}{1+0.504z^{-1}+0.077z^{-2}} \frac{1}{1-z^{-1}}$$

$$= \frac{0.872z^{-1}+0.077z^{-2}}{1-0.496z^{-1}-0.427z^{-2}-0.077z^{-3}}$$

$$= 0.872z^{-1}+0.51z^{-2}+0.625z^{-3}+\cdots$$

这样就得到系统在采样点的输出响应。

3.5　离散系统的根轨迹分析法

z 平面上的根轨迹，是控制系统开环 z 传递函数中的某一参数（如放大系数）连续变化时，闭环 z 传递函数的极点连续变化的轨线。通过选择该参数的大小，从而改变闭环系统的根轨迹，使控制系统的性能得到满足。

z 平面轨迹的绘制原则同 s 平面一样，设系统的开环 z 传递函数为 $kG(z)$，其有 n 个极点、m 个零点，其中 k 是放大系数或其他参数，而 $G(z)$ 中的分子和分母中关于 z 的多项式中最高阶项的系数为 1，系统的闭环特征方程为

$$1+kG(z) = 0$$

将其分为两个方程

$$\begin{cases} \angle G(z) = \sum_{i=1}^{m}\theta_{zi} - \sum_{i=1}^{m}\theta_{pi} = (2l+1)\pi & \text{相角条件} \\ |G(z)| = \dfrac{1}{k} & \text{赋值条件} \end{cases}$$

根轨迹法

式中，θ_{zi} 是 $\angle(z-p_i)$，θ_{pi} 是 $\angle(z-p_i)$。对于给定的 $G(z)$，凡是符合相角条件即为轨迹方程的 z 平面的点，都是根轨迹上的点，而该点对应的 k 值则由幅值条件确定。

根轨迹的绘制法则（当 $k = 0 \sim \infty$ 时）：

（1）与实轴对称。

（2）有 n 条分支（$n \geq m$）。

（3）起始于开环极点，终止于开环零点。

（4）无穷远分支的渐近线。

渐近线与实轴的平角：$\theta = \dfrac{(2l+1)\pi}{n-m}$　（$l = 0,1,\cdots,n-m-1$）

渐近线与实轴上的交点：$\delta = \dfrac{\sum p_i - \sum z_i}{n-m}$

（5）实轴上的根轨迹段：其右边实轴上的极点和零点的总数为奇数。

（6）实轴上的分离点和会合点的坐标 δ 由下式确定：

$$\sum \frac{1}{\delta - z_i} = \sum \frac{1}{\delta - p_i}$$

（7）出发角与终止角：

令极点为 p_k，重数为 r_k，出发角记为 θ_{pk}，则

$$\sum_{i=1}^{m} \theta_{zi} - \sum_{\substack{i=1 \\ i \neq k}}^{n} \theta_{pi} - r_k \theta_{pk} = (2l+1)\pi$$

令零点为 z_k，重数为 r_k，出发角设为 θ_{zk}，则

$$r_k \theta_{zk} + \sum_{\substack{i=1 \\ i \neq k}}^{n} \theta_{pi} - \sum_{i=1}^{m} \theta_{pi} = (2l+1)\pi$$

（8）根轨迹之和（所有闭环极点之和）：当 $n - m \geq 2$ 时，闭环极点之和等于开环极点之和，即根轨迹中某些向左，则必有一些向右。

（9）根轨迹与单位圆的交点按下式确定：

$$1 + kG(e^{\theta}) = 0$$

由根轨迹与单位圆的交点，可确定使系统稳定的开环增益的范围。用根轨迹法分析闭环系统稳定性，不但可知某个确定的参数值下 k 的稳定性，而且可知道闭环极点的具体位置，尤其是 k 变化时的极点变化趋势，因此用它来指导参数整定是很直观的。

【例 3-11】某离散系统如图 3-23 所示，设采样周期 $T = 0.25\text{s}$。

（1）试用根轨迹法确定使该系统稳定的 k 值范围；

（2）求取使系统具有接近 $\zeta = 0.5$，$\omega_n = 4$ 的 k 值范围。

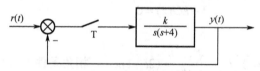

图 3-23　离散系统结构

解：该系统的开环 z 传递函数为

$$G(z) = Z[\frac{k}{s(s+4)}] = \frac{0.158kz}{(z-1)(z-0.368)}$$

此开环 z 传递函数有一个零点 $z_1 = 0$；两个极点 $p_1 = 1$，$p_2 = 0.368$。于是，画出当 k 变化时的根轨迹，如图 3-24 所示。

MATLAB 程序如下：

```
clear all;
close all;
z=0;
p=[1 0.368];
sys=zpk(z,p,0.158);              %系统零、极点形式
w=0:pi/100:2*pi;
a=cos(w);
b=sin(w);
[r,k]=rlocus(sys);
```

```
rlocus(sys);
hold on;
plot(a,b,'r','linewidth',1.5)        %画单位圆
axis([-2 2 -2 2])
n=1;
while (abs(r(n))<1),n=n+1;           %求临界根轨迹增益
end
```

系统运行结果：

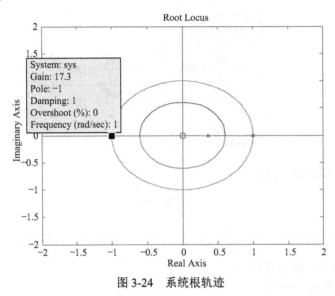

图 3-24　系统根轨迹

由该图可知，当 $0 < k < 17.3$ 时，该系统是稳定的。

3.6　离散系统的频域分析法

频域分析法

当系统的性能指标以频域量给出时，可以与连续系统类似，用频率法分析离散系统，可用 Bode 图进行分析。已知连续对象特性，要求的性能指标为相位裕度、幅值裕度、稳态误差系数等，分析步骤如下：

（1）建立被控对象离散化模型 $G(w)$ 。

（2）将 $G(w)$ 转换到 w 平面，变换关系为

$$z = \frac{1 + \dfrac{T}{2}w}{1 - \dfrac{T}{2}w}$$

$$w = \frac{2}{T}\frac{z-1}{z+1}$$

称为双线性变换，其映射是一一对应的，缺点是频率响应可以出现失真。

将其代入 $G(z)$ 中可得到以 w 为变量的开环 W 传递函数 $G(w)$ 。为了得到离散系统的开环频率特性，可以仿照连续系统，令 $G(s)$ 中的复变量 s 取 $j\omega$ 代入 $G(s)$ 得到频率特性 $G(j\omega)$ ，则可令离散系统 $G(w)$ 的复变量 $w = u + jv$ ，取 jv 代入 $G(w)$ 中，便可得到离散系统的开环频率特性

$$G(\mathrm{j}v) = G(w)\big|_{w=\mathrm{j}v}。$$

由于 $z = \mathrm{e}^{Ts}$，s 平面虚轴 $\mathrm{j}\omega$ 与 w 平面的虚轴 $\mathrm{j}v$ 之间的映射为

$$
\begin{aligned}
w &= u + \mathrm{j}v \\
&= \frac{2}{T}\frac{z-1}{z+1} \\
&= \frac{2}{T}\frac{\mathrm{e}^{\mathrm{j}\omega T}-1}{\mathrm{e}^{\mathrm{j}\omega T}+1} \\
&= \frac{2}{T}\frac{\mathrm{e}^{\mathrm{j}\omega T}/2 - \mathrm{e}^{-\mathrm{j}\omega T}/2}{\mathrm{e}^{\mathrm{j}\omega T}/2 + \mathrm{e}^{-\mathrm{j}\omega T}/2} \\
&= \frac{2}{T}\frac{\cos\dfrac{\omega T}{2} + \mathrm{j}\sin\dfrac{\omega T}{2} - \cos\dfrac{\omega T}{2} + \mathrm{j}\sin\dfrac{\omega T}{2}}{\cos\dfrac{\omega T}{2} + \mathrm{j}\sin\dfrac{\omega T}{2} + \cos\dfrac{\omega T}{2} - \mathrm{j}\sin\dfrac{\omega T}{2}} \\
&= \mathrm{j}\frac{2}{T}\tan\frac{\omega T}{2}
\end{aligned}
$$

于是得到 v 与 ω 之间的关系

$$v = \frac{2}{T}\tan\frac{\omega T}{2}$$

可见 v 与 ω 呈非线性关系，当 $\dfrac{\omega T}{2}$ 较小时，$v \approx \omega$，即频率失真较小。

（3）用 Bode 图设计控制器 $D(w)$。

（4）将 $D(w)$ 转换回 z 平面：

$$D(z) = D(w)\big|_{w=\frac{2}{T}\frac{z-1}{z+1}}$$

（5）仿真检验。

【例 3-12】设线性离散系统如图 3-25 所示，设 $T = 0.1\mathrm{s}$，$J = 41822\mathrm{kg}\cdot\mathrm{m}^2$，$k_0 = 3.17\times10^5$，控制器采用比例控制器，当 k 分别为 10^7、6.32×10^6 和 1.65×10^6 时，试用频率法分析该系统的稳定性，并确定幅值裕度和相角裕度。

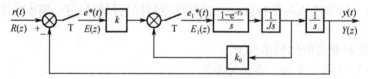

图 3-25　线性离散系统结构

解： 求得系统的开环传递函数为

$$G(z) = \frac{T^2 k(z+1)}{2Jz^2 + (2k_0 T - 4J)k + 2J - 2k_0 T}$$

则求得

$$G(w) = \frac{1.583\times10^{-7} k(1-w)}{w(1+1.638w)}$$

将 $w = \mathrm{j}v$ 代入上式，得到开环频率特性为

$$G(jv) = \frac{1.583 \times 10^{-7} k(1 - jv)}{jv(1 + 1.638jv)}$$

其 Bode 图如图 3-26 所示。用 Bode 图法判断离散系统的稳定性准则和连续系统一样，即闭环离散系统稳定的充要条件是，在 $20\lg|G(jv)| > 0$ 范围内，$G(jv)$ 对于 $-180°$ 线的正和负的穿越数之差 $N = P/2$，其中 P 为开环 W 传递函数 $G(w)$ 的不稳定极点个数，即 $G(w)$ 在 w 平面右半面极点的个数。

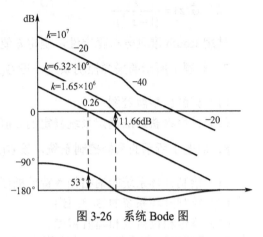

图 3-26　系统 Bode 图

根据这一准则可知，图 3-26 中 $k = 10^7$ 对应的正穿越数为 0，负穿越数为 1，$G(w)$ 无不稳定极点，即 $P = 0$，正、负穿越数之差为 $N = -1 \neq P/2 = 0$，故当 $k = 10^7$ 时，该闭环系统不稳定。此时的幅值和相角裕度为负值。

当 $k = 6.32 \times 10^6$ 时，对应的闭环系统处于临界稳定状态，幅值和相角裕度均为 0，认为临界稳定状态是不稳定的。

当 $k = 1.65 \times 10^6$ 时，对应的闭环系统是稳定的，由图可知幅值裕度为 11.66dB，相角裕度为 $53°$。

习题

1．试求如图 3-27 所示的采样控制系统在单位阶跃信号作用下的输出响应 $y*(t)$。设 $G(s) = \dfrac{20}{s(s+10)}$，采样周期 $T = 0.1$s。

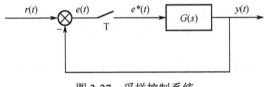

图 3-27　采样控制系统

2．试求题 1 所示的采样控制系统在单位速度信号作用下的稳态误差。设 $G(s) = \dfrac{1}{s(0.1s+1)}$，采样周期 $T = 0.1$s。

3．对于题 1 所示的采样控制系统，设 $G(s) = \dfrac{1}{s(s+1)}$，采样周期 $T = 1$s，$r(t) = 1(t)$。试确定其输出的广义 z 变换式 $Y(z, \beta)$。

4．对于题 1 所示的采样控制系统，设 $G(s) = \dfrac{10}{s(s+1)}$，采样周期 $T = 1$s。

（1）试分析该系统是否满足稳定的充要条件；

（2）试用 Routh 准则判断其稳定性。

5．设线性离散控制系统的特征方程为 $45z^3 - 117z^2 - 119z - 39 = 0$，试判断此系统的稳定性。

6．设单位负反馈数字控制系统的开环传递函数为

（1）$G(s) = \dfrac{k}{(1 - 0.5z^{-1})(1 - 2z^{-1})}$

（2）$G(z) = \dfrac{k}{(1 - z^{-1})^2}$

试用 Routh 准则分析稳定性，确定 k 值的稳定范围。

7．对题 1 所示的采样控制系统，设 $G(s) = \dfrac{k}{s(s+1)}$，采样周期 $T = 0.1\text{s}$。

（1）试画出根轨迹图；

（2）试用根轨迹法确定系统稳定的 k 值范围。

8．对题 1 所示的采样控制系统，设 $G(s) = \dfrac{1}{s(s+1)}$，采样周期 $T = 1\text{s}$。试求：

（1）绘制开环系统的幅相频率特性曲线；

（2）绘制开环系统的 Bode 图；

（3）确定相位裕度和幅值裕度。

9．设线性离散系统的差分方程为 $y(k+2) + 2y(k+1) + 1.4y(k) = 4r(k+1) - r(k)$，试求其脉冲传递函数。

10．设闭环离散控制系统的特征方程为 $45z^3 - 117z^2 - 119z - 39 = 0$，试判断此系统的稳定性。

11．设闭环离散系统如图 3-28 所示，其中 $G(s) = \dfrac{k}{s(1 + 0.1s)}$，采样周期为 $T = 0.1\text{s}$，试求使系统稳定的 k 的取值范围。

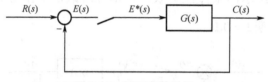

图 3-28　闭环离散系统

12．设离散系统如图 3-29 所示，采样周期 $T=1\text{s}$，$G_h(s)$ 为零阶保持器，而 $G_0(s) = \dfrac{k}{s(0.2s + 1)}$。

（1）当 $k=5$ 时，分别在 z 域和 w 域分析系统的稳定性；

（2）确定使系统稳定的 k 的取值范围。

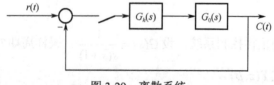

图 3-29　离散系统

13．设离散控制系统如图 3-30 所示，其中采样周期 $T = 0.2\text{s}$，$k = 10$，$r(t) = 1 + t + \dfrac{1}{2}t^2$，试用终值定理计算控制系统的稳态误差。

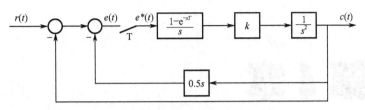

图 3-30 离散控制系统（1）

14. 已知离散控制系统如图 3-31 所示，采样周期 $T = 0.2\text{s}$ ，输入信号 $r(t) = 1 + t + \dfrac{1}{2t^2}$ ，求该系统的稳态误差。

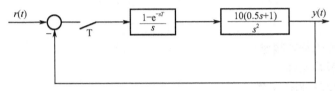

图 3-31 离散控制系统（2）

15. 已知离散控制系统如图 3-32 所示，试绘制当 $k = 1$ 时的幅频特性和相频特性曲线。

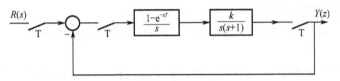

图 3-32 离散控制系统（3）

16. 某计算机关节控制系统结构如图 3-33 所示，其脉冲传递函数如下：

$$G(z) = Z\left[\frac{1 - e^{-Ts}}{s} \frac{4k}{s(s+2)}\right] = \frac{0.01873z + 0.01752}{(z-1)(z-0.8187)}k$$

设 $T = 0.1\text{s}$ ，$D(z) = 1$ 。试求：

（1）闭环系统特征方程；

（2）用修正劳斯-霍尔维茨判据判别使系统稳定时的 k 的变化范围；

（3）系统临界稳定时，z 平面和 w 平面特征方程所有根的位置；

（4）系统临界稳定时，z 平面和 w 平面的振荡频率；

（5）通过计算机仿真，验证上述结果。

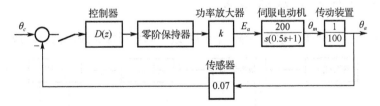

第4章

数字控制技术

本章知识点：
- 数字控制系统的基本概念
- 逐点比较法插补原理
- 步进电动机伺服控制技术

基本要求：
- 掌握数字控制系统的组成、原理及分类
- 掌握逐点比较法插补原理
- 掌握步进电动机伺服控制技术的原理及直流伺服电动机控制技术

能力培养：

通过本章学习数字控制系统的基本内容，学习逐点比较法插补原理，学习步进电动机伺服控制和直流伺服电动机控制技术，培养学生对数字控制技术的理解及实践能力。

数字控制是用数字化信息实现电气传动件控制的一种方法，是近代发展起来的一种自动控制技术。在现代制造系统中，数控技术是关键技术，它集微电子、计算机、信息处理、自动检测、自动控制等高新技术于一体，具有高精度、高效率、柔性自动化等特点，对制造业实现柔性自动化、集成化、智能化起着举足轻重的作用。

4.1 数字控制系统

4.1.1 数字控制系统的组成

数控系统一般由控制介质、数控装置、伺服系统、测量反馈系统等部分组成，如图 4-1 所示。

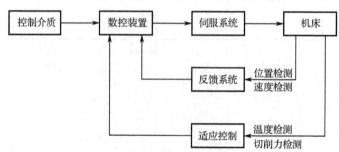

图 4-1 数控系统的组成

1）控制介质

控制介质是存储数控加工信息的载体，它可以是穿孔带、磁带和磁盘等。数控加工信息包括零件的加工程序、加工零件时刀具相对工件的位置和机床的全部动作控制指令等，它们按照规定的格式和代码记录在信息载体，也即控制介质上。

2）数控装置

数控装置是数控机床的核心，现代数控机床都采用计算机数控（CNC）装置。数控装置一般由输入、信息处理和输出三大部分构成。控制介质通过输入单元（如穿孔带阅读机、磁带机、磁盘机等）输入，转换成可以识别的信息，由信息处理单元按照程序的规定将接收的信息加以处理（如插补计算、刀具补偿等）后，通过输出单元发出位置、速度等指令给伺服系统，从而实现各种控制功能。

3）伺服系统

伺服系统是把来自数控装置的各种指令转换成机床执行机构运动的驱动部件。它包括主轴驱动单元、进给驱动单元、主轴电动机和进给电动机等。伺服系统直接决定刀具和工件的相对位置，其性能是决定数控机床加工精度和生产率的主要因素。一般要求数控机床的伺服系统应具有较好的快速响应性能，以及具有能灵敏而准确地跟踪指令的功能。

4）测量反馈系统

测量反馈系统由检测元件和相应的电路组成，其作用是检测机床的实际位置、速度等信息，并将其反馈给数控装置与指令信息进行比较和校正，构成系统的闭环控制。

4.1.2　数字控制原理

分析图 4-2 所示的平面曲线图形，用计算机在绘图仪或数控加工机床上重现，以此来简要说明数字程序控制原理。

1）曲线分割

将所需加工的轮廓曲线，依据保证线段所连的曲线（或折线）与原图形的误差在允许范围之内的原则分割成机床能够加工的曲线线段。如将图 4-2 所示的曲线分割成直线段 *ab*、*cd* 和圆弧曲线 *bc* 三段，然后把 *a*、*b*、*c*、*d* 四点坐标记下来并送给计算机。

2）插补计算

根据给定的各曲线段的起点、终点坐标（即 *a*、*b*、*c*、*d* 各点坐标），以一定的规律定出一系列中间点，要求用这些中间点所连接的曲线段必须以一定的精度逼近给定的线段。确定各坐标值之

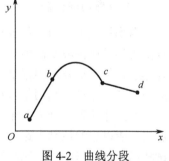

图 4-2　曲线分段

间的中间值的数值计算方法称为插值或插补。常用的插补形式有直线插补和二次曲线插补两种形式。直线插补是指在给定的两个基点之间用一条近似直线来逼近，当然由此定出中间点连接起来的折线近似于一条直线，而并不是真正的直线。所谓二次曲线插补是指在给定的两个基点之间用一条近似曲线来逼近，也就是实际的中间点连线是一条近似于曲线的折线弧。常用的二次曲线有圆弧、抛物线和双曲线等。对图 4-2 所示的曲线，*ab* 和 *cd* 段用直接插补，*bc* 段用圆弧插补比较合理。

3）脉冲分配

根据插补运算过程中定出的各中间点，对 x、y 方向分配脉冲信号，以控制步进电动机的旋转方向、速度及转动的角度，步进电动机带动刀具，从而加工出所要求的轮廓。根据步进电动机的特点，每一个脉冲信号将控制步进电动机转动一定的角度，从而带动刀具在 x 或 y 方向移动一个固定的距离。

把对应于每个脉冲移动的相对位置称为脉冲当量或步长，常用 Δx 和 Δy 来表示，并且 $\Delta x = \Delta y$。很明显，脉冲当量也就是刀具的最小移动单位，Δx 和 Δy 的取值越小，所加工的曲线就越逼近理想的曲线。

4.1.3　数字控制系统的分类

1. 按控制对象的运动轨迹分类

数控系统按控制对象的运动轨迹来分类，可以分为点位控制、直线切削控制和轮廓切削控制。

1）点位控制

在一个点位控制系统中，只要求控制刀具行程终点的坐标值，即工件加工点准确定位，对于刀具从一个定位点到另一个定位点的运动轨迹并无严格要求，并且在移动过程中不做任何加工。只是在准确到达指定位置后才开始加工。在机床加工业中，采用这类控制的有数控钻床、数控镗床、数控冲床等。

2）直线切削控制

这种控制除了要控制点到点的准确定位外，还要控制两相关点之间的移动速度和路线，运动路线只是相对于某一直角坐标轴做平行移动，且在运动过程中能以指定的进给速度进行切削加工。需要这类控制的有数控铣床、数控车床、数控磨床、加工中心等。

3）轮廓切削控制

这类控制的特点是能够对两个或两个以上的运动坐标的位移和速度同时进行控制。控制刀具沿工件轮廓曲线不断地运动，并在运动过程中将工件加工成某一形状。这种方式是借助于插补器进行的，插补器根据加工的工件轮廓向每一坐标轴分配速度指令，以获得给定坐标点之间的中间点。这类控制用于数控铣床、数控车床、数控磨床、齿轮加工机床、加工中心等。

在上述三种控制方式中以点位控制最简单，因为它的运动轨迹没有特殊要求，运动时又不加工，所以它的控制电路简单，只需实现记忆和比较功能。记忆功能是指记忆刀具应走的移动量和已走过的移动量；比较功能是指将记忆的两个移动量进行比较，当两个数值的差为零时，刀具应立即停止。

2. 根据有无检测反馈元件分类

计算机数控系统按伺服控制方式主要分为开环数字程序控制和闭环数字程序控制两大类，它们的控制原理不同，其系统结构也就有较大的差异。

1）闭环数字程序控制

图 4-3 给出了闭环数字程序控制的结构。这种控制方式的执行机构可采用交流或直流伺服电动机作为驱动元件，反馈测量元件采用光电编码器、光栅、感应同步器等，在工作中反馈测

量元件随时检测移动部件的实际位移量，及时反馈给数控系统并与插补运算所得到的指令信号进行比较，其差值又作为伺服驱动的控制信号，进而带动移动部件消除位移误差。该控制方式控制精度高，主要用于大型精密加工机床，但其结构复杂，难于调整和维护，一些简易的数控系统很少采用。

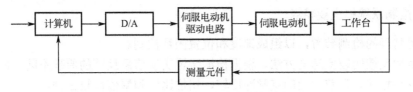

图 4-3 闭环数字程序控制的结构

2）开环数字程序控制

开环数字程序控制的结构如图 4-4 所示，这种控制系统与闭环数字程序控制方式的最大不同之处在于没有反馈检测元件，一般由步进电动机作为驱动装置。步进电动机根据指令脉冲做相应的旋转，把刀具移动到与指令脉冲相当的位置，至于刀具是否准确到达了指令脉冲规定的位置，不受任何检测，因此这种控制的精度基本上由步进电机和传动装置来决定。

开环数字程序控制虽然控制精度低于闭环系统，但具有结构简单、可靠性高、成本低、易于调整和维护等优点，因此得到了广泛应用。由于采用了步进电动机作为驱动元件，使得系统的可靠性变得更加灵活，更易于实现各种插补运算和运动轨迹控制。

图 4-4 开环数字程序控制的结构

4.1.4 伺服控制系统

1. 伺服控制系统的原理及组成

伺服电动机的结构及工作原理

伺服控制系统是一种能够跟踪输入的指令信号进行动作，从而获得精确的位置、速度及动力输出的控制系统，又称随动控制系统。在很多情况下，伺服控制系统专指被控制量（系统的输出量）是机械位移或位移速度、加速度的反馈控制系统，其作用是使输出的机械位移（或转角）准确地跟踪输入的位移（或转角）。伺服系统的结构组成和其他形式的反馈控制系统没有原则上的区别。

数控机床进给伺服系统的作用在于接收来自数控装置的指令信号，驱动机床移动部件跟随指令脉冲运动，并保证动作的快速和准确，这就要求是高质量的速度和位置伺服。数控机床的精度和速度等技术指标往往主要取决于伺服系统。

2. 伺服控制系统的基本要求

（1）稳定性好：稳定是指系统在给定输入或外界干扰作用下，能在短暂的调节过程后达到新的或者回复到原有的平衡状态。

（2）精度高：伺服系统的精度是指输出量能跟随输入量的精确程度。作为精密加工的数控机床，要求的定位精度或轮廓加工精度和进给跟踪精度通常都比较高，这也是伺服系统静态特性与动态特性指标是否优良的具体表现。允许的偏差一般都在 0.01～0.001mm 之间。

（3）快速响应并无超调：快速响应性是伺服系统动态品质的标志之一，即要求跟踪指令信号的响应要快，一方面要求过渡过程时间短，一般在 200ms 以内，甚至小于几十毫秒，且速度变化时不应有超调；另一方面是当负载突变时，要求过渡过程的前沿陡，即上升率要大，恢复时间要短，且无振荡。这样才能得到光滑的加工表面。

3．伺服控制系统的主要特点

（1）采用精确的检测装置，以组成速度和位置闭环控制。

（2）有多种反馈比较原理与方法。根据检测装置实现信息反馈的原理不同，伺服系统反馈比较的方法也不相同。目前常用的有脉冲比较、相位比较和幅值比较三种。

（3）采用高性能伺服电动机。用于高效和复杂型面加工的数控机床，由于伺服系统经常处于频繁启动和制动过程中，因此要求电动机的输出力矩与转动惯量的比值要大，以产生足够大的加速或制动力矩。

（4）采用宽调速范围的速度调节系统。从系统的控制结构看，数控机床的位置闭环系统可以看作是位置调节为外环、速度调节为内环的双闭环自动控制系统，其内部的实际工作过程是把位置控制输入转换成相应的速度给定信号后，再通过调速系统驱动伺服电动机，实现实际位移。数控机床的主轴运动要求调速性能也比较高，因此要求伺服系统为高性能的宽调速系统。

4．伺服驱动电动机

伺服驱动电动机又称为执行元件，它具有根据控制信号的要求而动作的功能。由数控系统送出的进给脉冲指令经变换和功率放大后，作为伺服电动机的输入量，控制它在指定方向上做一定速度的角位移或直线位移（直线电动机），从而驱动机床的执行部件实现给定的速度和方向上的位移。伺服电动机是伺服系统中一个重要的组成环节，其性能决定了进给伺服系统的性能。常用的伺服电动机主要有直流伺服电动机、交流伺服电动机、步进电动机及直线电动机等。

4.2　逐点比较法插补原理

插补既可用硬件插补器完成，也可用软件来实现。早期的硬件数控系统都采用硬件的数字逻辑电路来完成插补工作。在计算机数控系统中，插补工作一般由软件来完成，有些数控系统的插补工作由软硬件配合完成。软件插补法可分为基准脉冲插补法和数据采样插补法。

基准脉冲插补法广泛应用在以步进电动机为驱动装置的开环数控系统中。基准脉冲插补（即分配脉冲的计算）在计算过程中不断向各个坐标轴发出进给脉冲，驱动坐标轴电动机运动。常用的基准脉冲插补算法有逐点比较法和数字积分法。

逐点比较法插补原理：每当画笔或刀具向某一方向每移动一步，就进行一次偏差计算和偏差判别，也就是判别到达新点的位置坐标和给定轨迹上对应点的位置坐标之间的偏离程度，然后根据偏差的大小确定下一步的移动方向，使画笔或刀具始终紧靠给定轨迹运动，起到步步逼近的效果。由于采用的是"一点一比较，一步步逼近"的方法，因此称为逐点比较法。

逐点比较法是以直线或折线（阶梯状的）来逼近直线或圆弧等曲线的，它与给定轨迹之间的最大误差为一个脉冲当量，因此只要把运动步距取得足够小，便可精确地跟随给定轨迹，以达到精度的要求。

下面分别介绍逐点比较法直线和圆弧插补原理、插补计算及其程序实现方法。

4.2.1 逐点比较法直线插补

1. 第一象限内的直线插补

1）偏差计算公式

偏差计算是逐点比较法的第一步，首先把每一插值点（动点）的实际位置与给定轨迹的理想位置间的偏差计算出来，然后根据偏差的正负决定下一步的走向，逼近给定轨迹。

设加工的给定轨迹为第一象限中的直线 OA，如图 4-5 所示。

加工起点为坐标原点，沿直线 OA 进给到终点 $A(x_e, y_e)$。点 $m(x_m, y_m)$ 为加工点（动点），若点 m 在直线 OA 上，则有

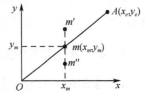

图 4-5 第一象限直线插补判别函数区域

$$\frac{x_m}{y_m} = \frac{x_e}{y_e}$$

即

$$y_m x_e - x_m y_e = 0$$

定义直线插补的偏差判别式为

$$F_m = y_m x_e - x_m y_e \qquad (4\text{-}1)$$

显然，若 $F_m = 0$，则表明 m 点在直线段 OA 上；若 $F_m > 0$，则 m 点在直线 OA 段上方，即点 m' 处；若 $F_m < 0$，则 m 点在直线段 OA 下方，即点 m'' 处。函数 F_m 的正负反映了加工点与给定轨迹的相对位置关系，由此可得第一象限直线逐点比较法插补的原理：从直线的起点（坐标原点）出发，当 $F_m \geq 0$ 时，向 $+x$ 方向走一步；当 $F_m < 0$ 时，向 $+y$ 方向走一步；当两方向所走的步数与终点坐标 (x_e, y_e) 相等时，即加工点到达了直线终点，完成了直线插补。

2）进给与偏差计算

设加工点正处于 m 点，当 $F_m \geq 0$ 时，表明 m 点在直线段 OA 上或 OA 上方，为逼近给定轨迹，应沿 $+x$ 方向走一步至 $(m+1)$，该点的坐标值为

$$\begin{cases} x_{m+1} = x_m + 1 \\ y_{m+1} = y_m \end{cases}$$

该点的偏差为

$$F_{m+1} = y_{m+1} x_e - x_{m+1} y_e = y_m x_e - (x_m + 1) y_e = F_m - y_e \qquad (4\text{-}2)$$

设加工点正处于 m 点，当 $F_m < 0$ 时，表明 m 点在直线段 OA 下方，为逼近给定轨迹，应沿 $+y$ 方向走一步至 $(m+1)$，该点的坐标值为

$$\begin{cases} x_{m+1} = x_m \\ y_{m+1} = y_m + 1 \end{cases}$$

该点的偏差为

$$F_{m+1} = y_{m+1} x_e - x_{m+1} y_e = (y_m + 1) x_e - x_m y_e = F_m + x_e \qquad (4\text{-}3)$$

由式（4-2）、式（4-3）可知，新加工点的偏差 F_{m+1} 都可以由前一点偏差 F_m 和终点坐标相加或相减得到。且加工的起点是坐标原点，起点的偏差是已知的，即 $F_0 = 0$。

3）终点判别方法

加工点到达终点 (x_e, y_e) 时必须自动停止进给。因此，在插补过程中，每走一步就要和终点坐标比较一下，如果没有到达终点，就继续插补运算；如果已到达终点，就必须自动停止插补运算。判断是否到达终点常用的方法主要有如下两种。

（1）设置 N_x 和 N_y 两个减法计数器，在加工开始前，在 N_x 和 N_y 计数器中分别存放终点坐标值 x_e 和 y_e，动点沿 x 或 y 轴每进给一步时，N_x 计数器（或 N_y 计数器）减 1，当这两个计数器中的数都减到 0 时，即到达终点。

（2）用一个终点判别计数器存放 x 和 y 两个坐标的总步数 N_{xy}，x 或 y 坐标每进给一步，N_{xy} 减 1，当 $N_{xy} = 0$ 时，即到达终点。

2．4 个象限的直线插补

4 个象限的直线插补偏差计算公式和坐标进给方向如表 4-1 所示。表中 4 个象限的终点坐标值取绝对值代入计算式中的 x_e 和 y_e。

表 4-1　直线插补的进给方向和偏差计算公式

$F_m \geq 0$			$F_m \leq 0$		
所在象限	进给方向	偏差计算	所在象限	进给方向	偏差计算
一、四	$+x$	$F_{m+1} = F_m - y_e$	一、四	$+y$	$F_{m+1} = F_m + x_e$
二、三	$-x$		二、三	$-y$	

3．直线插补计算流程

逐点比较法直线插补工作流程可归纳为如下 4 步：

（1）偏差判别，判断上一步进给后的偏差值是 $F \geq 0$ 还是 $F < 0$。

（2）坐标进给，根据偏差判别的结果和所在象限决定在哪个方向上进给一步。

（3）偏差计算，计算出进给一步后的新偏差值，作为下一步进给的判别依据。

（4）终点判别，终点判别计数器减 1，判断是否到达终点。若已到达终点就停止插补，若未到达终点，则返回第一步，如此不断循环直至到达终点为止。

在计算机的内存中设置 6 个单元 XE、YE、NXY、FM、XOY 和 ZF，XE 存放终点横坐标 x_e，YE 存放终点纵坐标 y_e，NXY 存放总步数 N_{xy}，FM 存放加工点偏差 F_m，XOY 存放直线所在的象限值，ZF 存放走步方向标志。XOY＝1、2、3、4 分别代表第一、第二、第三、第四象限，XOY 的值由终点坐标 (x_e, y_e) 的正、负符号来确定；F_m 的初值为 $F_0 = 0$；ZF＝1、2、3、4 分别代表+x、-x、+y、-y 的走步方向。直线插补计算的程序流程如图 4-6 所示。

【例 4-1】设给定的加工轨迹为第一象限的直线 OP，起点为坐标原点，终点坐标为 $A(x_e, y_e)$，其值为（5，4），试进行插补计算并作出走步轨迹图。

解：计数长度 $N_{xy} = x_e + y_e = 5 + 4 = 9$，即 x 方向走 5 步，y 方向走 4 步，共 9 步。插补计算过程如表 4-2 所示。直线插补的走步轨迹如图 4-7 所示。

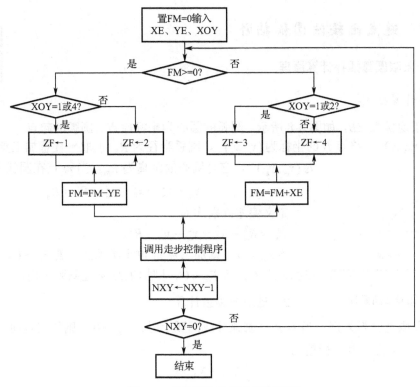

图 4-6　直线插补计算的程序流程

表 4-2　直线插补过程

步 数	偏差判别	坐标进给	偏差计算	终点判别
起点			$F_0 = 0$	$N_{xy} = 9$
1	$F_0 = 0$	$+x$	$F_1 = F_0 - y_e = -4$	$N_{xy} = 8$
2	$F_1 = -4 < 0$	$+y$	$F_2 = F_1 + x_e = 1$	$N_{xy} = 7$
3	$F_2 = 1 > 0$	$+x$	$F_3 = F_2 - y_e = -3$	$N_{xy} = 6$
4	$F_3 = -3 < 0$	$+y$	$F_4 = F_3 + x_e = 2$	$N_{xy} = 5$
5	$F_4 = 2 > 0$	$+x$	$F_5 = F_4 - y_e = -2$	$N_{xy} = 4$
6	$F_5 = -2 < 0$	$+y$	$F_6 = F_5 + x_e = 3$	$N_{xy} = 3$
7	$F_6 = 3 > 0$	$+x$	$F_7 = F_6 - y_e = -1$	$N_{xy} = 2$
8	$F_7 = -1 < 0$	$+y$	$F_8 = F_7 + x_e = 4$	$N_{xy} = 1$
9	$F_8 = 4 > 0$	$+x$	$F_9 = F_8 - y_e = 0$	$N_{xy} = 0$

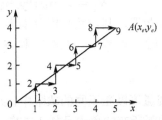

图 4-7　直线插补的走步轨迹

逐点比较法
圆弧插补

4.2.2　逐点比较法圆弧插补

1. 第一象限圆弧插补计算原理

1）偏差计算公式

设要加工逆圆弧 AB，如图 4-8 所示。圆弧的圆心为坐标原点，圆弧的起点 A 的坐标为 (x_0, y_0)，终点 B 的坐标为 (x_e, y_e)，圆弧半径为 R。现取一任意加工点 m，其坐标

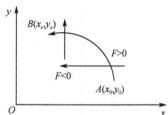

图 4-8　逐点比较法圆弧插补

为 (x_m, y_m)，它与圆心的距离为 R_m。当 m 点在圆弧上时

$$x_m^2 + y_m^2 = x_0^2 + y_0^2 = R^2 = R_m^2$$

定义偏差判别式为

$$F_m = R_m^2 - R^2 = x_m^2 + y_m^2 - R^2 \tag{4-4}$$

若 $F_m = 0$，则加工点 m 位于圆弧上；若 $F_m > 0$，则加工点 m 在圆弧之外；若 $F_m < 0$，则加工点 m 在圆弧之内。

2）进给与偏差计算

以第一象限逆圆弧为例。当 m 点在圆弧外或圆弧上时，$F_m \geq 0$，则加工点向 $-x$ 方向进给一步，至（$m+1$）点，其坐标值为

$$\begin{cases} x_{m+1} = x_m - 1 \\ y_{m+1} = y_m \end{cases}$$

新加工点的偏差为

$$F_{m+1} = x_{m+1}^2 + y_{m+1}^2 - R^2 = (x_m - 1)^2 + y_m^2 - R^2 = F_m - 2x_m + 1 \tag{4-5}$$

当 m 点在圆弧内时，$F_m < 0$，则加工点向 $+y$ 方向进给一步，至（$m+1$）点，其坐标值为

$$\begin{cases} x_{m+1} = x_m \\ y_{m+1} = y_m + 1 \end{cases}$$

新加工点的偏差为

$$F_{m+1} = x_{m+1}^2 + y_{m+1}^2 - R^2 = (y_m + 1)^2 + x_m^2 - R^2 = F_m + 2y_m + 1 \tag{4-6}$$

与直线插补一样，总是设加工点从圆弧的起点开始插补，因此初始偏差值 $F_0 = 0$。此后的新的偏差值可用式（4-5）、式（4-6）算出。

3）终点判别

与直线插补的终点判别一样，设置一个长度计数器，取 x、y 坐标轴方向上的总步数作为计数长度值，每进给一步，计数器减 1，当计数器减到 0 时，插补结束。

长度计数器的初值为

$$N_{xy} = |x_e - x_0| + |y_e - y_0| \tag{4-7}$$

也可以每个坐标方向设一个计数器，其计数长度分别为 $N_x = |x_e - x_0|$，$N_y = |y_e - y_0|$。在 x 方向进给时，N_x 减 1，在 y 方向进给时，N_y 减 1。直至 N_x 和 N_y 都减为 0 时，插补结束。

2. 4 象限的圆弧插补原理

在实际应用中，所要加工的圆弧可以在不同的象限中，可以按逆时针方向加工，也可以按顺时针方向加工。为了便于表示圆弧所在的象限及加工方向，可用 SR1、SR2、SR3、SR4 依次表示第一、二、三、四象限中的顺圆弧，用 NR1、NR2、NR3、NR4 分别表示第一、二、三、

四象限中的逆圆弧。

前面以第一象限逆圆弧为例推导出圆弧偏差计算公式，并指出了根据偏差符号来确定进给方向。其他 3 个象限的逆、顺圆的偏差计算公式可通过与第一象限的逆圆、顺圆相比较而得到。

下面推导第二象限顺圆的偏差计算公式。

如图 4-9 所示的一段顺圆弧 CD，起点为 C，终点为 D，设加工点现处于 $m(x_m, y_m)$。从图中可以看出，若 $F_m \geq 0$，下一步应沿+x 方向进给一步，新的加工点坐标将是 (x_m+1, y_m)，可求出新的偏差为

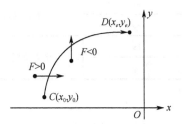

图 4-9 第二象限的顺圆弧

$$F_{m+1} = F_m + 2x_m + 1$$

若 $F_m < 0$，下一步应沿+y 方向进给一步，新的加工点坐标将是 (x_m, y_m+1)，可求出新的偏差为

$$F_{m+1} = F_m + 2y_m + 1$$

对于图 4-10(a)，SR4 与 NR1 对称于 x 轴，SR2 与 NR1 对称于 y 轴，NR3 与 SR2 对称于 x 轴，NR3 与 SR4 对称于 y 轴。

对于图 4-10(b)，SR1 与 NR2 对称于 y 轴，SR1 与 NR4 对称于 x 轴，SR3 与 NR2 对称于 x 轴，SR3 与 NR4 对称于 y 轴。

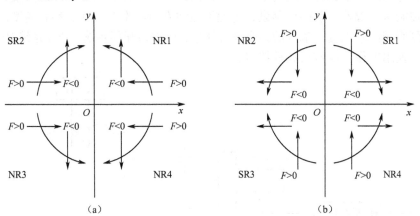

图 4-10 4 个象限中圆弧的对称性

显然，对称于 x 轴的一对圆弧沿 x 轴的进给方向相同，而沿 y 轴的进给方向相反；对称于 y 轴的一对圆弧沿 y 轴的进给方向相同，而沿 x 轴的进给方向相反。所以在圆弧插补中，沿对称轴的进给方向相同，沿非对称轴的进给方向相反。其次，所有对称圆弧的偏差计算公式，只要取起点坐标的绝对值，就与第一象限中 NR1 或 SR1 的偏差计算公式相同。8 种圆弧的插补计算公式及进给方向如表 4-3 所示。

表 4-3　8 种圆弧插补的计算公式和进给方向

圆弧类型	$F \geq 0$ 时的进给	$F<0$ 时的进给	计算公式
SR1	$-y$	$+x$	当 $F \geq 0$ 时，计算 $F_{m+1}=F_m-2y_m+1$ 和 $y_{m+1}=y_m+1$
SR2	$+y$	$-x$	
NR3	$-y$	$+x$	当 $F<0$ 时，计算 $F_{m+1}=F_m+2x_m+1$ 和 $x_{m+1}=x_m+1$
NR4	$+y$	$-x$	
NR1	$-x$	$+y$	当 $F \geq 0$ 时，计算 $F_{m+1}=F_m-2x_m+1$ 和 $x_{m+1}=x_m-1$
NR2	$+x$	$-y$	
SR3	$+x$	$+y$	当 $F<0$ 时，计算 $F_{m+1}=F_m+2y_m+1$ 和 $y_{m+1}=y_m-1$
SR4	$-x$	$-y$	

4.3　步进电动机伺服控制技术

步进电动机
伺服系统

4.3.1　步进伺服系统的构成

采用步进电动机的伺服系统又称开环步进伺服系统，如图 4-11 所示。这种系统的伺服驱动装置主要是步进电动机、功率步进电动机、电液脉冲马达等。由数控系统送出的进给指令脉冲，经过驱动电路控制和功率放大后，使步进电动机转动，通过齿轮副与滚珠丝杠螺母副驱动执行部件。由于步进电动机的角位移和角速度分别与指令脉冲的数量和频率成正比，而且旋转方向取决于脉冲电流的通电顺序，因此，只要控制指令脉冲的数量、频率及通电顺序，便可控制执行部件运动的位移量、速度和运动方向，不对实际位移和速度进行测量后将测量值反馈到系统的输入端与输入的指令进行比较，故称为开环系统。开环系统具有结构简单，调试、维修、使用方便，成本低廉等特点。

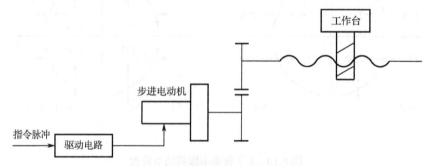

图 4-11　开环步进伺服系统的构成

开环系统的位置精度主要取决于步进电动机的角位移精度、齿轮和丝杠等传动元件的节距精度及系统的摩擦阻尼特性。因此系统的位置精度较低，其定位精度一般可达±0.02mm。如果采取螺距误差和传动间隙补偿措施，定位精度可以提高到±0.01mm。此外，由于步进电动机性能的限制，开环进给系统的进给速度也受到限制，在脉冲当量为 0.01mm 时，一般不超过 5m/min，故一般在精度要求不太高的场合使用。

4.3.2　步进电动机的工作原理

步进电动机的工作
原理及其原理图

步进电动机是一种能将电脉冲信号直接转变成与脉冲数成正比的角位移或直线位移量的执行元件。其速度与脉冲频率成正比，可通过改变脉冲频率在较宽范围内调速。由于其输入为电脉冲，因而易与微型计算机或其他数字元器件接口，适用于数字控制系统。

步进电动机按转矩产生的原理可分为反应式（Variable Reluctance，VR）步进电动机、永磁式（Permanent Magnet，PM）步进电动机及混合式（HyBrid，HB）步进电动机 3 类。由于反应式步进电动机的性能价格比较高，因此这种步进电动机应用最为广泛。在本节中，仅对这种类型步进电动机的工作原理和控制方法加以介绍。

1）反应式步进电动机的结构

图 4-12 是三相反应式步进电动机的结构。从图中可以看出，它分成转子和定子两部分。定子是由硅钢片叠成的，每相有一对磁极（N、S 极），每个磁极的内表面都分布着多个小齿，它们大小相同、间距相同。该定子上共有 3 对磁极。每对磁极都缠有同一绕组，也即形成一相，这样 3 对磁极有 3 个绕组，形成三相。可以得出，四相步进电动机有 4 对磁极、4 相绕组；五相步进电动机有 5 对磁极、5 相绕组，依次类推。

转子是由软磁材料制成的，其外表面也均匀分布着小齿，这些小齿与定子磁极上的小齿的齿距相同，形状相似。

2）反应式步进电动机的工作原理

步进电动机的工作就是步进转动。在一般的步进电动机工作中，其电源都是采用单极性的直流电源。要使步进电动机转动，就必须对步进电动机定子的各相绕组以适当的时序进行通电。步进电动机的步进过程可以用图 4-13 来说明。三相反应式步进电动机定子的每相都有一对磁极。每个磁极都只有一个齿，即磁极本身，故三相步进电动机有 3 对磁极共 6 个齿；其转子有 4 个齿，分别称为 0、1、2、3 齿。直流电源 U 通过开关 A、B、C 分别对步进电动机的 A、B、C 相绕组轮流通电。

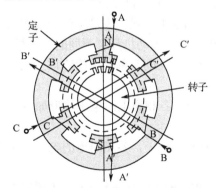

图 4-12　三相反应式步进电动机的结构

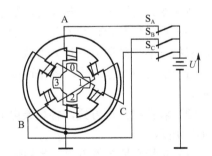

图 4-13　步进电动机的工作原理分析图

初始状态时，开关 A 接通，则 A 相磁极和转子的 0、2 号齿对齐，同时转子的 1、3 号齿和 B、C 相磁极形成错齿状态。

当开关 A 断开，B 接通后，由于 B 相绕组和转子的 1、3 号齿之间的磁力线作用，使得转子的 1、3 号齿和 B 相磁极对齐，则转子的 0、2 号齿就和 A、C 相绕组磁极形成错齿状态。

此后，开关 B 断开，C 接通，由于 C 相绕组和转子 0、2 号之间的磁力线的作用，使得转子 0、2 号齿和 C 相磁极对齐，这时转子的 1、3 号齿和 A、B 相绕组磁极产生错齿。

当开关 C 断开，A 接通后，由于 A 相绕组磁极和转子 1、3 号齿之间的磁力线的作用，使转子 1、3 号齿和 A 相绕组磁极对齐，这时转子的 0、2 号齿和 B、C 相绕组磁极产生错齿。很明显，这时转子移动了一个齿距角。

如果对一相绕组通电的操作称为一拍，则对 A、B、C 三相绕组轮流通电需要三拍。对 A、B、C 三相绕组轮流通电一次称为一个周期。从上面分析看出，该三相步进电动机转子转动一个齿距需要三拍操作。由于 A→B→C→A 相轮流通电，此磁场沿 A、B、C 方向转动了 360° 空间角，而这时转子沿 A、B、C 方向转动了一个齿距的位置，在图 4-12 中，转子的齿数为 4，故齿距角为 90°，转动一个齿距也即转动了 90°。

对于一个步进电动机，如果它的转子的齿数为 Z，则它的齿距角 θ_z 为

$$\theta_z = 2\pi / Z = \frac{360°}{Z} \tag{4-8}$$

而步进电动机运行 N 拍可使转子转动一个齿距位置。实际上，步进电动机每一拍就执行一次步进，所以步进电动机的步距角 θ 可以表示如下：

$$\theta = \theta_z / N = \frac{360°}{NZ} \tag{4-9}$$

式中，N 是步进电动机工作拍数；Z 是转子的齿数。

对于图 4-12 所示的三相步进电动机，若采用三拍方式，则它的步距角是

$$\theta = \frac{360°}{3 \times 4} = 30°$$

对于转子有 40 个齿且采用三拍方式的步进电动机而言，其步距角是

$$\theta = \frac{360°}{3 \times 40} = 3°$$

步进电动机工作
原理及实现

4.3.3　步进电动机的工作方式

步进电动机有三相、四相、五相、六相等多种，为了分析方便，仍以三相步进电动机为例进行分析和讨论。步进电动机可工作于单相通电方式，也可工作于双相通电方式或单相、双相交叉通电方式。选用不同的工作方式，可使步进电动机具有不同的工作性能，如减小步距，提高定位精度和工作稳定性等。对于三相步进电动机则有单拍（简称单三拍）方式、双相三拍（简称双三拍）方式、三相六拍方式。

（1）单三拍工作方式，各相通电顺序为 A→B→C→A→…，各相通电的电压波形如图 4-14 所示。

（2）双三拍工作方式，各相通电顺序为 AB→BC→CA→AB→…，各相通电的电压波形如图 4-15 所示。

（3）三相六拍工作方式，各相通电顺序为 A→AB→B→BC→C→CA→A→…，各相通电的电压波形如图 4-16 所示。

如果按上述三种通电方式和通电顺序进行通电，则步进电动机正向转动。反之，如果通电方向与上述顺序相反，则步进电动机反向转动。

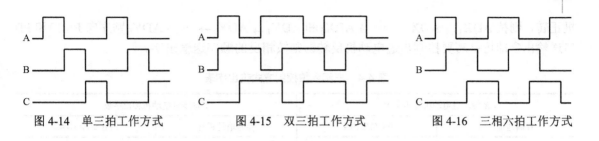

图 4-14 单三拍工作方式   图 4-15 双三拍工作方式   图 4-16 三相六拍工作方式

4.3.4 步进电动机 IPC 工控机控制技术

由步进电动机的工作原理可知，必须使其定子励磁绕组顺序通电，并具有一定功率的电脉冲信号，才能使其正常运行，步进电动机驱动电路（又称驱动电源）就承担此项任务。步进电动机驱动电路可采用单电压驱动电路、双电压（高低压）驱动电路、斩波电路、调频调压和细分电路等。

过去常规的步进电动机控制主要采用脉冲分配器，目前已普遍采用计算机取代脉冲分配器控制步进电动机，使控制方式更加灵活，控制精度和可靠性高。

由于步进电动机需要的驱动电流比较大，所以计算机与步进电动机的连接都需要专门的接口电路及驱动电路。接口电路可以是锁存器，也可以是可编程接口芯片，如 8255、8155 等。驱动器可用大功率复合管，也可以是专门的驱动器。

1. 步进电动机与 IPC 工控机接口

步进电动机与 IPC 工控机接口如图 4-17 所示。同时控制 X 轴和 Y 轴两台三相步进电动机。此接口电路选用 8255 可编程并行接口芯片，8255 PA 口的 PA0、PA1、PA2 控制 X 轴三相步进电动机。8255 PB 口的 PB0、PB1、PB2 控制 Y 轴三相步进电动机。只要确定了步进电动机的工作方式，就可以控制各相绕组的通电顺序，实现步进电动机正反转。

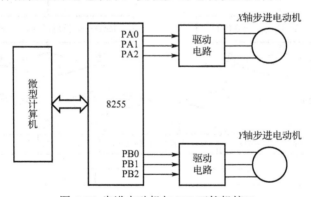

图 4-17 步进电动机与 IPC 工控机接口

2. 步进电动机控制的输出字表

假定数据输出为"1"时相应的绕组通电，为"0"时相应的绕组断电。下面以三相六拍控制方式为例确定步进电动机控制的输出字。

当步进电动机的相数和控制方式确定之后，PA0～PA2 和 PB0～PB2 输出数据变化的规律就确定了，这种输出数据变化规律可用输出字来描述。为了便于寻找，输出字以表的形式放在计算机指定的存储区域。表 4-4 给出了三相六拍控制方式输出字表。显然，若要控制步进电动机正转，则按 $ADX_1 \to ADX_2 \to \cdots \to ADX_6$ 和 $ADY_1 \to ADY_2 \to \cdots \to ADY_6$ 顺序向 PA 口和 PB 口送输出字即可；若要控制步进电动机反转，则按相反的顺序送输出字。

表 4-4　三相六拍控制方式输出字表

X 轴步进电动机输出字表		Y 轴步进电动机输出字表	
存储地址标号	PA 口输出字	存储地址标号	PB 口输出字
ADX_1	00000001=01H	ADY_1	00000001=01H
ADX_2	00000011=03H	ADY_2	00000011=03H
ADX_3	00000010=02H	ADY_3	00000010=02H
ADX_4	00000110=06H	ADY_4	00000110=06H
ADX_5	00000100=04H	ADY_5	00000100=04H
ADX_6	00000101=05H	ADY_6	00000101=05H

3. 控制程序设计

若用 ADX 和 ADY 分别表示 X 轴和 Y 轴步进输出字表的取数地址指针，且仍用 ZF=1、2、3、4 分别表示 $-X$、$+X$、$-Y$、$+Y$ 走步方向，则可用图 4-18 表示步进电动机走步控制程序流程。

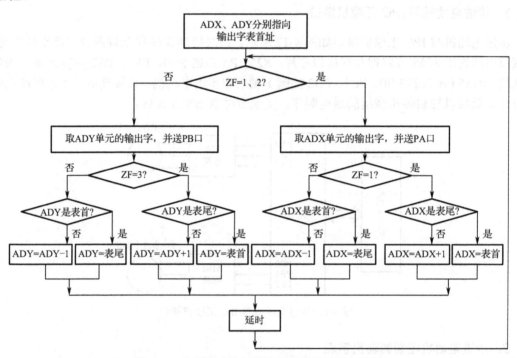

图 4-18　步进电动机三相六拍走步控制程序流程

若将走步控制程序和插补计算程序结合起来，并修改程序的初始化和循环控制判断等内容，便可很好地实现 *xoy* 坐标平面的数字程序控制，为机床的自动控制提供了有力的手段。

按正序或反序取输出字来控制步进电动机正转或反转，输出字更换得越快，步进电动机的转速越高。因此，控制图 4-18 中延时的时间常数，即可达到调速的目的。步进电动机的工作过程是"走一步停一步"的循环过程。也就是说步进电动机的步进时间是离散的，步进电动机的速度控制就是控制步进电动机产生步进动作时间，使步进电动机按照给定的速度规律进行工作。

若 T_i 为相邻两次走步之间的时间间隔（s），V_f 为进给一步后的末速度（步/s），α 为进给一步的加速度（步/s^2），则有

$$V_i = \frac{1}{T_i}$$

$$V_{i+1} = \frac{1}{T_{i+1}}$$

$$V_{i+1} - V_i = \frac{1}{V_{i+1}} - \frac{1}{V_i} = \alpha T_{i+1}$$

从而有

$$T_{i+1} = \frac{-1 + \sqrt{1 + 4\alpha T_i^2}}{2\alpha T_i}$$

根据上式即可计算出相邻两步之间的时间间隔。由于此式的计算比较烦琐，因此一般不采用在线计算来控制速度，而是采用离线计算求得各个 T_i，通过一张延时时间表把 T_i 编入程序中，然后按照表地址依次取出下一步进给的 T_i 值，通过延时程序或定时器产生给定的时间间隔，发出相应的走步命令。若采用延时程序来获得进给时间，则 CPU 在控制步进电动机期间不能做其他工作。CPU 读取 T_i 值后，就进入循环延时程序，当延时时间到，便发出走步控制命令，并重复此过程，直到全部进给完毕为止；若采用定时器产生给定的时间间隔，速度控制程序应在进给下一步后，把下一步的 T_i 值送入定时器的时间常数寄存器，然后 CPU 就进入等待中断状态或处理其他事务。定时时间一到，就向 CPU 发出中断请求，CPU 接受中断后立即响应，便发出走步控制命令，并重复此过程直到全部进给结束为止。

4.3.5　步进电动机单片机控制技术

对于简单的小容量步进电动机控制系统，可以用单片机代替步进控制器，实现环形脉冲分配器功能，控制步进电动机走步数、正反转及速度控制等。这不仅简化了电路，降低了成本，而且根据系统的需要，可以灵活改变步进电动机的控制方案，使用起来很方便。

由于步进电动机需要的驱动电流比较大，所以单片机与步进电动机的连接需要专门的接口和驱动电路。一般为了抗干扰，或避免驱动电路发生故障时功率放大电路中的高电平信号进入单片机而烧毁器件，一个有效措施就是在驱动器与单片机之间加一级光电隔离器。三相步进电动机单片机控制系统接口电路如图 4-19 所示。单片机通过 P1.0、P1.1、P1.2 输出脉冲分别控制 A、B、C 相的通电和断电。

1. 步进电动机控制的输出字表

P1.0、P1.1、P1.2 输出为"1"时，相应的绕组通电；为"0"时，相应的绕组断电。表 4-5 给出了三相六拍控制方式输出字表。

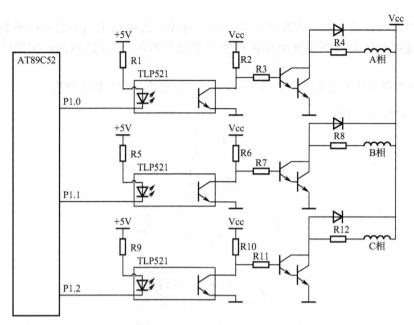

图 4-19　步进电动机与单片机的接口电路原理

表 4-5　三相六拍控制方式输出字表

步　序	P1 口输出	工作状态	控制字
1	00000001	A	01H
2	00000011	AB	03H
3	00000010	B	02H
4	00000110	BC	06H
5	00000100	C	04H
6	00000101	CA	05H

2. 控制程序设计

　　给步进电动机发一个控制脉冲，它就转动一步，再发一个脉冲，它会再转一步。两个脉冲的间隔时间越短，步进电动机转得就越快。因此，输出脉冲的频率决定了步进电动机的转速。单片机很容易调整输出脉冲的频率，从而可以方便地对步进电动机进行调速控制。针对图 4-19 所示的三相步进电动机单片机控制系统，采用全软件的方式按照三相六拍工作方式进行步进电动机脉冲分配（即控制通电换相顺序）。

　　步进电动机单片机程序设计的主要任务是判断旋转方向、按顺序输出控制脉冲和判断控制步数是否完毕。步进电动机正反转子程序如下：

```
        ORG 0200H
FLAG  BIT  00H；设置标志位，"1"为正转，"0"为反转
STEP：MOV  R2，#7；步数送 R2
LOOP0：MOV  R3，#00；
        MOV  DPTR，#TAB；控制方式输出字表首地址送 DPTR
        JINB  FLAG，LOOP2；FLAG 为 "0" 时反转
LOOP1： MOV  A，R3
```

```
            MOVC  A,@A+DPTR；取控制字
            JZ  LOOP0；为"0"结束
            MOV  P1，A；输出控制字
            ACALL  DELAY；延时
            INC  R3
            DJNZ  R2,LOOP1；若未达到计数值，转到 LOOP1 继续
            RET
LOOP2：MOV  A，R3
            ADD  A，#07；控制方式输出字表首地址+7 送 DPTR
            MOV  R3，A
            AJMP  LOOP1
DELAY：MOV  R6,#0AH；延时子程序
DL2：     MOV  R7,#18H
DL1：     NOP
            NOP
            DJNZ R7,DL1
            DJNZ R6,DL2
            RET
TAB：     DB 01H,03H,02H,04H,06H,05H,00H；控制方式输出字表（正转）
            DB 01H,05H,06H,04H,02H,03H,00H；控制方式输出字表（反转）
```

4.4 直流伺服电动机伺服控制技术

直流伺服电动机具有良好的启动、制动和调速特性，可以很方便地在宽范围内实现平滑无级调速，故多应用于对伺服电动机的调速性能要求较高的生产设备中。

常用的直流伺服电动机有：永磁式直流电动机、励磁式直流电动机、混合式直流电动机、无刷直流电动机、直流力矩电动机等。

4.4.1 直流伺服电动机的工作原理

1. 直流电动机的基本结构

直流电动机主要包括三大部分：

（1）定子，定子磁极磁场由定子的磁极产生。根据产生磁场的方式，可分为永磁式和他励式。永磁式磁极由永磁材料制成，他励式磁极由冲压硅钢片叠压而成，外绕线圈，通以直流电流便产生恒定磁场。

（2）转子，又叫电枢，由硅钢片叠压而成，表面嵌有线圈，通以直流电时，在定子磁场作用下产生带动负载旋转的电磁转矩。

（3）电刷与换向片，为使所产生的电磁转矩保持恒定方向，转子能沿固定方向均匀地连续旋转，电刷与外加直流电源相接，换向片与电枢导体相接。

2. 永磁直流伺服电动机及工作原理

直流伺服电动机分为电励磁和永久磁铁励磁两种，但占主导地位的是永久磁铁励磁式（永磁式）电动机。图 4-20 所示为其基本原理示意图。

在电枢绕组中通过施加直流电压，并在磁场的作用下使电枢绕组的导体产生电磁力，产生带动负载旋转的电磁转矩，从而驱动转子转动。通过控制电枢绕组中电流的方向和大小，就可控制直流伺服电动机的旋转方向和速度。直流伺服电动机采用电枢电压控制时的电枢等效电路如图 4-21 所示。

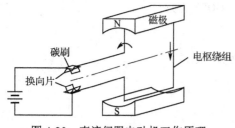

图 4-20 直流伺服电动机工作原理

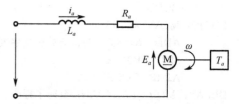

图 4-21 电枢电压控制时的电枢等效电路

图中，L_a 和 R_a 分别是电枢绕组的电感和电阻，T_a 是负载转矩。当电枢绕组流过直流电流 i_a 时，一方面在电枢导体中产生电磁力，使转子旋转；另一方面，电枢导体在定子磁场中以转速 ω 旋转切割磁力线，产生感应电动势 E_a。感应电动势的方向与电枢电流方向相反，称为反电势，其大小与转子旋转速度和定子磁场中的每极气隙磁通量 Φ 有关，表达式如下：

$$\omega = \frac{K_1(u_a - i_a R_a)}{\Phi}$$ (4-10)

式中，K_1 为比例常数，仅与电动机结构有关。

当忽略电枢绕组上的压降时，式（4-10）可以写为

$$\omega = \frac{K_1 u_a}{\Phi}$$

由于直流伺服电动机通常都是采用永磁式的，所以定子磁场中的磁通量始终保持常量，从而使转速与电压之间为线性关系，即直流电动机转速与所施加的电压成正比，与磁场磁通量成反比。由于磁场磁通量是不变的常数，所以此时电动机转速仅随电枢电压变化而变化。

4.4.2 直流伺服电动机的驱动与控制

直流伺服电动机的控制及驱动方法通常采用晶体管脉宽调制（PWM）控制和晶闸管（可控硅）放大器驱动控制。

直流伺服电动机
及其驱动技术

直流电动机转速的控制方法可分为两类：励磁控制法与电枢电压控制法。励磁控制法控制磁通 Φ，其控制功率虽然较小，但低速时受到磁饱和强度的限制，高速时受到换向火花和换向器结构强度的限制，而且由于励磁线圈电感较大，动态响应较差，所以常用的控制方法是改变电枢端电压调速的电枢电压控制法。

1. 直流伺服电动机的晶闸管调速系统

晶闸管（可控硅）直流调速系统由电流调节回路（内环）、速度调节回路（外环）和晶闸管整流放大器（主回路）等部分组成，如图 4-22 所示。

电流环的作用是：由电流调节器对电动机电枢回路的滞后进行补偿，使动态电流按所需的规律变化。I_R 为电流环指令值（给定），来自速度调节器的输出。I_f 为电流反馈信号，由电流传感器取自晶闸管整流的主回路，即电动机的电枢回路；经过比较器比较，其输出的 E_1 输入电流

调节器（电流误差）。速度环的作用是：用速度调节器对电动机的速度误差进行调节，以实现所要求的动态特性。通常采用比例-积分调节器。U_R 是来自数控装置的速度指令电压，一般是 $0\sim 10V$ 的直流电压，正负极性对应于电动机的转动方向。U_f 为速度反馈值，来自速度检测装置。目前一般采用测速电动机或编码器。测速电动机可直接安装在电动机轴上，其输出电压的大小即反映了电动机的转速。编码器也可直接安装在电动机轴上，输出的脉冲信号经频压变换（频率／电压变换），其输出的电压反映了电动机的转速。U_R 与 U_f 的差值（速度比较器的输出）E_s 为速度调节器的输入（速度误差），该调节器的输出就是电流环的输入指令值。触发脉冲发生器产生晶闸管的移相触发脉冲，其触发角对应整流器的不同直流电压输出（直流电动机的电枢电压），从而得到不同的速度，晶闸管整流器为功率放大器，直接驱动直流伺服电动机旋转。

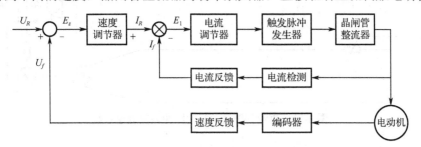

图 4-22　晶闸管直流调速系统结构框图

晶闸管直流调速系统的主回路有多种结构形式，电路可以是单相半控桥、单相全控桥、三相半波、三相半控桥、三相全控桥等。

2. 直流伺服电动机的脉冲调宽调速系统

晶体管脉冲调宽调速系统简称 PWM 系统，利用开关频率较高的大功率晶体管作为开关元件，将整流后的恒压直流电源转换成幅值不变但是脉冲宽度（持续时间）可调的高频矩形波，给伺服电动机的电枢回路供电。通过改变脉冲宽度的方法来改变回路的平均电压，达到电动机调速的目的。

直流伺服电动机的脉冲调宽调速系统的原理如图 4-23 所示，它是一个双闭环的脉宽调速系统。

系统的主电路是晶体管脉宽调制放大器 PWM，此外还有速度调节回路和电流调节回路。测速发电机或脉冲编码器 TG 检测电动机的速度并变换成反馈电压 U_{sf}，与速度给定电压 U_{SR} 在速度调节器的输入端进行比较，构成速度环。电动机的电枢电流由霍尔元件检测器测量，并输出反馈电压与速度控制器的输出电压在电流调节器的输入端进行比较，这样构成电流环。电流调节器输出是经变换后的速度指令电压，它与三角波电压经脉宽调节电路调制后得到调宽的脉冲系列，它作为控制信号输送到晶体管脉宽调制放大器 PWM 各相关晶体管的基极，使调宽脉冲系列得到放大，成为直流伺服电动机电枢的输入电压。

在图 4-23 中，脉宽调节电路的任务是：将速度指令电压信号转换成脉冲周期固定而宽度可由速度指令电压信号的大小调节变化的脉冲电压。由于脉冲周期固定，脉冲宽度的改变将使脉冲电压的平均电压改变，也就是脉冲平均电压将随速度指令电压的改变而改变，经 PWM 放大后输入电枢的电压也是跟着改变的，从而达到调速的目的。

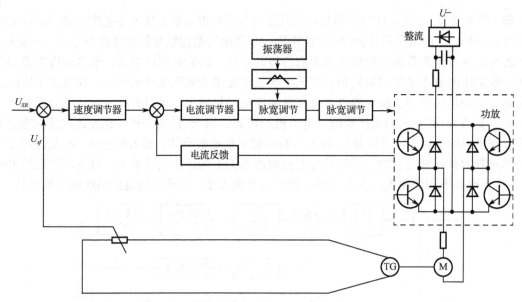

图 4-23   直流伺服电动机的脉冲调宽调速系统

3. 直流伺服电动机与微型计算机接口

直流伺服电动机与微型计算机接口的电路如图 4-24 所示。首先用光电码盘将每一个采样周期内直流电动机的转速进行检测；然后经锁存器送到微型计算机，与数字给定值（由拨码盘给定）进行比较，并进行 PID 运算；再经锁存器送到 D/A 转换器，将数字量变成脉冲信号，再由脉冲发生器产生调节脉冲，经驱动器放大后控制电动机转动。

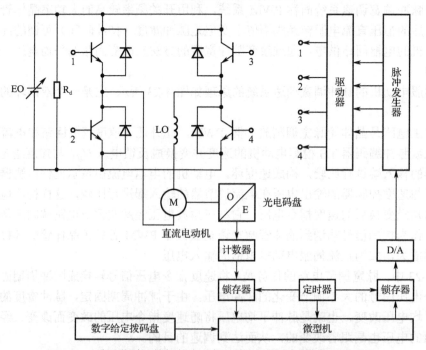

图 4-24   采用微型计算机的电动机速度闭环控制系统的工作原理

习题

1．什么是数字程序控制？数控系统有哪几种分类方式？

2．说明逐点比较法的原理。

3．直线插补过程分为哪几个步骤?有哪几种终点判别方法？

4．圆弧插补过程分为几个步骤？

5．设给定的加工轨迹为第一象限的直线 OP，起点为坐标原点，终点坐标为 A（x_e，y_e），其值为（6，4），试进行插补计算，作出走步轨迹图，并标明进给方向和步数。

6．假设加工第一象限逆圆弧 AB，起点 A 的坐标值为 $x_0 = 4$，$y_0 = 0$，终点 B 的坐标值为 $x_e = 0$，$y_e = 4$。试进行插补计算，作出走步轨迹图，并标明进给方向和步数。

7．简述反应式步进电动机的工作原理。

8．三相步进电动机有哪几种工作方式?分别画出每种工作方式的各相通电顺序和电压波形图。

第 5 章

常规及复杂控制技术

本章知识点:
- 数字控制器的模拟化设计步骤
- 数字控制器的离散化设计步骤
- 最少拍有纹波控制器设计
- 最少拍无纹波控制器设计
- 纯滞后控制技术、达林算法
- SMITH 预估控制、串级控制技术
- 前馈-反馈控制算法
- 数字前馈-反馈控制算法
- 采用状态空间的输出反馈设计法

基本要求:
- 掌握数字控制器的模拟化和离散化设计步骤
- 掌握最少拍有纹波和无纹波控制器设计
- 理解纯滞后控制技术、达林算法
- 理解 SMITH 预估控制、串级控制技术、前馈-反馈控制算法
- 理解数字前馈-反馈控制算法
- 理解接触器与继电器、低压断路器与熔断器的区别
- 了解采用状态空间的输出反馈设计法

能力培养:

通过学习本章知识,分析、解决工程应用中出现的问题,培养一定的工程实践能力。首先,通过分析数字控制器连续化设计的弊端,引出更具有一般意义的直接离散化设计技术。其次,分析数字控制器的离散化设计步骤,分析纯滞后存在的方式,分析纯滞后和容量滞后。最后,通过介绍纯滞后系统控制器的连续化设计技术——史密斯(SMITH)预估控制,分析史密斯预估控制原理,设计具有纯滞后补偿的数字控制器。在给定系统性能指标的条件下,积累设计数字控制器的控制规律和相应的数字控制算法能力。

前面讲到的数字程序控制技术主要是针对机床、绘图仪等的数控技术,而现实中绝大部分的工业生产过程并非如此简单,多数生产过程中既包括数字点的控制,也包括模拟点的控制,更为重要的是许多过程要求能够按照给定的要求去工作,如锅炉恒定温度控制系统。这就要求计算机控制系统能够利用一定的控制方法去设计,并且转换成相应的数字算法去实现这些控制要求。因此,控制技术可以算是整个计算机控制系统的一个核心。计算机控制系统的设计,是

指在给定系统性能指标的条件下，设计出控制器的控制规律和相应的数字控制算法。

　　本章主要介绍一些计算机控制系统的常规及复杂控制技术。常规控制技术介绍数字控制器的连续化设计技术和离散化设计技术，复杂控制技术介绍纯滞后控制、串级控制和前馈-反馈控制技术。对大多数系统，采用常规控制技术即可达到满意的控制效果，但对于复杂或有特殊控制要求的系统，需要采用复杂控制技术来实现。

5.1　数字控制器的模拟化设计

什么是数字控制器

　　数字控制器是计算机控制系统的核心部分。数字控制器通常利用计算机软件编程，完成特定的控制算法。控制算法通常以差分方程、脉冲传递函数和状态方程等形式表示。采用不同的控制算法，可以实现不同的控制作用，得到不同的控制性能。因此，只要改变控制算法，并改变相应的软件编程，就可以使计算机控制系统完成不同的控制目的。这一点是计算机控制系统优于传统模拟控制系统的一个重要方面。

5.1.1　数字控制器的模拟化设计步骤

　　在图 5-1 所示的计算机控制系统中，$G(s)$ 是被控对象的传递函数，$H(s)$ 是零阶保持器，$D(z)$ 是数字控制器。现在的设计问题是：根据已知的系统性能指标和 $G(s)$ 来设计出数字控制器 $D(z)$。

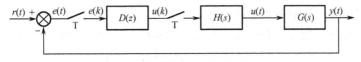

图 5-1　计算机控制系统的结构

1. 设计假想的模拟控制器 $D(s)$

　　由于人们对模拟系统的设计方法比较熟悉，因此，可先对图 5-2 所示的假想的模拟控制系统进行设计，如利用连续系统的频率特性法、根轨迹法等设计出假想的模拟控制器 $D(s)$。关于模拟系统设计 $D(s)$ 的各种方法可参考有关自动控制原理方面的资料，这里不再讨论。

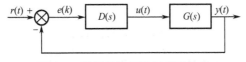

图 5-2　假想的模拟控制系统结构

2. 选择合适的采样周期 T

　　香农采样定理给出了从采样信号恢复连续信号的最低采样频率。在计算机控制系统中，完成信号恢复功能一般由零阶保持器 $H(s)$ 来实现。零阶保持器的传递函数为

$$H(s) = \frac{1 - e^{-sT}}{s} \tag{5-1}$$

其频率特性为

$$H(\mathrm{j}\omega) = \frac{1-\mathrm{e}^{-\mathrm{j}\omega T}}{\mathrm{j}\omega} = T\frac{\sin\dfrac{\omega T}{2}}{\dfrac{\omega T}{2}} < -\frac{\omega T}{2} \tag{5-2}$$

从式（5-2）可以看出，零阶保持器将对控制信号产生附加相移（滞后）。对于小的采样周期，可把零阶保持器 $H(s)$ 近似为

$$H(s) = \frac{1-\mathrm{e}^{-sT}}{s} \approx \frac{1-1+sT-\dfrac{(sT)^2}{2}+\cdots}{s} = T\left(1-s\frac{T}{2}+\cdots\right) \approx Te^{-2sT} \tag{5-3}$$

式（5-3）表明，零阶保持器 $H(s)$ 可用半个采样周期的时间滞后环节来近似。假定相位裕量可减小 $5°\sim15°$，则采样周期应选为

$$T \approx (0.15\sim0.5)\frac{1}{\omega_c} \tag{5-4}$$

式中，ω_c 是模拟控制系统的剪切频率。按式（5-4）的经验法选择的采样周期相当短。因此，采用模拟化设计方法，用数字控制器去近似模拟控制器，要有相当短的采样周期。

3. 将 $D(s)$ 离散化为 $D(z)$

将模拟控制器 $D(s)$ 离散化为数字控制器 $D(z)$ 的方法很多，如双线性变换法、后向差分法、前向差分法、冲激响应不变法、零极点匹配法和零阶保持法等。在这里，我们只介绍常用的双线性变换法、后向差分法和前向差分法。

（1）双线性变换法。由 Z 变换的定义可知，$Z = \mathrm{e}^{sT}$，利用级数展开可得

$$z = \mathrm{e}^{sT} = \frac{\mathrm{e}^{\frac{sT}{2}}}{\mathrm{e}^{\frac{-sT}{2}}} = \frac{1+\dfrac{sT}{2}+\cdots}{1-\dfrac{sT}{2}+\cdots} \approx \frac{1+\dfrac{sT}{2}}{1-\dfrac{sT}{2}} \tag{5-5}$$

式（5-5）称为双线性变换或塔斯廷（Tustin）近似。

为了由 $D(s)$ 求解 $D(z)$，由式（5-5）可得

$$s = \frac{2}{T}\frac{z-1}{z+1} \tag{5-6}$$

且有

$$D(z) = D(s)\Big|_{s=\frac{2}{T}\frac{z-1}{z+1}} \tag{5-7}$$

式（5-7）就是利用双线性变换法由 $D(s)$ 求取 $D(z)$ 的计算公式。

双线性变换也可从数值积分的梯形法对应得到。设积分控制规律为

$$u(t) = \int_0^t e(t)\mathrm{d}t \tag{5-8}$$

两边求拉普拉斯变换后可推导出控制器为

$$D(s) = \frac{U(s)}{E(s)} = \frac{1}{s} \tag{5-9}$$

用梯形法求积分运算可得如下算式

$$u(k) = u(k-1) + \frac{T}{2}[e(k)-e(k-1)] \tag{5-10}$$

上式两边求 Z 变换后可推导出数字控制器为

$$D(z) = \frac{U(z)}{E(z)} = \frac{1}{\frac{2}{T}\frac{z-1}{z+1}} = D(s)\big|_{s=\frac{2}{T}\frac{z-1}{z+1}} \tag{5-11}$$

（2）前向差分法。利用级数展开可将 $Z = e^{sT}$ 写成以下形式

$$Z = e^{sT} = 1 + sT + \cdots \approx 1 + sT \tag{5-12}$$

式（5-12）称为前向差分法或欧拉法的计算公式。

为了由 $D(s)$ 求取 $D(z)$，由式（5-12）可得

$$s = \frac{z-1}{T} \tag{5-13}$$

且

$$D(z) = D(s)\big|_{s=\frac{z-1}{T}} \tag{5-14}$$

式（5-14）便是前向差分法由 $D(s)$ 求取 $D(z)$ 的计算公式。

前向差分法也可由数值微分得到。设微分控制规律为

$$u(t) = \frac{\mathrm{d}e(t)}{\mathrm{d}t} \tag{5-15}$$

两边求拉普拉斯变换后可推导出控制器为

$$D(s) = \frac{U(s)}{E(s)} = s \tag{5-16}$$

对式（5-15）采用前向差分近似可得

$$u(k) \approx \frac{e(k+1) - e(k)}{T} \tag{5-17}$$

式（5-17）两边求 Z 变换后可推导出数字控制器为

$$D(z) = \frac{U(z)}{E(z)} = \frac{z-1}{T} = D(s)\big|_{s=\frac{z-1}{T}} \tag{5-18}$$

（3）后向差分法。利用级数展开还可将 $Z = e^{sT}$ 写成以下形式

$$Z = e^{sT} = \frac{1}{e^{-sT}} \approx \frac{1}{1 - sT} \tag{5-19}$$

由式（5-19）可得

$$s = \frac{z-1}{Tz} \tag{5-20}$$

且有

$$D(z) = D(s)\big|_{s=\frac{z-1}{Tz}} \tag{5-21}$$

式（5-21）便是利用后向差分法由 $D(s)$ 求取 $D(z)$ 的计算公式。

后向差分法也同样可由数值微分计算得到。对式（5-15）采用后向差分近似可得

$$u(k) \approx \frac{e(k) - e(k-1)}{T} \tag{5-22}$$

式（5-22）两边求 Z 变换后可推得数字控制器为

$$D(z)\frac{U(z)}{E(z)} = \frac{z-1}{Tz} = D(s)\big|_{s=\frac{z-1}{Tz}} \tag{5-23}$$

双线性变换的优点在于，它把左半 s 平面转换到单位圆内，如果使用双线性变换，一个稳定的模拟控制系统在变换后仍将是稳定的；可是使用前向差分法，就可能将它变换为一个不稳

定的离散控制系统。

4. 设计由计算机实现的控制算法

设数字控制器 $D(z)$ 的一般形式为

$$D(z) = \frac{U(z)}{E(z)} = \frac{b_0 + b_1 z^{-1} + \cdots + b_m z^{-m}}{1 + a_1 z^{-1} + \cdots + b_n z^{-n}} \tag{5-24}$$

式中，$n \geq m$，各系数 a_i、b_i 为实数，且有 n 个极点和 m 个零点。

式（5-24）可写为

$$U(z) = (-a_1 z^{-1} - a_2 z^{-2} - \cdots - a_n z^{-n})U(z) + (b_0 + b_1 z^{-1} + b_2 z^{-2} + \cdots + b_m z^{-m})E(z)$$

上式用时域表示为

$$u(k) = -a_1 u(k-1) - a_2 u(k-2) - \cdots - a_n u(k-n) + b_0 e(k) + b_1 e(k-1) + \cdots + b_m e(k-m) \tag{5-25}$$

利用式（5-25）即可实现计算机编程，因此式（5-25）称为数字控制器 $D(z)$ 的控制算法。

5. 校验

控制器 $D(z)$ 设计完并求出控制算法后，须按图 5-1 所示的计算机控制系统校验其闭环特性是否符合设计要求，这一步可由计算机控制系统的数字仿真计算来验证。如果满足设计要求则设计结束，否则应修改设计。

5.1.2 数字 PID 控制器

根据偏差的比例（P）、积分（I）、微分（D）进行控制（简称 PID 控制），是控制系统中应用最为广泛的一种控制规律。实际运行经验和理论分析都表明，这种控制规律对许多工业过程进行控制时，都能得到满意的效果。不过，用计算机实现 PID 控制，不是简单地把模拟 PID 控制规律数字化，而是进一步与计算机的逻辑判断功能相结合，使 PID 控制更加灵活，更能满足生产过程提出的要求。

1. 模拟 PID 控制器

在工业控制系统中，常常采用如图 5-3 所示的 PID 控制系统，其控制规律为

$$u(t) = k_P \left[e(t) + \frac{1}{T_I} \int_0^t e(t)\mathrm{d}t + T_D \frac{\mathrm{d}e(t)}{\mathrm{d}t} \right] \tag{5-26}$$

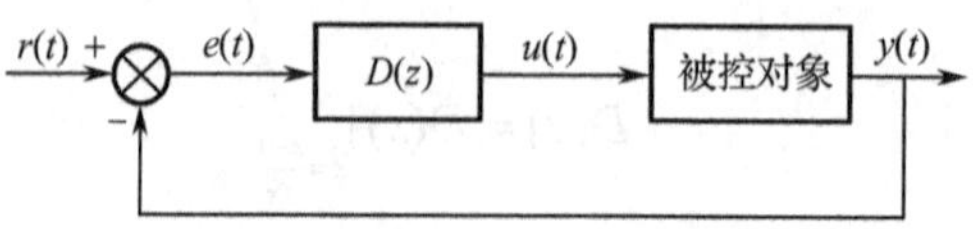

图 5-3 模拟 PID 控制系统

对应的模拟 PID 控制器的传递函数为

$$D(s) = \frac{U(s)}{E(s)} = K_P \left(1 + \frac{1}{T_I s} + T_D s \right) \tag{5-27}$$

式中，K_P 为比例增益，K_P 与比例度 δ 成倒数关系，即 $K_P = 1/\delta$；T_I 为积分时间常数；T_D 为微分时间常数；$u(t)$ 为控制量；$e(t)$ 为偏差。

比例控制能迅速反映误差，从而减小误差，但比例控制不能消除稳态误差，加大 K_P 还会引起系统的不稳定；积分控制的作用是只要系统存在误差，积分控制作用就不断积累，并且输

出控制量以消除误差，因而只要有足够的时间，积分作用将能完全消除误差，但是如果积分作用太强则会使系统的超调量加大，甚至出现振荡；微分控制可以减小超调量，克服振荡，使系统的稳定性提高，还能加快系统的动态响应速度，减少调整时间，从而改善系统的动态性能。

2. 数字 PID 控制器

在计算机控制系统中，PID 控制规律的实现必须用数值逼近的方法。当采样周期相当短时，用求和代替积分、用后向差分代替微分，使模拟 PID 离散化为差分方程。

（1）数字 PID 位置型控制算法。为了便于计算机实现，必须把式（5-26）变换成差分方程，为此可做以下近似

$$\int_0^t e(t)\mathrm{d}t \approx \sum_i^k Te(i) \tag{5-28}$$

$$\frac{\mathrm{d}e(t)}{\mathrm{d}(t)} \approx \frac{e(k)-e(k-1)}{T} \tag{5-29}$$

式中，T 为采样周期；k 为采样序号。

由式（5-26）、式（5-28）、式（5-29）可得数字 PID 位置型控制算式为

$$u(k) = K_P\left[e(k) + \frac{T}{T_I}\sum_{i=0}^k e(i) + T_D\frac{e(k)-e(k-1)}{T}\right] \tag{5-30}$$

式（5-30）表示的控制算法提供了执行机构的位置 $u(k)$，如阀门的开度，所以被称为数字 PID 位置型控制算式。

（2）数字 PID 增量型控制算法。由式（5-30）可看出，位置型控制算式不够方便，这是因为要累加偏差 $e(i)$，不仅要占用较多的存储单元，而且不便于编写程序，为此可对式（5-30）进行改进。

根据式（5-30）不难算出 $u(k-1)$ 的表达式，即

$$u(k-1) = K_P\left[e(k-1) + \frac{T}{T_I}\sum_{i=0}^{k-1} e(i) + T_D\frac{e(k-1)-e(k-2)}{T}\right] \tag{5-31}$$

将式（5-30）与式（5-31）相减，即得数字 PID 增量型控制算式为

$$\begin{aligned}\Delta u(k) &= u(k) - u(k-1)\\ &= K_P[e(k)-e(k-1)] + K_I e(k) + K_D[e(k)-2e(k-1)+e(k-2)]\end{aligned} \tag{5-32}$$

式中，$K_P = 1/\delta$ 称为比例增益；$K_I = K_P T/T_I$ 称为积分系数；$K_D = K_P T_D/T$ 称为微分系数。

为了编程方便，可将式（5-32）整理成如下形式：

$$\Delta u(k) = q_0 e(k) + q_1 e(k-1) + q_2 e(k-2) \tag{5-33}$$

式中

$$q_0 = K_P\left(1 + \frac{T}{T_I} + \frac{T_D}{T}\right)$$

$$q_1 = -K_P\left(1 + \frac{2T_D}{T}\right) \tag{5-34}$$

$$q_2 = K_P\frac{T_D}{T}$$

3. 数字 PID 控制算法实现方式的比较

在控制系统中，如果执行机构采用调节阀，则控制量对应阀门的开度表征了执行机构的位

置，此时控制器应采用数字 PID 位置式控制算法，如图 5-4 所示。如果执行机构采用步进电动机，控制器的输出为控制量的增量，此时控制器应采用数字 PID 增量式控制算法，如图 5-5 所示。

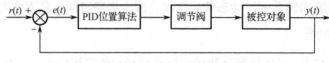

图 5-4　数字 PID 位置型控制示意图

图 5-5　数字 PID 增量型控制示意图

增量型算法与位置型算法相比，具有以下优点：

（1）增量型算法不需要做累加，控制量增量的确定仅与最近几次偏差采样值有关，计算误差对控制量计算的影响较小。而位置型算法要用到过去偏差的累加值，容易产生较大的累加误差。

（2）增量型算法得出的是控制量的增量，例如，在阀门控制中，只输出阀门开度的变化部分，误动作影响小，必要时还可通过逻辑判断限制或禁止本次输出，不会严重影响系统的工作。而位置算法的输出是控制量的全部输出，误动作影响大。

（3）采用增量型算法，易于实现手动到自动的无冲击切换。

4．数字 PID 控制算法流程

图 5-6 给出了数字 PID 增量型控制算法的流程图。利用增量型控制算法，也可得出位置型控制算法，即

$$u(k) = u(k-1) + \Delta u(k)$$
$$= q_0 e(k) + q_1 e(k-1) + q_2 e(k-2) \tag{5-35}$$

式（5-35）便是位置型控制算法的递推算法，其程序流程和增量型控制算法类似，稍加修改即可。

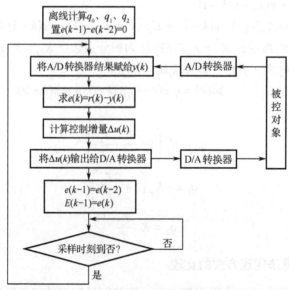

图 5-6　数字 PID 增量型控制算法的流程图

5.1.3 数字 PID 控制器的改进

如果单纯用前面介绍的数字 PID 控制器模仿模拟调节器，其实际控制效果并不理想。因此必须发挥计算机运算速度快、逻辑判断功能强、编程灵活等优势，对 PID 算式进行适当的改进，从而提高控制质量。

1. 积分项的改进

在 PID 控制中，积分的作用是消除误差，为了提高控制性能，对积分项可采取以下四项改进措施。

1）积分分离

在一般的 PID 控制中，当有较大的扰动或大幅度改变给定值时，由于此时有较大偏差，以及系统有惯性和滞后，故在积分项的作用下，往往会产生较大的超调和长时间的波动。特别对于温度、成分等变化缓慢的过程，这一现象更为严重。为此，可采用积分分离措施，即偏差 $e(k)$ 较大时，取消积分作用；当偏差 $e(k)$ 较小时，才将积分作用投入，也即当 $|e(k)| > \beta$ 时，采用 PD 控制；当 $|e(k)| \leqslant \beta$ 时，采用 PID 控制。

积分分离阈值 β 应根据具体对象及控制要求确定。若 β 值过大，则达不到积分分离的目的；若 β 值过小，一旦被控量 $y(t)$ 无法跳出各积分分离区，只进行 PD 控制，将会出现残差，如图 5-7 中所示的曲线。为了实现积分分离，编写程序时必须从数字 PID 差分方程式中分离出积分项，进行特殊处理。

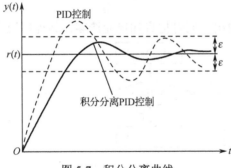

图 5-7 积分分离曲线

2）抗积分饱和

因长时间出现偏差或偏差较大，计算出的控制量有可能溢出或小于零。所谓溢出就是计算机运算得出的控制量 $u(k)$ 超出 D/A 转换器所能表示的数值范围。例如，8 位 D/A 转换器的数值范围为 00H～FFH（H 表示十六进制）。一般执行机构有两个极限位置，如调节阀全开或全关。设 $u(k)$ 为 FFH 时，调节阀全开；反之，$u(k)$ 为 00H 时，调节阀全关。为了提高运算精度，通常采用双字节或浮点数计算 PID 差分方程式。如果执行机构已经到极限位置，仍然不能消除偏差时，由于积分作用，尽管计算 PID 差分方程式所得的运算结果继续增大或减小，但执行机构已无相应的动作，这就是积分饱和。当出现积分饱和时，势必使超调量增加，控制品质变坏。作为防止积分饱和的办法之一，可对计算出的控制量 $u(k)$ 限幅，同时把积分作用切除掉。若以 8 位 D/A 转换器为例，则有：

当 $u(k) < 00H$ 时，取 $u(k)=0$；

当 $u(k)$>FFH 时，取 $u(k)$=0FFH。

3）梯形积分

在 PID 控制器中，积分项的作用是消除残差。为了减小残差，应提高积分项的运算精度。为此，可将矩形积分改为梯形积分，其计算公式为

$$\int_0^t e\mathrm{d}t \approx \sum_{i=0}^{k} \frac{e(i)+e(i-1)}{2}T \tag{5-36}$$

4）消除积分不灵敏区

由式（5-32）知，数字 PID 的增量型控制算式中的积分项输出为

$$\Delta u_I(k) = K_I e(k) = K_P \frac{T}{T_I} e(k) \tag{5-37}$$

由于计算机字长的限制，当运算结果小于字长所能表示的数的精度时，计算机就作为"零"处理。从式（5-37）可知，当计算机的运行字长较短，采样周期 T 也短，而积分时间 T_I 又较长时，$\Delta u_I(k)$ 容易出现小于字长的精度而丢数，此积分作用消失，这就称为积分不灵敏区。

为了消除积分不灵敏区，通常采用以下措施：

（1）增加 A/D 转换位数，加长运算字长，这样可以提高运算精度。

（2）在积分项连续 n 次小于输出精度 ε 的情况下，不要把它们作为"零"处理，而是把它们累加起来，即

$$S_I = \sum_{i=1}^{n} \Delta u_I(i) \tag{5-38}$$

直到累加值大于 ε 时才输出，同时把累加单元清零，其程序流程如图 5-8 所示。

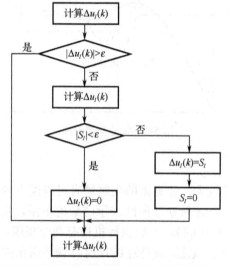

图 5-8　消除积分不灵敏区程序流程

2．微分项的改进

1）不完全微分 PID 控制算法

标准的 PID 控制算式，对具有高频扰动的生产过程，微分作用相应过于灵敏，容易引起控制过程振荡，降低调节品质。尤其是计算机对每个控制回路输出时间是短暂的，而驱动执行机

构动作又需要一定时间，如果输出较大，在短暂时间内执行机构达不到应有的相应开度，会使输出失真。为了克服这一缺点，同时又要使微分作用有效，可以在 PID 控制输出部分串联一阶惯性环节，这就组成了不完全微分 PID 控制器，如图 5-9 所示。

一阶惯性环节 $D_f(s)$ 的传递函数为

$$D_f(s) = \frac{1}{T_f(s)+1} \tag{5-39}$$

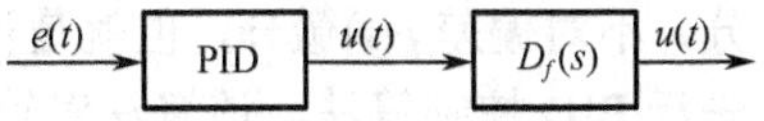

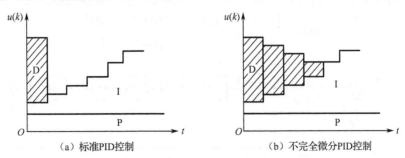

图 5-9 不完全微分 PID 控制器

因为

$$u'(t) = K_P\left[e(t) + \frac{1}{T_I}\int_0^t e(t) + T_D\frac{\mathrm{d}e(t)}{\mathrm{d}t}\right]$$

$$T_f\frac{\mathrm{d}u(t)}{\mathrm{d}t} + u(t) = u'(t)$$

所以

$$T_f\frac{\mathrm{d}u(t)}{\mathrm{d}t} + u(t) = K_P\left[e(t) + \frac{1}{T_I}\int_0^t e(t) + T_D\frac{\mathrm{d}e(t)}{\mathrm{d}t}\right] \tag{5-40}$$

对式（5-40）进行离散化，可得到不完全微分 PID 位置型控制算式：

$$u(k) = au(k-1) + (1-\alpha)u'(k) \tag{5-41}$$

式中

$$u'(t) = K_P\left[e(k) + \frac{T}{T_I}\sum_{i=0}^k e(i) + T_D\frac{e(k)-e(k-1)}{T}\right]$$

$$\alpha = \frac{T_f}{T_f + T}$$

与标准 PID 控制算式一样，不完全微分 PID 控制器也有增量型控制算式，即

$$\Delta u(k) = \alpha\Delta u(k-1) + (1-\alpha)\Delta u'(k) \tag{5-42}$$

式中 $\Delta u'(k) = K_P[e(k)-e(k-1)] + K_I e(k) + K_D[e(k)-2e(k-1)+e(k-2)]$

$K_I = K_P T/T_I$，称为积分系数；

$K_D = K_P T_D/T$，称为微分系数。

图 5-10（a）、（b）分别表示标准 PID 控制算式（5-30）和不完全微分 PID 控制算式（5-41）在单位阶跃输入时输出的控制作用。由图 5-10（a）可见，标准 PID 控制算式中的微分作用只在第一个采样周期内起作用，而且作用很强。而不完全微分 PID 控制算式的输出在较长时间内仍有微分作用，因此可获得较好的控制效果。

图 5-10 PID 控制的阶跃响应

2）微分先行 PID 控制算式

为了避免给定值的升降给控制系统带来冲击，如超调量过大、调节阀控制剧烈，可采用如图 5-11 所示的微分先行 PID 控制方案。它和标准 PID 控制的不同之处在于，只对被控量 $y(t)$ 微分，不对偏差 $e(t)$ 微分，也就是说对给定值 $r(t)$ 无微分作用。被控量微分 PID 控制算法称为微分先行 PID 控制算法，该算法对给定值频繁升降的系统无疑是有效的。图中，γ 为微分增益系数。

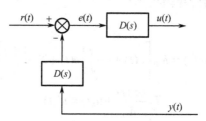

图 5-11　微分先行 PID 控制系统框图

3. 时间最优 PID 控制

最大值原理是庞特里亚金（Pontryagin）于 1956 年提出的一种最优控制理论，即最大值原理，也叫快速时间最优控制原理，它是研究满足约束条件下获得允许控制的方法。用最大值原理可以设计出控制变量只在 $u(t) \leqslant 1$ 范围内取值的时间最优控制系统。而在工程上，设 $u(t) \leqslant 1$ 都只取 ±1 两个值，而且按照一定法则加以切换，使系统从一个初始状态转到另一个状态所经历的过渡时间最短，这种类型的最优切换系统称为开关控制（Bang-Bang 控制）系统。

在工业控制应用中，最有发展前途的是 Bang-Bang 控制与反馈控制相结合的系统，这种控制方式在给定值升降时特别有效，具体形式为

$$|e(k)| = |r(k) - y(k)| \begin{cases} > \alpha, & \text{Bang-Bang控制} \\ \leqslant \alpha, & \text{PID控制} \end{cases}$$

从理论上讲，时间最优位置随动系统应采用 Bang-Bang 控制。但 Bang-Bang 控制很难保证足够高的定位精度，因此对于高精度的快速伺服系统，宜采用 Bang-Bang 控制和线性控制相结合的方式，在定位线性控制段采用数字 PID 控制就是可选方案之一。

4. 带死区的 PID 控制算法

在计算机控制系统中，某些系统为了避免控制动作过于频繁，以消除由于频繁动作引起的振荡，有时采用所谓带死区的 PID 控制系统，如图 5-12 所示。其相应算式为

$$p(k) = \begin{cases} e(k), & \text{当} |r(k) - y(k)| = |e(k)| > \varepsilon \text{时} \\ 0, & \text{当} |r(k) - y(k)| = |e(k)| \leqslant \varepsilon \text{时} \end{cases}$$

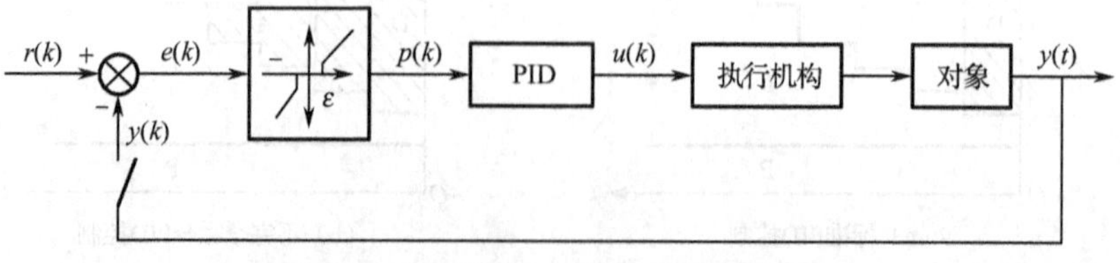

图 5-12　带死区的 PID 控制系统框图

在图 5-12 中，死区 ε 是一个可调参数，其具体数值可根据实际控制对象由实验确定。ε 值太小，使调节过于频繁，达不到稳定被调节对象的目的；如果 ε 取得太大，则系统将产生很大的

滞后；当 $\varepsilon=0$ 时，即为常规 PID 控制。

该系统实际上是一个非线性系统，即当偏差的绝对值$|e(k)|\leqslant\varepsilon$时，$P(k)$为 0；当偏差的绝对值$|e(k)|>\varepsilon$时，$P(k)=e(k)$，输出值 $u(k)$ 为 PID 运算结果。

5.1.4 数字 PID 控制参数的整定

1．采样周期的选择

1）首先要考虑的因素

香农采样定理给出了采样周期的上限。根据采样定理，采样周期应满足

$$T \leqslant \pi / \omega_{max}$$

式中，ω_{max} 为被采样信号的上限角频率。采样周期的下限为计算机执行控制程序和输入/输出所耗费的时间，系统的采样周期只能在 T_{max} 与 T_{min} 之间选择。采样周期 T 既不能太大也不能太小，T 太小时，一方面增加了微型计算机的负担，不利于发挥计算机的功能；另一方面，两次采样间的偏差变化太小，数字控制器的输出值变化不大。因此，采样周期 T 应在 T_{max} 与 T_{min} 之间，即

$$T_{min} \leqslant T \leqslant T_{max}$$

若选择采样周期在 T 与 T_{max} 之间，则系统可以稳定工作，但控制质量较差。若采样周期在 T_{min} 与 T 之间，则满足采样定理，可得到较好的控制质量。

2）其次要考虑以下各方面的因素

（1）给定值的变化频率：加到被控对象上的给定值变化频率越高，采样频率应越高。这样给定值的改变可以迅速得到反映。

（2）被控对象的特性：当被控对象是慢速的热工或化工对象时，采样周期一般取得较大；当被控对象是快速系统时，采样周期应取得较小。

（3）执行机构的类型：执行机构动作惯性大，采样周期也应大一些，否则执行机构来不及反映数字控制器输出值的变化。

（4）控制算法的类型：当采用 PID 算式时，积分作用和微分作用与采样周期 T 的选择有关。选择采样周期 T 太小，将使微分作用不够明显。因为当 T 小到一定程度后，由于受计算精度的限制，偏差 $e(k)$ 始终为零。另外，各种控制算法也需要计算时间。

（5）控制的回路数：控制的回路数 n 与采样周期 T 有下列关系

$$T \geqslant \sum_{j=1}^{n} T_j$$

式中，T_j 指第 j 回路控制程序执行时间和输入/输出时间。

2．按简易工程法整定 PID 参数

在连续的控制系统中，模拟控制器的参数整定方法较多，但简单易行的方法还是简易工程法。这种方法最大的优点在于，整定参数时不必依赖被控对象的数学模型。一般情况下，难以准确得到数学模型。简易工程整定法是由经典的频率法简化而来的，虽然稍微粗糙一点，但是简单易行，适用于现场应用。

1）扩充临界比例度法

扩充临界比例度法是对模拟调节器中使用的临界比例度法的补充。下面叙述用来整定数字

控制器参数的步骤。

（1）选择一个足够短的采样周期 T，具体来说就是选择采样周期为被控对象纯滞后时间的 1/10 以下。

（2）用选定的采样周期使系统工作。这时，数字控制器去掉积分作用和微分作用，只保留比例作用。然后逐渐减小比例度 δ（$\delta = 1 / K_P$）的值，直到系统发生持续等幅振荡。记下使系统发生振荡的临界比例度 δ_k 和系统的临界振荡周期 T_k。

（3）选择合适的控制度。所谓控制度，就是以模拟调节器为基准，将数字控制器的控制效果与模拟调节器的控制效果相比较。控制效果的评价函数通常用误差平方积分 $\int_0^\infty e^2(t)\mathrm{d}t$ 表示。

$$控制度 = \frac{\left[\int_0^\infty e^2(t)\mathrm{d}t\right]_D}{\left[\int_0^\infty e^2(t)\mathrm{d}t\right]_A}$$

实际应用中并不需要计算出两个误差平方的积分，控制度仅是表示控制效果的物理概念。通常当控制度为 1.05 时，数字控制器和模拟控制器的控制效果相当；当控制度为 2.0 时，数字控制器比模拟调节器的控制质量差。

（4）根据控制度查表 5-1，求出 T 和 K_P、T_I、T_D 的值。

表 5-1　按扩充临界比例度法整定参数

控制度	控制规律	T	K_P	T_I	T_D
1.05	PI	$0.03T_k$	$0.53\delta_k$	$0.88T_k$	
	PID	$0.014T_k$	$0.63\delta_k$	$0.49T_k$	$0.14T_k$
1.2	PI	$0.05T_k$	$0.49\delta_k$	$0.91T_k$	
	PID	$0.043T_k$	$0.47\delta_k$	$0.47T_k$	$0.16T_k$
1.5	PI	$0.14T_k$	$0.42\delta_k$	$0.99T_k$	
	PID	$0.09T_k$	$0.34\delta_k$	$0.43T_k$	$0.20T_k$
2.0	PI	$0.22T_k$	$0.36\delta_k$	$1.05T_k$	
	PID	$0.16T_k$	$0.27\delta_k$	$0.40T_k$	$0.22T_k$

2）扩充响应曲线法

在 DDC 中可以用扩充响应曲线法代替扩充临界比例度法。用扩充响应曲线法整定 T 和 K_P、T_I、T_D 的步骤如下：

（1）断开数字控制器，使系统在手动状态下工作；将被调量调节到给定值附近，并使之稳定下来；然后突然改变给定值，给对象一个阶跃输入信号。

（2）用记录仪表记录被调量在阶跃输入下的整个变化过程曲线，如图 5-13 所示。

（3）在曲线最大斜率处作切线，求得滞后时间 τ，被控对象时间常数 T_τ，以及它们的比值 T_τ / τ，查表 5-2 即可求得控制器的 K_P、T_I、T_D 和采样周期 T。

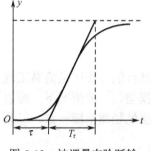

图 5-13　被调量在阶跃输入下的变化过程曲线

表 5-2　按扩充响应曲线法整定参数

控制度	控制规律	T	K_P	T_I	T_D
1.05	PI	0.1τ	$0.84T_\tau/\tau$	0.34τ	
	PID	0.05τ	$1.15T_\tau/\tau$	2.0τ	0.45τ
1.2	PI	0.2τ	$0.78T_\tau/\tau$	3.6τ	
	PID	0.16τ	$1.0T_\tau/\tau$	1.9τ	0.55τ
1.5	PI	0.5τ	$0.68T_\tau/\tau$	3.9τ	
	PID	0.34τ	$0.85T_\tau/\tau$	1.62τ	0.65τ
2.0	PI	0.8τ	$0.57T_\tau/\tau$	4.2τ	
	PID	0.6τ	$0.6T_\tau/\tau$	1.5τ	0.82τ

3）归一参数整定法

除了上面介绍的一般扩充临界比例度法外，还有一种简化扩充临界比例度整定法。由于该方法只需整定一个参数即可，故称其为归一参数整定法。

已知增量型 PID 控制的公式为

$$\Delta u'(k) = K_P\{e(k) - e(k-1) + \frac{T}{T_I}e(k) + \frac{T}{T_D}[e(k) - 2e(k-1) + e(k-2)]\}$$

若令 $T=0.1T_K$，$T_I=0.5T_K$，$T_D=0.125T_K$，其中 T_K 为纯比例作用下的临界振荡周期，则

$$\Delta u(k) = K_P[2.45e(k) - 3.5e(k-1) + 1.25e(k-2)]$$

这样，对四个参数的整定简化成了对一个参数 K_P 的整定，使问题明显地简化了。通过改变 K_P 的值，观察控制效果，直到满意为止。

3．优选法

由于实际生产过程错综复杂，参数千变万化，因此，如何确定被调对象的动态特性并非容易之事。有时即使能找出来，但不仅计算麻烦，工作量大，而且其结果与实际相差较远。因此，目前应用最多的还是经验法。即根据具体的调节规律、不同调节对象的特征，经过闭环试验，反复凑试，找出最佳调节参数。这里向大家介绍的也是经验法的一种，即用优选法对自动调节参数进行整定的方法。

其具体做法是根据经验，先把其他参数固定，然后用 0.618 法对其中某一个参数进行优选，待选出最佳参数后，再换另一个参数进行优选，直到把所有的参数优选完毕为止。最后根据 T、K_P、T_I、T_D 诸参数优选的结果取一组最佳值即可。

4．凑试法确定 PID 参数

增大比例系数 K_P 一般将加快系统的响应，在有静态误差的情况下，有利于减小静态误差。但是过大的比例系数会使系统有较大的超调，并产生振荡，使稳定性变坏。增大积分时间 T_I 有利于减小超调，减小振荡，使系统更加稳定，但系统静态误差的消除将随之减慢。增大微分时间 T_D 也有利于加快系统响应，使超调量减小，稳定性增加，但系统对扰动的抑制能力减弱，对扰动有较敏感的响应。

在凑试时，可参考以上参数对控制过程的影响趋势，对参数实行下述先比例、后积分、再微分的整定步骤。

（1）首先只整定比例部分。即将比例系数由小变大，并观察相应的系统响应，直到得到反应快、超调小的响应曲线。如果系统没有静差或静差已小到允许范围内，并且响应曲线已属满意，则只需用比例调节器即可，最优比例系数可由此确定。

（2）如果在比例调节基础上系统的静差不能满足设计要求，则需加入积分环节。整定时首先置积分时间 T_I 为一较大值，并将经第一步整定得到的比例系数略微缩小（如缩小为原值的0.8），然后减小积分时间，使在保持系统良好动态性能的情况下，静态误差得到消除。在此过程中，可根据响应曲线的好坏反复改变比例系数与积分时间，以期得到满意的控制过程与整定参数。

（3）若使用比例积分调节器消除了静态误差，但动态过程经反复调整仍不能满意，则可加入微分环节，构成比例积分微分调节器。在整定时，可先置微分时间 T_D 为 0。在第二步整定的基础上，增大 T_D，同时相应地改变比例系数和积分时间，逐步凑试，以获得满意的调节效果和控制参数。

5. PID 控制参数的自整定法

被控对象大多用近似一阶惯性加纯滞后环节来表示，其传递函数为 $G_c(s) = \dfrac{Ke^{-\tau s}}{1+Ts}$，对于典型 PID 控制器 $G_c(s) = K_P\left(1 + \dfrac{1}{T_I s} + T_D s\right)$，有 Ziegler-Nichols 整定公式

$$\begin{cases} K_P = \dfrac{1.2T}{K\tau} \\ T_I = 2\tau \\ T_D = 0.5\tau \end{cases} \tag{5-43}$$

实际应用时，通常根据阶跃响应曲线，人工测量出 K、T、τ 参数，然后按式（5-43）计算 K_P、T_I、T_D。用计算机进行辅助设计时，一是可以用模式识别的方法辨识出特征参数；二是可用曲线拟合的方法将阶跃响应数据拟合成近似的一阶惯性加纯滞后环节的模型。

参数自整定就是在被控对象特性发生变化后，立即使 PID 控制参数随之做相应的调整，使得 PID 控制器具有一定的"自调整"或"自适应"能力。在此引入特征参数法来描述 PID 参数的自整定技术。

所谓特征参数法，就是抽取被控对象的某些特征参数，以其为依据自动整定 PID 控制参数。基于被控对象参数的 PID 控制参数自整定法的首要工作是，在线辨识被控对象某些特征参数，比如临界增益 K 和临界周期 T（频率 $\omega = 2\pi/T$）。这种在线辨识特征参数占用计算机较少的软硬件资源，在工业中应用比较方便。典型的有上面介绍的齐格勒-尼克尔斯（Ziegler-Nichols）研究出的临界振荡法，在此基础上 K. J. Asrom 又进行了改进，采用具有滞环的继电器非线性反馈控制系统，如图 5-14 所示。其中继电器型非线性特征的幅值为 d，滞环宽度为 h，继电器输出为周期性的对称方波。

首先通过人工控制使系统进入稳定工况，然后将整定开关 S 接通 T，获得极限环，使被控量 y 出现临界等幅振荡。其振荡幅度为 a，振荡周期即为临界周期 T_k，临界增益为 $K = 4d/(\pi a)$。一旦获得 T_k 和 δ_k（$\delta_k = 1/K$），再根据表 5-1 即可求得 PID 控制器的整定参数。最后，将整定开关 S 接通 A，使 PID 控制器投入正常运行。该方法简单、概念清楚。但是，有时因噪声干扰对被控量 y 的采样值带来误差，从而影响 T 和 K 的精度，使之因为系统干扰太大，不存在稳定的极限环。

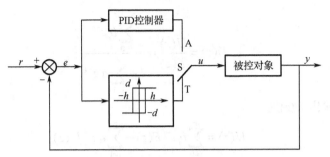

图 5-14　采用继电器反馈的 PID 控制参数自整定系统

5.2　数字控制器的离散化设计

数字控制器的离散化设计

数字控制器的连续化设计是按照连续控制系统的理论在 s 域内设计模拟调节器，然后再用计算机进行数字模拟，通过软件编程实现的。这种方法要求采样周期足够小才能得到满意的设计结果，因此只能实现比较简单的控制算法。当控制回路比较多或者控制规律比较复杂时，系统的采样周期不可能太小，数字控制器的连续化设计方法往往得不到满意的控制效果。这时要考虑信号采样的影响，从被控对象的实际特性出发，直接根据采样控制理论进行分析和综合，在 z 平面设计数字控制器，最后通过软件编程实现。这种方法称为数字控制器的离散化设计方法，也称为数字控制器的直接设计法。

数字控制器的离散化设计完全根据采样系统的特点进行分析和设计，不论采样周期大小如何，这种方法都适合，因此它更具有一般的意义，而且它可以实现比较复杂的控制规律。

5.2.1　数字控制器的离散化设计步骤

在图 5-15 所示的计算机控制系统框图中，$G_c(s)$ 是被控对象的传递函数，$D(z)$ 是数字控制器的脉冲传递函数，$H(s)$ 是零阶保持器的传递函数，T 为采样周期。

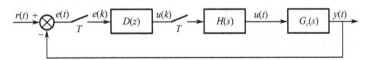

图 5-15　计算机控制系统框图

在图中，我们定义广义被控对象的脉冲传递函数为

$$G(s) = \frac{B(z)}{A(z)} = Z[H(s)G_c(s)] = Z\left[\frac{1 - e^{-Ts}}{S}G_c(s)\right] \qquad (5\text{-}44)$$

可得图 5-15 对应的闭环脉冲传递函数为

$$\Phi(z) = \frac{D(z)G(z)}{1 + D(z)G(z)} \qquad (5\text{-}45)$$

由式（5-45）可求得

$$D(z) = \frac{1}{G(z)}\frac{\Phi(z)}{1 - \Phi(z)} \qquad (5\text{-}46)$$

设数字控制器 $D(z)$ 的一般形式为

$$D(z) = \frac{U(z)}{E(z)} = \frac{\sum_{i=0}^{m} b_i z^{-i}}{1 + \sum_{i=1}^{m} a_i z^{-i}} \tag{5-47}$$

数字控制器的输出 $U(z)$ 为

$$U(z) = \sum_{i=0}^{m} b_i z^{-i} E(z) - \sum_{i=1}^{n} a_i z^{-i} U(z) \tag{5-48}$$

因此，数字控制器 $D(z)$ 的计算机控制算法为

$$u(k) = \sum_{i=0}^{m} b_i e(k-i) - \sum_{i=1}^{n} a_i u(k-i) \tag{5-49}$$

按照式（5-49），就可编写出控制算法程序。

若已知 $G_c(s)$ 且可以根据控制系统的性能指标要求构造 $\Phi(z)$，则可由式（5-44）和式（5-46）求得 $D(z)$。由此可得数字控制器的离散化设计步骤如下：

（1）根据控制系统的性能指标要求和其他约束条件，确定所需的闭环系统的脉冲传递函数 $\Phi(z)$。

（2）根据式（5-44）求出广义对象的脉冲传递函数 $G(z)$。

（3）根据式（5-46）求出数字控制器的脉冲传递函数 $D(z)$。

（4）根据式（5-47）求取控制量 $u(k)$ 的递推计算公式（5-49）。

5.2.2　最少拍控制器的设计

在数字随动控制系统中，要求系统的输出值尽快地跟踪给定值的变化，最少拍控制就是满足这一要求的一种离散化设计方法。所谓最少拍控制，就是要求闭环系统对于某种特定的输入在最少个采样周期内达到无静差的稳态，且闭环脉冲传递函数具有以下形式：

$$\Phi_e(z) = \phi_1 z^{-1} + \phi_2 z^{-2} + \cdots + \phi_N z^{-N} \tag{5-50}$$

式中，N 是可能情况下的最小正整数。这一形式表明闭环系统的脉冲响应在 N 个采样周期后变为零，从而意味着系统在 N 拍之内达到稳态。

1. 闭环脉冲传递函数 $\Phi(z)$ 的确定

由图 5-14 可知，误差 $E(z)$ 的脉冲传递函数为

$$\Phi_e(z) = \frac{E(z)}{R(z)} = \frac{R(z) - Y(z)}{R(z)} = 1 - \Phi(z) \tag{5-51}$$

式中，$E(z)$ 为误差信号 $e(t)$ 的 Z 变换；$R(z)$ 为输入函数 $r(z)$ 的 Z 变换；$Y(z)$ 为输出量 $y(t)$ 的 Z 变换。于是误差 $E(z)$ 为

$$E(z) = R(z)\Phi_e(z) \tag{5-52}$$

对于典型输入函数

$$r(t) = \frac{1}{(q-1)!} t^{q-1} \tag{5-53}$$

对应的 Z 变换为

$$R(z) = \frac{B(z)}{(1 - z^{-1})^q} \tag{5-54}$$

式中，$B(z)$ 是不包含（$1-z^{-1}$）因子的关于 z^{-1} 的多项式。当 q 分别等于 1、2、3 时，对应的典型输入为单位阶跃、单位速度、单位加速度输入函数。

根据 Z 变换的终极定理，系统的稳态误差为

$$e(\infty) = \lim_{z \to 1}(1-z^{-1})E(z) = \lim_{z \to 1}(1-z^{-1})R(z)\Phi_e(z) = \lim_{z \to 1}(1-z^{-1})\frac{B(z)}{(1-z^{-1})^q}\Phi_e(z) \quad （5-55）$$

由于 $B(z)$ 没有（$1-z^{-1}$）因子，因此要使稳态误差 $e(\infty)$ 为零，必须有

$$\Phi_e(z) = 1 - \Phi(z) = (1-z^{-1})^q F(z) \quad （5-56）$$

即有

$$\Phi(z) = 1 - \Phi_e(z) = 1 - (1-z^{-1})^q F(z) \quad （5-57）$$

这里 $F(z)$ 是关于 z^{-1} 的待定系数多项式。显然，为了使 $\Phi(z)$ 能够实现，$F(z)$ 中的首项应取为 1，即

$$F(z) = 1 + f_1 z^{-1} + f_2 z^{-2} + \cdots + f_p z^{-p} \quad （5-58）$$

可以看出，$\Phi(z)$ 具有 z^{-1} 最高幂次为 $N=p+q$，这表明系统闭环响应在采样点的值经 N 拍可达到稳态。特别当 $p=0$，即 $F(z)=1$ 时，系统在采样点的输出可在最少拍（$N_{\min}=q$ 拍）内达到稳态，即为最少拍控制。因此最少拍控制器设计时选择 $\Phi(z)$ 为

$$\Phi(z) = 1 - \Phi_e(z) = 1 - (1-z^{-1})^q \quad （5-59）$$

由式（5-46）可知，最少拍控制器 $D(z)$ 为

$$D(z)\frac{1}{G(z)}\frac{\Phi(z)}{1-\Phi(z)} = \frac{1-(1-z^{-1})^q}{G(z)(1-z^{-1})^q} \quad （5-60）$$

2. 典型输入下的最少拍控制系统分析

（1）单位阶跃输入（$q=1$）输入函数 $r(t)=1(t)$，其 Z 变换为

$$R(z) = \frac{1}{1-z^{-1}}$$

由式（5-59）可知

$$\Phi(z) = 1 - (1-z^{-1})^q = z^{-1}$$

因而有

$$E(z) = R(z)\Phi_e(z) = R(z)[1-\Phi(z)] = \frac{1}{1-z^{-1}}(1-z^{-1}) = 1$$

$$= 1 \cdot z^0 + 0 \cdot z^{-1} + 0 \cdot z^{-2} + \cdots$$

进一步求得

$$Y(z) = R(z)\Phi(z) = \frac{1}{1-z^{-1}}z^{-1} = z^{-1} + z^{-2} + z^{-3} + \cdots$$

以上两式说明，只需一拍（一个采样周期）输出就能跟踪输入，误差为零，过渡过程结束。

（2）单位速度输入（$q=2$）输入函数 $r(t)=t$，其 Z 变换为

$$R(z) = \frac{Tz^{-1}}{(1-z^{-1})^2}$$

由式（5-59）可知

$$\Phi(z) = 1 - (1-z^{-1})^2 = 2z^{-1} - z^{-2}$$

且有 $E(Z) = R(z)\Phi_e(z) = R(z)[1-\Phi(z)] = \dfrac{Tz^{-1}}{(1-z^{-1})^2}(1-2z^{-1}+z^{-2}) = Tz^{-1}$

$$Y(z) = R(z)\Phi(z) = 2Tz^{-2} + 3Tz^{-3} + 4Tz^{-4} + \cdots$$

以上两式说明，只需两拍（两个采样周期）输出就能跟踪输入，达到稳态。

（3）单位加速度输入（$q=3$）输入函数 $r(t)=1/2t^2$，其 Z 变换为

$$R(z) = \frac{T^2 z^{-1}(1-z^{-1})}{2(1-z^{-1})^3}$$

由式（5-59）可知　　　$\Phi(z) = 1-(1-z^{-1})^3 = 3z^{-1} - 3z^{-2} + z^{-3}$

同理　　　　　$E(z) = \frac{1}{2}T^2 z^{-1} + \frac{1}{2}T^2 z^{-2}$

上式说明，只需三拍（三个采样周期）输出就能跟踪输入，达到稳态。

3．最少拍控制器的局限性

（1）最少拍控制器对典型输入的适应性差。最少拍控制器的设计是使系统对某一典型输入的响应为最少拍，但对于其他典型输入不一定为最少拍，甚至会引起大的超调和静差。例如，当 $\Phi(z)$ 式按等速输入设计时有

$$\Phi(z) = 1-(1-z^{-1})^2 = 2z^{-1} - z^{-2}$$

三种不同输入时对应的输出如下：

阶跃输入时

$$r(t) = 1(t), \quad R(z) = 1/(1-z^{-1})$$

$$Y(z) = R(z)\Phi(z) = \frac{2z^{-1} - z^{-2}}{1-z^{-1}} = 2z^{-1} + z^{-2} + z^{-3} + \cdots$$

等速输入时

$$r(t) = t, \quad R(z) = \frac{Tz^{-1}}{(1-z^{-1})^2}$$

$$Y(z) = \frac{Tz^{-1}}{(1-z^{-1})^2}(2z^{-1} - z^{-2}) = 2Tz^{-2} + 3z^{-3} + 4z^{-4} + \cdots$$

等加速输入时

$$r(t) = \frac{1}{2}t^2, \quad R(z) = \frac{T^2 z^{-1}(1+z^{-1})}{2(1-z^{-1})^3}$$

$$Y(z) = R(z)\Phi(z) = \frac{T^2 z^{-1}(1+z^{-1})}{2(1-z^{-1})^3}(2z^{-1} - z^{-2})$$

$$= T^2 z^{-2} + 3.5T^2 z^{-3} + 7T^2 z^{-4} + 11.5T^2 z^{-5} + \cdots$$

对于上述三种情况，进行 Z 反变换后得到输出序列，如图 5-16 所示。从图中可见，阶跃输入时，超调严重（达 100%），加速输入时有静差。

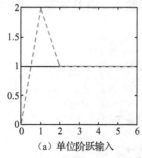
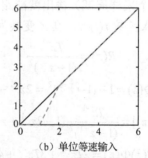
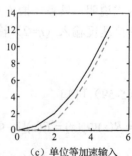

（a）单位阶跃输入　　　（b）单位等速输入　　　（c）单位等加速输入

图 5-16　按等速输入设计的最少拍控制器对不同输入的响应

一般来说，针对一种典型的输入函数 $R(t)$ 设计，得到系统的闭环脉冲传递函数 $\Phi(z)$，用于次数较低的输入函数 $R(z)$ 时，系统将出现较大的超调，响应时间也会增加，但稳态时在采样时刻的误差为零。反之，当一种典型的最少拍特性用于次数较高的输入函数时，输出将不能完全跟踪输入以致产生稳态误差。由此可见，一种典型的最少拍闭环脉冲传递函数 $\Phi(z)$ 只适应一种特定的输入而不能适应各种输入。

（2）最少拍控制器的可实现性问题。设图 5-15 和式（5-44）所示的广义被控对象的脉冲传递函数为

$$G(z) = \frac{B(z)}{A(z)} \tag{5-61}$$

若用 $\deg A(z)$ 和 $\deg B(z)$ 分别表示 $A(z)$ 和 $B(z)$ 的阶数，显然有

$$\deg A(z) > \deg B(z) \tag{5-62}$$

设数字控制器 $D(z)$ 为

$$D(z) = \frac{Q(z)}{P(z)} \tag{5-63}$$

要使 $D(z)$ 物理上是可实现的，则必须要求

$$\deg P(z) \geqslant \deg Q(z) \tag{5-64}$$

式（5-64）的含义是：要产生 k 时刻的控制量 $u(k)$，最多只能利用直到 k 时刻的误差 $e(k)$，$e(k-1)\cdots$，以及过去时刻的控制量 $u(k-1)$，$u(k-2)\cdots$。

闭环系统的脉冲传递函数为

$$\Phi(z) = \frac{D(z)G(z)}{1 + D(z)G(z)} = \frac{B(z)Q(z)}{A(z)P(z) + B(z)Q(z)} = \frac{B_m(z)}{A_m(z)} \tag{5-65}$$

由式（5-65）可得

$$\begin{aligned}
\deg A_m(z) - \deg B_m(z) &= \deg[A(z)P(z) + B(z)Q(z)] - \deg[B(z)Q(z)] \\
&= \deg[A(z)P(z)] - \deg[B(z)Q(z)] \\
&= \deg A(z) - \deg B(z) + \deg P(z) - \deg Q(z)
\end{aligned} \tag{5-66}$$

所以

$$\deg A_m(z) - \deg B_m(z) \geqslant \deg A(z) - \deg B(z) \tag{5-67}$$

式（5-67）给出了为使 $D(z)$ 物理上可实现时 $\Phi(z)$ 应满足的条件。该条件的物理意义是：若 $G(z)$ 的分母比分子高 N 阶，则确定 $\Phi(z)$ 时必须至少分母比分子高 N 阶。

设给定连续被控对象有 d 个采样周期的纯滞后，相应于图 5-15 的广义对象脉冲传递函数为

$$G(z) = \frac{B(z)}{A(z)} z^{-d} \tag{5-68}$$

则所设计的闭环脉冲传递函数 $\Phi(z)$ 中必须含有纯滞后，且滞后时间至少要等于被控对象的滞后时间。否则系统的响应超前于被控对象的输入，这实际上是实现不了的。

（3）最少拍控制的稳定性问题。在前面讨论的设计过程中，对 $G(z)$ 并没有提出限制条件。实际上，只有当 $G(z)$ 是稳定的（即在 z 平面单位圆上和圆外没有极点），且不含有纯滞后环节时，式（5-59）才成立。如果 $G(z)$ 不满足稳定条件，则需对设计原则做相应的限制。

由

$$\Phi(z) = \frac{D(z)G(z)}{1 + D(z)G(z)} \tag{5-69}$$

可以看出，$D(z)$ 和 $G(z)$ 总是成对出现的，但却不允许它们的零点、极点相互对消。这是因为，简单地利用 $D(z)$ 的零点去对消 $G(z)$ 中的不稳定极点，虽然从理论上可以得到一个稳定的闭环系统，但是这种稳定是建立在零极点完全对消的基础上的。当系统的参数产生漂移，或辨识的参

数有误差时，这种零极点对消不可能准确实现，从而将引起闭环系统不稳定。上述分析说明，在单位圆外或圆上 $D(z)$ 和 $G(z)$ 不能对消零极点，但并不意味含有这种现象的系统不能补偿成稳定系统，只是在选择 $\Phi(z)$ 时必须加一个约束条件，这个约束条件称为稳定性条件。

5.2.3 最少拍有纹波控制器的设计

在图 5-15 所示的系统中，被控对象的传递函数为

$$G_c(s) = G'(s)e^{-\tau s} \tag{5-70}$$

式中，$G'(s)$ 不含滞后特性；τ 为纯滞后时间。

若令

$$d = \tau / T \tag{5-71}$$

则有

$$G(z) = Z\left[\frac{1-e^{-Ts}}{s}G_c(s)\right] = Z\left[\frac{1-e^{-Ts}}{s}G'_c(s)e^{-\tau s}\right]$$

$$= z^{-d}Z\left[\frac{1-e^{-Ts}}{s}G'_c(s)\right] = z^{-d}\frac{B(z)}{A(z)} \tag{5-72}$$

并设 $G(z)$ 有 u 个零点 $b_1, b_2, \cdots, b_u$ 和 v 个极点 $a_1, a_2, \cdots, a_v$ 在 z 平面的单位圆上或圆外。这里，当连续被控对象 $G_c(s)$ 中不含纯滞后时，$d=0$；当 $G(s)$ 中含有纯滞后时，$d \geq 1$，即 d 个采样周期的纯滞后。

设 $G'_c(z)$ 是 $G(z)$ 中不含单位圆上或圆外的零极点部分，则广义对象的传递函数可表示为

$$G(z) = \frac{z^{-d}\prod_{i=1}^{u}(1-b_iz^{-1})}{\prod_{i=1}^{v}(1-a_iz^{-1})}G'(z) \tag{5-73}$$

由式（5-46）可看出，为了避免使 $G(z)$ 在单位圆外或圆上的零点、极点与 $D(z)$ 的零点、极点对消，同时又能实现对系统的补偿，选择系统的闭环脉冲传递函数时必须满足以下约束条件：

（1）$\Phi_e(z)$ 的零点中，必须包含 $G(z)$ 在 z 平面单位圆外或圆上的所有极点，即

$$\Phi_e(z) = 1-\Phi(z) = \left[\prod_{i=1}^{v}(1-a_iz^{-1})\right](1-z^{-1})^q F_1(z) \tag{5-74}$$

式中，$F_1(z)$ 是关于 z^{-1} 的多项式，且不含 $G(z)$ 中的不稳定极点 a_i。为了使 $\Phi_e(z)$ 能够实现，$F_1(z)$ 应具有以下形式：

$$F_1(z) = 1+f_{11}z^{-1}+f_{12}z^{-2}+\cdots+f_{1m}z^{-m} \tag{5-75}$$

实际上，若 $G(z)$ 有 j 个极点在单位圆上，即 $z=1$ 处，则由式（5-55）可知，$\Phi_e(z)$ 的选择法应对式（5-74）进行修改，可按以下方法确定 $\Phi_e(z)$：

若 $j \leq q$，则

$$\Phi_e(z) = 1-\Phi(z) = \left[\prod_{i=1}^{v-j}(1-a_iz^{-1})\right](1-z^{-1})^q F_1(z) \tag{5-76}$$

若 $j>q$，则

$$\Phi_e(z) = 1-\Phi(z) = \left[\prod_{i=1}^{v-j}(1-a_iz^{-1})\right](1-z^{-1})^j F_1(z) \tag{5-77}$$

（2）$\Phi(z)$ 的零点中，必须包含 $G(z)$ 在 z 平面单位圆外或圆上的所有零点，即

$$\Phi(z) = z^{-d} \left[\prod_{i-1}^{u} (1 - b_i z^{-1}) \right] F_2(z) \tag{5-78}$$

式中，$F_2(z)$ 是关于 z^{-1} 的多项式，且不含有 $G(z)$ 中的不稳定零点 b_i。为了使 $\Phi(z)$ 能够实现，$F_2(z)$ 应具有以下形式：

$$F_2(z) = f_{21} z^{-1} + f_{22} z^{-2} + \cdots + f_{2n} z^{-n} \tag{5-79}$$

（3）$F_1(z)$ 和 $F_2(z)$ 阶数的选取可按以下方法进行：

若 $G(z)$ 中有 j 个极点在单位圆上，当 $j \leqslant q$ 时，有

$$\left. \begin{array}{l} m = u + d \\ n = v - j + q \end{array} \right\} \tag{5-80}$$

若 $G(z)$ 中有 j 个极点在单位圆上，当 $j > q$ 时，有

$$\left. \begin{array}{l} m = u + d \\ n = v \end{array} \right\} \tag{5-81}$$

以上给出了确定 $\Phi(z)$ 时必须满足的约束条件。根据此约束条件，可求得最少拍控制器为

$$D(z) = \frac{1}{G(z)} \frac{\Phi(z)}{1 - \Phi(z)} = \begin{cases} \dfrac{F_2(z)}{G'(z)(1 - z^{-1})^{q-j} F_1(z)}, j \leqslant q \\[3mm] \dfrac{F_2(z)}{G'(z) F_1(z)}, j > q \end{cases} \tag{5-82}$$

仅根据上述约束条件设计的最少拍控制系统，只保证了在最少的几个采样周期后系统的响应在采样点时是稳态误差为零，而不能保证任意两个采样点之间的稳态误差为零。这种控制系统输出信号 $y(t)$ 有纹波存在，故称为最少拍有纹波控制系统，式（5-82）表示的控制器为最少拍有纹波控制器。$y(t)$ 的纹波在采样点上观测不到，要用修正 Z 变换方能计算得到两个采样点之间的输出值，这种纹波称为隐蔽振荡（Hidden Oscillations）。

5.2.4　最少拍无纹波控制器的设计

按最少拍有纹波系统设计的控制器，其系统的输出值跟踪输入值后，在非采样点有纹波存在。原因在于数字控制器的输出序列 $u(k)$ 经过若干拍后，不为常值或零，而是振荡收敛的。非采样时刻的纹波现象不仅造成非采样时刻有偏差，而且浪费执行机构的功率，增加机械磨损，因此必须消除。

1. 设计最少拍无纹波控制器的必要条件

无纹波系统要求系统的输出信号在采样点之间不出现纹波，必须满足：

（1）对阶跃输入，当 $t \geqslant NT$ 时，有 $y(t)$=常数。

（2）对速度输入，当 $t \geqslant NT$ 时，有 $y(t)$=常数。

（3）对加速度输入，当 $t \geqslant NT$ 时，有 $y(t)$=常数。

这样，被控对象 $G_c(s)$ 必须有能力给出与系统输入 $r(t)$ 相同且平滑的输出 $y(t)$。如果针对速度输入函数进行设计，则稳态过程中 $G_c(s)$ 的输出也必须是速度函数，为了产生这样的速度输出函数，$G_c(s)$ 中必须有一个积分环节，使得控制信号 $u(k)$ 为常值（包括零）时，$G_c(s)$ 的稳态输出是所要求的速度函数。同理，若是针对加速度输入函数设计的无纹波控制器，则 $G_c(s)$ 中必须至少有两个积分环节。因此，设计最少拍无纹波控制器时，$G_c(s)$ 中必须含有足够的积分环节，以保证 $u(t)$ 为常数时，$G_c(s)$ 的稳态输出完全跟踪输入，且无纹波。

2. 最少拍无纹波系统确定Φ(z)的约束条件

要使系统的稳态输出无纹波，就要求稳态时的控制信号 $u(k)$ 为常数或零。控制信号 $u(k)$ 的 Z 变换为

$$U(z) = \sum_{k=0}^{\infty} u(k)z^{-k} = u(0) + u(1)z^{-1} + \cdots + u(l)z^{-l} + u(l+1)z^{-(l+1)} + \cdots \qquad (5\text{-}83)$$

如果系统经过 l 个采样周期到达稳态，无纹波系统要求 $u(l) = u(l+1) = u(l+2) = \cdots = $ 常数或零。

设广义对象 $G(z)$ 含有 d 个采样周期的纯滞后：

$$G(z) = \frac{B(z)}{A(z)} z^{-d} \qquad (5\text{-}84)$$

而

$$U(z) = \frac{Y(z)}{G(z)} = \frac{\Phi(z)}{G(z)} R(z) \qquad (5\text{-}85)$$

将式（5-84）代入式（5-85），得

$$U(z) = \frac{\Phi(z)}{z^{-d}B(z)} A(z)R(z) = \Phi_u(z)R(z) \qquad (5\text{-}86)$$

式中

$$\Phi_u(z) = \frac{\Phi(z)}{z^{-d}B(z)} A(z) \qquad (5\text{-}87)$$

要使控制信号 $u(k)$ 在稳态过程中为常数或零，则 $\Phi_u(z)$ 只能是关于 z^{-1} 的有限多项式。因此式（5-87）中的 $\Phi(z)$ 必须包含 $G(z)$ 的分子多项式 $B(z)$，即 $\Phi(z)$ 必须包含 $G(z)$ 的所有零点。这样，原来最少拍有纹波系统设计时确定 $\Phi(z)$ 的式（5-76）应修改为

$$\Phi(z) = z^{-d}B(z)F_2(z) = z^{-d}\left[\prod_{i=1}^{\omega}(1-b_iz^{-1})\right]F_2(z) \qquad (5\text{-}88)$$

式中，ω 为 $G(z)$ 的所有零点数；b_1，b_2，$\cdots$，b_ω 为 $G(z)$ 的所有零点。

3. 最少拍无纹波控制器确定Φ(z)的方法

确定 $\Phi(z)$ 必须满足下列要求：

（1）被控对象 $G_c(s)$ 中含有足够的积分环节，以满足无纹波系统设计的必要条件。

（2）按式（5-88）选择 $\Phi(z)$。

（3）按式（5-76）或式（5-77）选择 $\Phi_e(z)$。

（4）$F_1(z)$ 和 $F_2(z)$ 阶数 m 和 n 可按以下方法选取，$F_1(z)$ 和 $F_2(z)$ 的形式见式（5-75）和式（5-79）。

若 $G(z)$ 中有 j 个极点在单位圆上，当 $j \leqslant q$ 时，有

$$\left.\begin{array}{l} m = \omega + d \\ n = v - j + q \end{array}\right\} \qquad (5\text{-}89)$$

若 $G(z)$ 中有 j 个极点在单位圆上，当 $j > q$ 时，有

$$\left.\begin{array}{l} m = \omega + d \\ n = v \end{array}\right\} \qquad (5\text{-}90)$$

4. 无纹波系统的调整时间

要增加若干拍，增加的拍数等于 $G(z)$ 在单位圆内的零点数。

5.3 纯滞后控制技术

5.3.1 达林算法

在实际工程中经常遇到一些纯滞后被控对象，且滞后时间比较长。对于这样的系统，人们较为感兴趣的是要求系统没有超调量或超调量较小，超调量成为主要的设计指标。尤其是具有纯滞后的控制系统，用一般的随动系统设计方法是不行的，而且 PID 算法效果往往也欠佳。IBM 公司的达林在 1968 年提出了一种针对工业生产过程中含纯滞后被控对象的控制算法，这种算法有着良好的效果，人们称之为达林算法。

达林算法的基本形式如下：

假定具有纯滞后对象的计算机控制系统如图 5-17 所示。

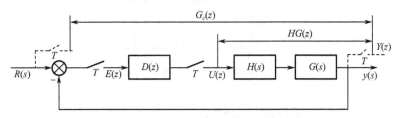

图 5-17 具有纯滞后对象的计算机控制系统

纯滞后对象的特性为 $G(s)e^{-\tau s}$，$H(s)$ 为零阶保持器，$D(z)$ 为数字控制器。达林算法用来解决含有纯滞后对象的控制问题，适用于被控对象为具有纯滞后的一阶或二阶惯性环节，它们的传递函数分别为

$$G(s) = \frac{K}{T_1 s + 1} e^{-\tau s} \qquad (\tau = NT)$$

$$G(s) = \frac{K}{(T_1 s + 1)(T_2 s + 1)} e^{-\tau s} \qquad (\tau = NT)$$

式中，T_1、T_2 为对象的时间常数；τ 为对象纯滞后时间，为了简化，设其为采样周期 T 的整数倍，即 $\tau = NT$，N 为正整数。

1. 达林算法设计目标

达林算法设计目标是：设计一个合适的数字控制器 $D(z)$，使整个闭环系统的传递函数相当于一个一阶惯性环节与一个纯滞后环节串联，并期望闭环系统的纯滞后时间与被控对象滞后时间相同，即闭环传递函数为

$$\phi(s) = \frac{1}{T_\tau s + 1} e^{-\tau s} \tag{5-91}$$

式中，T_τ 为闭环系统的时间常数。通常认为对象与一个零阶保持器相串联即 $H(s)G(s)$，$\phi(s)$ 相对应的整个闭环系统的脉冲传递函数由图 5-17 可得

$$\phi(z) = \frac{Y(z)}{R(z)} = Z[H(s)\phi(s)] = \frac{D(z)HG(z)}{1 + D(z)HG(z)} \tag{5-92}$$

广义对象的 z 传递函数为

$$HG(z) = Z[H(s)G(s)]$$

则控制器

$$D(z) = \frac{U(z)}{E(z)} = \frac{1}{HG(z)} \frac{\phi(z)}{1 - \phi(z)} \tag{5-93}$$

由式（5-91）和式（5-92）得

$$\phi(z) = Z\left[\frac{1 - e^{-sT}}{s} \frac{1}{T_\tau s + 1} e^{-\tau s}\right] = (1 - z^{-1})z^{-N} Z\left[\frac{1}{s(T_\tau s + 1)}\right] \tag{5-94}$$

$$Z\left[\frac{1}{s(T_\tau s + 1)}\right] = R_{P_1=0} + R_{P_2=-1/T_\tau}$$

$$R_{P_1=0} = \frac{1}{(T_\tau s + 1)} \frac{1}{1 - e^{sT} z^{-1}}\Big|_{s=0} = \frac{1}{1 - z^{-1}}$$

$$R_{P_2=-1/T_\tau} = \frac{1}{s}(s + \frac{1}{T_\tau}) \frac{1}{(T_\tau s + 1)} \frac{1}{1 - e^{sT} z^{-1}}\Big|_{s=-1/T_\tau}$$

$$= \frac{\dfrac{1}{T_\tau}}{-\dfrac{1}{T_\tau}} \frac{1}{1 - e^{\frac{T}{T_\tau}} z^{-1}} = \frac{-1}{1 - e^{\frac{T}{T_\tau}} z^{-1}}$$

$$Z\left[\frac{1}{s(T_\tau s + 1)}\right] = \frac{1}{1 - z^{-1}} + \frac{-1}{1 - e^{\frac{T}{T_\tau}} z^{-1}}$$

$$= \frac{z^{-1} - e^{\frac{T}{T_\tau}} z^{-1}}{(1 - z^{-1})(1 - e^{\frac{T}{T_\tau}} z^{-1})} \tag{5-95}$$

将式（5-95）代入式（5-94）得

$$\phi(z) = \frac{(1 - e^{-\frac{T}{T_\tau}})z^{-(N+1)}}{(1 - e^{\frac{T}{T_\tau}} z^{-1})}$$

所以

$$\frac{\phi(z)}{1 - \phi(z)} = \frac{(1 - e^{-\frac{T}{T_\tau}})z^{-(N+1)}}{(1 - e^{-\frac{T}{T_\tau}} z^{-1}) - (1 - e^{-\frac{T}{T_\tau}})z^{-(N+1)}} \tag{5-96}$$

将式（5-96）代入式（5-93）可求出

$$D(z) = \frac{1}{HG(z)} \frac{\phi(z)}{1 - \phi(z)}$$

$$= \frac{1}{HG(z)} \frac{(1 - e^{-\frac{T}{T_\tau}})z^{-(N+1)}}{(1 - e^{-\frac{T}{T_\tau}} z^{-1}) - (1 - e^{-\frac{T}{T_\tau}})z^{-(N+1)}} \tag{5-97}$$

若已知广义被控对象的 z 传递函数 $HG(z)$，就可以利用式（5-97）求出数字控制器的 z 传递函数 $D(z)$。

2．一阶惯性环节达林算法的 $D(z)$ 基本形式

当被控对象是具有纯滞后的一阶惯性环节时，则其传递函数为

$$G(s) = \frac{K}{T_1 s + 1} e^{-\tau s}$$

则广义对象为

$$HG(z) = Z\left[\frac{1 - e^{-sT}}{s} \frac{K}{T_1 s + 1} e^{-\tau s} \right] = \frac{K(1 - e^{-\frac{T}{T_1}}) z^{-(N+1)}}{(1 - e^{-\frac{T}{T_1}} z^{-1})} \quad （5\text{-}98）$$

将式（5-97）代入式（5-96）得

$$D(z) = \frac{1}{HG(z)} \frac{\phi(z)}{1 - \phi(z)}$$

$$= \frac{1}{\dfrac{K(1 - e^{-\frac{T}{T_1}}) z^{-(N+1)}}{(1 - e^{-\frac{T}{T_1}} z^{-1})}} \cdot \frac{(1 - e^{-\frac{T}{T_\tau}}) z^{-(N+1)}}{(1 - e^{-\frac{T}{T_\tau}} z^{-1}) - (1 - e^{-\frac{T}{T_\tau}}) z^{-(N+1)}}$$

$$= \frac{(1 - e^{-\frac{T}{T_\tau}})(1 - e^{-\frac{T}{T_1}} z^{-1})}{K(1 - e^{-\frac{T}{T_1}}) \left[(1 - e^{-\frac{T}{T_\tau}} z^{-1}) - (1 - e^{-\frac{T}{T_\tau}}) z^{-(N+1)} \right]} \quad （5\text{-}99）$$

3．二阶惯性环节达林算法的 $D(z)$ 基本形式

当被控对象是带纯滞后的二阶惯性环节时，其传递函数为

$$G(s) = \frac{K}{(T_1 s + 1)(T_2 s + 1)} e^{-\tau s}$$

则广义对象为

$$HG(z) = Z\left[\frac{K}{(T_1 s + 1)(T_2 s + 1)} e^{-\tau s} \right] = \frac{K(C_1 + C_2 z^{-1}) z^{-(N+1)}}{(1 - e^{-\frac{T}{T_1}} z^{-1})(1 - e^{-\frac{T}{T_2}} z^{-1})} \quad （5\text{-}100）$$

$$C_1 = 1 + \frac{1}{T_2 - T_1}(T_1 e^{-\frac{T}{T_1}} - T_2 e^{-\frac{T}{T_2}})$$

$$C_2 = e^{-T\left(\frac{1}{T_1} + \frac{1}{T_2}\right)} + \frac{1}{T_2 - T_1}(T_1 e^{-\frac{T}{T_2}} - T_2 e^{-\frac{T}{T_1}})$$

把式（5-100）代入式（5-97）可求得数字控制器为

$$D(z) = \frac{1}{HG(z)} \frac{\phi(z)}{1 - \phi(z)}$$

$$= \frac{(1 - e^{-\frac{T}{T_1}} z^{-1})(1 - e^{-\frac{T}{T_2}} z^{-1})(1 - e^{-\frac{T}{T_\tau}})}{K(C_1 + C_2 z^{-1}) \left[(1 - e^{-\frac{T}{T_\tau}} z^{-1}) - (1 - e^{-\frac{T}{T_\tau}}) z^{-(N+1)} \right]} \quad （5\text{-}101）$$

5.3.2 振铃现象的消除

1. 振铃现象

振铃现象是指数字控制器 $D(z)$ 的输出 $U(kT)$ 以接近 1/2 采样频率的频率，大幅度衰减的振荡现象。这与前面介绍的最少拍有纹波系统中的纹波是不同的。最少拍有纹波系统中是由于系统输出达到给定值后，控制器还存在振荡，影响到系统的输出有波纹，而振铃现象中的振荡是衰减的，它对系统的输出几乎是无影响的。然而，由于振铃现象的存在，执行机构会因磨损造成损坏；另外，存在耦合的多回路控制系统中，还有可能影响到系统的稳定性。

衡量振铃现象的强烈程度的物理量是振铃幅度 RA，定义为：数字控制器在单位阶跃输入作用下，第 0 拍输出与第 1 拍输出幅度之差，即

$$RA = u(0) - u(T) \tag{5-102}$$

式中，若 $RA \leqslant 0$，则无振铃现象；若 $RA > 0$，则存在振铃现象，且 RA 值越大，振铃现象越严重。

2. RA 求法

设数字控制器脉冲传递函数的一般形式为

$$
\begin{aligned}
D(z) &= Kz^{-N} \frac{1 + b_1 z^{-1} + b_2 z^{-2} + \cdots}{1 + a_1 z^{-1} + a_2 z^{-2} + \cdots} \\
&= Kz^{-N} \frac{1 + \displaystyle\sum_{i=1}^{m} b_i z^{-i}}{1 + \displaystyle\sum_{j=1}^{n} a_j z^{-j}} \\
&= Kz^{-N} Q(z) \tag{5-103}
\end{aligned}
$$

式中，K 为常数，z^{-N} 表示滞后。

$$Q(z) = \frac{1 + \displaystyle\sum_{i=1}^{m} b_i z^{i}}{1 + \displaystyle\sum_{j=1}^{n} a_j z^{-j}} \tag{5-104}$$

所以，控制器的输出幅度的变化取决于 $Q(z)$，当不考虑 Kz^{-N} 时，则 $Q(z)$ 在单位阶跃作用下有

$$R(z) = \frac{1}{1 - z^{-1}}$$

$$
\begin{aligned}
U(z) = Q(z)R(z) &= \frac{1 + \displaystyle\sum_{i=1}^{m} b_i z^{-i}}{1 + \displaystyle\sum_{j=1}^{n} a_j z^{-j}} \frac{1}{1 - z^{-1}} \\
&= \frac{1 + \displaystyle\sum_{i=1}^{m} b_i z^{-i}}{1 + (a_1 - 1)z^{-1} + \displaystyle\sum_{j=2}^{n} (a_{j+1} + a_j)z^{-j}} \\
&= 1 + (b_1 - a_1 + 1)z^{-1} + \cdots \tag{5-105}
\end{aligned}
$$

根据 RA 的定义，从式（5-105）中可得

$$RA = u(0) - u(T) = 1 - (b_1 - a_1 + 1) = a_1 - b_1 \qquad (5\text{-}106)$$

3. 振铃现象的产生原因及消除方法

振铃现象产生的原因是控制量 $U(z)$ 中含有单位圆内左半平面接近 $z=-1$ 的极点。$Q(z)$ 的极点离 $z=-1$ 时，振铃现象最严重；$Q(z)$ 在单位圆内左半平面的极点位置离 $z=-1$ 越远，振铃现象越弱。单位圆内右半平面的零点会加剧振铃现象，而右半平面的极点或左半平面的零点会削弱振铃现象。

所以，振铃现象的消除方法是找出 $D(z)$ 中引起振铃现象的极点，然后令该极点 $z=1$，这样振铃极点就被消除。根据终值定理，这样处理不会影响数字控制器的稳态输出。另外，从保证闭环系统的特性出发，选择合适的采样周期 T 及系统闭环时间常数，使得数字控制器的输出避免产生强烈的振铃现象。

4. 达林算法的设计步骤

用达林算法设计具有滞后系统的数字控制器，主要考虑的性能指标是控制系统无超调或超调很小。为了保证系统稳定，允许有较长的调节时间，设计中应注意的问题是振铃现象。考虑振铃现象影响时设计数字控制器的一般步骤如下：

（1）根据系统性能，确定闭环系统的参数 T_τ，给出振铃幅度 RA 的指标。

（2）由 RA 与采样周期的关系，解出给定振铃幅度下对应的采样周期，如果 T 有多解，则选择较大的采样周期。

（3）确定纯滞后时间与采样周期之比的最大整数 N。

（4）求广义对象的脉冲传递函数及闭环系统的脉冲传递函数。

（5）求数字控制器的脉冲传递函数。

5.3.3　SMITH 预估控制

SMITH（史密斯）预估控制原理：大多数工业对象存在着较大的纯滞后现象，对象的纯滞后性质会导致控制作用不及时，引起系统超调和振荡。

1. 史密斯补偿原理

当对象的滞后时间 τ 与对象的惯性时间常数之比大于等于 0.5 时，采用常规的 PID 控制器难以取得满意的控制效果。为此史密斯就这个问题提出了补偿模型，即所谓的 SMITH 预测控制。史密斯预测控制的特点是预先估计出过程的基本扰动下的动态特性，然后由预估器进行补偿，力图使被延迟了的被控变量超前反映到控制器，使控制器提前动作，从而明显地减小超调量，加速调节过程。

在图 5-18 所示的单回路控制系统中，控制器的传递函数为 $D(s)$，被控对象传递函数为 $G_p(s)\mathrm{e}^{-\tau s}$，被控对象中不包含纯滞后部分的传递函数为 $G_p(s)$，被控对象纯滞后部分的传递函数为 $\mathrm{e}^{-\tau s}$。

图 5-18 所示系统的闭环传递函数为

$$\Phi(s) = \frac{D(s)G_p(s)\mathrm{e}^{-\tau s}}{1 + D(s)G_p(s)\mathrm{e}^{-\tau s}} \qquad (5\text{-}107)$$

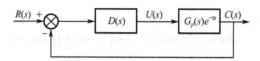

图 5-18　纯滞后对象控制系统

由式（5-107）可以看出，系统特征方程中含有纯滞后环节，它会降低系统的稳定性。

史密斯补偿的原理是：与控制器 $D(s)$ 并接一个补偿环节，用来补偿被控对象中的纯滞后部分，这个补偿环节传递函数为 $G_p(s)(1-e^{-\tau s})$，τ 为纯滞后时间，补偿后的系统如图 5-19 所示。

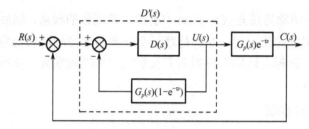

图 5-19　史密斯补偿后的控制系统

由控制器 $D(s)$ 和史密斯预估器组成的补偿回路称为纯滞后补偿器，其传递函数为

$$D'(s) = \frac{D(s)}{1 + D(s)G_p(s)(1-e^{-\tau s})} \tag{5-108}$$

根据图 5-19 可得史密斯预估器补偿后系统的闭环传递函数为

$$\Phi'(s) = \frac{D(s)G_p(s)}{1 + D(s)G_p(s)}e^{-\tau s} \tag{5-109}$$

由式（5-109）可以看出，经过补偿后，纯滞后环节在闭环回路外，这样就消除了纯滞后环节对系统稳定性的影响。拉普拉斯变换的位移定理说明 $e^{-\tau s}$ 仅仅将控制作用在时间坐标上推移了一个时间 τ，而控制系统的过渡过程及其他性能指标都与对象特性为 $G_p(s)$ 时完全相同。

2．史密斯预估器的计算机实现

由图 5-19 可以得到带有史密斯预估器的计算机控制系统结构框图，如图 5-20 所示。图中，$H_0(s)$ 为零阶保持器，带零阶保持器的广义对象脉冲传递函数为

$$G(z) = z^{-N}Z\left[\frac{1-e^{-Ts}}{s}G_p(s)\right] = z^{-N}G'(z)$$

$G'(z)$ 为被控对象中不具有纯滞后部分的脉冲传递函数，$N = \tau / T$，τ 是被控对象纯滞后时间，T 是系统采样周期。

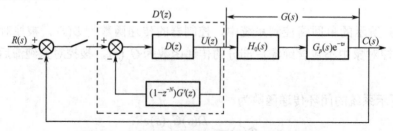

图 5-20　史密斯补偿计算机控制系统结构框图

$D'(z)$ 就是要在计算机中实现的史密斯补偿器，其传递函数为

$$D'(z) = \frac{D(z)}{1+(1-z^{-N})D(z)G'(z)} \qquad (5\text{-}110)$$

对于控制器 $D(z)$，可以采用如下方法确定：不考虑系统纯滞后部分，先构造一个无时间滞后的闭环系统（见图 5-21），根据闭环系统理想特性要求确定的闭环传递函数为 $\Phi(z)$，则数字控制器 $D(z)$ 为

$$D(z) = \frac{\Phi(z)}{[1-\Phi(z)]G'(z)} \qquad (5\text{-}111)$$

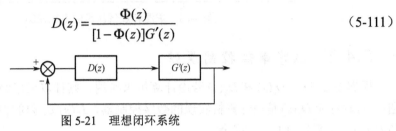

图 5-21　理想闭环系统

5.4　串级控制

串级控制

5.4.1　串级控制的结构和原理

串级控制是在单回路 PID 控制的基础上发展起来的一种应用普遍的控制技术。当 PID 控制应用于单回路控制一个被控量时，其控制结构简单，控制参数容易整定。但是，当系统中同时有几个因素影响同一个被控量，或对象的容量滞后较大，负荷或干扰变化比较剧烈或频繁，或对调节质量的要求很高，或控制的任务比较特殊，而采用单回路控制方案又无效时，则需要增加一个或几个控制回路，以实现串级控制。

图 5-22 是一个炉温控制系统，其控制目的是使炉温保持恒定。假如煤气管道中的压力是恒定的，管道阀门的开度对应一定的煤气流量，这时为了保持炉温恒定，只需测量实际炉温，并与炉温设定值进行比较，利用二者的偏差以 PID 控制规律控制煤气管道阀门的开度。

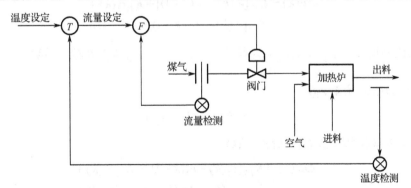

图 5-22　炉温控制系统

但是，实际上，煤气总管道同时向许多炉子供应煤气，管道中的压力可能波动。对于同样的阀位，由于煤气压力的变化，煤气流量要发生变化，最终将引起炉温变化。系统只有检测到炉温偏差设定值时才能进行控制，但已产生了控制滞后。为了及时检测系统中可能引起被控量变化的某种因素并加以控制，此例中，在炉温控制主回路中增加煤气流量控制副回路，构成串级控制结构，如图 5-23 所示，图中主控制器 $D_1(s)$ 和副控制器 $D_2(s)$ 分别表示温度控制器 TC 和

流量控制器 FC 的传递函数。

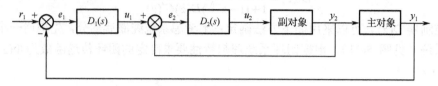

图 5-23 炉温和煤气流量的串级控制

5.4.2 数字串级控制算法

根据图 5-23，$D_1(s)$ 和 $D_2(s)$ 若由计算机来实现，则计算机串级控制系统如图 5-24 所示。图中，$D_1(z)$ 和 $D_2(z)$ 是由计算机实现的数字控制器，$H(s)$ 是零阶保持器，T 为采样周期，$D_1(z)$ 和 $D_2(z)$ 通常采用 PID 控制规律。

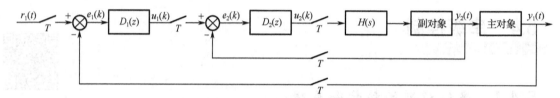

图 5-24 计算机串级控制系统

不管串级控制有多少级，计算的顺序总是从外面的回路向内进行。对图 5-23 所示的双回路串级控制系统，其计算顺序为：

1）计算主回路的偏差 $e_1(k)$

$$e_1(k) = r_1(k) - y_1(k) \tag{5-112}$$

2）计算主回路控制器 $D_1(z)$ 的输出 $u_1(k)$

$$u_1(k) = u_1(k-1) + \Delta u_1(k) \tag{5-113}$$

$$\Delta u(k) = K_{P1}[e_1(k) - e_1(k-1)] + K_{I1}e_1(k) + \\ K_{D1}[e_1(k) - 2e_1(k-1) + e_1(k-2)] \tag{5-114}$$

式中，K_{P1} 为比例增益，$K_{I1} = K_{P1}\dfrac{T}{T_{I1}}$ 为积分系数，$K_{D1} = K_{P1}\dfrac{T_{D1}}{T}$ 为微分系数。

3）计算副回路的偏差 $e_2(k)$

$$e_2(k) = u_1(k) - y_2(k) \tag{5-115}$$

4）计算副回路控制器 $D_2(z)$ 的输出 $u_2(k)$

$$\Delta u_2(k) = K_{P2}[e_2(k) - e_2(k-1)] + K_{I2}e_2(k) + \\ K_{D2}[e_2(k) - 2e_2(k-1) + e_2(k-2)] \tag{5-116}$$

式中，K_{P2} 为比例增益，$K_{I2} = K_{P2}\dfrac{T}{T_{I2}}$ 为积分系数，$K_{D2} = K_{P2}\dfrac{T_{D2}}{T}$ 为微分系数。

且

$$u_2(k) = u_2(k-1) + \Delta u_2(k) \tag{5-117}$$

5.5　前馈-反馈控制

对单回路反馈控制系统，一旦被控量偏离给定值，即出现系统偏差时，通过调节器的调节作用就能迅速消除这一偏差，使被控量恢复到给定值状态。如果被控对象不具有纯滞后环节，则由施加到被控对象上的干扰引起被控量的偏移。然而这种施加到被控对象上的干扰引起的被控量的偏移，难以通过负反馈回路得到及时修正，也就是说，从扰动作用产生到被控量恢复到给定值需要相当长的时间。为了能及时抑制这种扰动作用，理想方法是被控对象的控制量能同步产生一个与扰动作用大小相等、方向相反的分量，以抵消扰动作用对被控量的影响，这就是前馈控制。工程上常将前馈、反馈结合起来构成复合系统。

5.5.1　前馈-反馈复合控制系统的结构

系统中既有针对主要扰动信号进行补偿的前馈控制，又存在对被调量的反馈控制，以克服其他的扰动信号，这样的控制系统就是前馈-反馈复合控制系统。

1．相关概念

（1）复合控制是指系统中存在两种不同的控制方式，即前馈控制和反馈控制。

（2）前馈控制的作用是对主要的扰动信号进行完全补偿，可以针对主要的扰动信号，设计相应的前馈控制器。

（3）引入反馈控制，是为了使系统能克服所有扰动信号对被调量产生的影响。因为除了已知的主要的扰动信号以外，系统中还存在其他的扰动信号，这些扰动信号对被调量的影响比较小，有的是能够考虑到的，有的根本就考虑不到或无法测量，都通过反馈控制加以克服。

（4）系统中需要测量的信号既有被调量，又有扰动信号。

2．前馈-反馈复合控制系统的构成

（1）扰动信号测量变送器：对扰动信号进行测量并转换成统一的电信号。

（2）被调量测量变送器：对被调量进行测量并转换成统一的电信号。

（3）前馈控制器：对扰动信号进行完全补偿。

（4）调节器：反馈控制调节器，对被调量进行调节。

（5）执行器和调节机构。

（6）扰动通道对象：扰动信号通过该通道对被调量产生影响。

（7）控制通道对象：调节量通过该通道对被调量进行调节。

前馈-反馈复合控制系统的原理框图如图 5-25 所示。

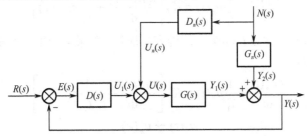

图 5-25　前馈-反馈复合控制系统的原理框图

图 5-25 中前馈信号接在反馈控制器之后。由图 5-25 可知，在扰动 $N(s)$ 的作用下，系统的输出为

$$Y(s) = G_n(s)N(s) + D_n(s)G(s)N(s) - D(s)G(s)Y(s)$$

式中，右边第一项为干扰对输出量的影响，第二项为前馈校正作用，第三项为反馈校正作用。传递函数为

$$\frac{Y(s)}{N(s)} = \frac{G_n(s) + D_n(s)G(s)}{1 + D(s)G(s)}$$

在前馈-反馈控制系统中，根据绝对不变性原理得

$$\frac{Y(s)}{N(s)} = \frac{G_n(s) + D_n(s)G(s)}{1 + D(s)G(s)} \equiv 0$$

$$\Rightarrow D_n(s) = -\frac{G_n(s)}{G(s)}$$

这与采用单纯前馈控制系统时相同。在反馈控制系统中，稳态精度与稳定性存在矛盾。而前馈-反馈控制能在一定程度上解决这一矛盾，提高控制品质。

5.5.2 前馈-反馈控制算法

前馈-反馈控制算法原理框图如图 5-26 所示。

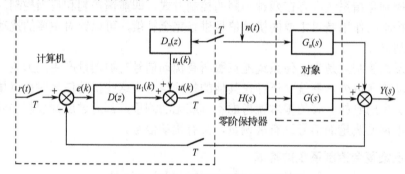

图 5-26 前馈-反馈控制算法原理框图

图中，T 为采样周期，$D_n(z)$ 为前馈控制器，$D(z)$ 为反馈控制器，$H(s)$ 为零阶保持器。假设：

$$G_n(s) = \frac{K_1}{1 + T_1 s}e^{-\tau_1 s}, G(s) = \frac{K_2}{1 + T_2 s}e^{-\tau_2 s}, \tau = \tau_1 - \tau_2$$

$$D_n(s) = \frac{u_n(s)}{N(s)} = K_f \frac{s + 1/T_2}{s + 1/T_1}e^{-\tau s}, K_f = \frac{K_1 T_2}{K_2 T_1}$$

$$\frac{du_n(t)}{dt} + \frac{1}{T_1}u_n(t) = K_f\left[\frac{dn(t-\tau)}{dt} + \frac{1}{T_2}n(t-\tau)\right]$$

若采样周期 T 足够短（并设 $t = mT$，即纯滞后时间 t 是采样周期 T 的整数倍），可对微分项离散化，得到差分方程。

$$\frac{du_n(t)}{dt} + \frac{1}{T_1}u_n(t) = K_f\left[\frac{dn(t-\tau)}{dt} + \frac{1}{T_2}n(t-\tau)\right]$$

$$u_n(t) \rightarrow u_n(k)$$

$$n(t-\tau) \rightarrow n(k-m)$$

$$\mathrm{d}t \rightarrow T$$

$$\frac{\mathrm{d}u_n(t)}{\mathrm{d}t} \rightarrow \frac{u_n(k) - u_n(k-1)}{T}$$

$$\frac{\mathrm{d}u_n(t-\tau)}{\mathrm{d}t} \rightarrow \frac{u_n(k-m) - u_n(k-m-1)}{T}$$

$$u_n(k) = A_1 u_n(k-1) + B_m n(k-m) + B_{m+1} n(k-m-1)$$

$$A_1 = \frac{T_1}{T+T_1}, B_m = K_f \frac{T_1(T+T_2)}{T_2(T+T_1)}, B_{m+1} = -K_f \frac{T_1}{(T+T_1)}$$

数字前馈-反馈控制算法步骤如下：

1）计算反馈控制的偏差 $e(k)$

$$e(k) = r(k) - y(k)$$

2）计算反馈控制器（PID）的输出 $u_1(k)$

$$\Delta u_1(k) = K_p \Delta e(k) + K_i \Delta e(k) + K_d[\Delta e(k) - \Delta e(k-1)]$$

$$u_1(k) = u_1(k-1) + \Delta u_1(k)$$

3）计算前馈控制器 $D_n(s)$ 的输出 $u_n(k)$

$$\Delta u_n(k) = A_1 \Delta u_n(k-1) + B_m \Delta n(k-m) + B_{m+1} \Delta n(n-m-1)$$

$$u_n(k) = u_n(k-1) + \Delta u_n(k)$$

4）计算前馈-反馈控制器的输出 $u(k)$

$$u(k) = u_n(k) + u_1(k)$$

5.6　采用状态空间的输出反馈设计法

设线性定常系统被控对象的连续状态方程为

$$\begin{cases} \dot{x}(t) = Ax(t) + Bu(t) & x(t)\big|_{t=t_0} = x(t_0) \\ y(t) = Cx(t) \end{cases} \tag{5-118}$$

式中，$x(t)$ 是 n 维状态向量；$u(t)$ 是 r 维控制向量；$y(t)$ 是 m 维输出向量；A 是 $n×n$ 维状态矩阵；B 是 $n×r$ 维控制矩阵；C 是 $n×m$ 维输出矩阵。采用状态空间的输出反馈设计法的目的是：利用状态空间表达式，设计出数字控制器 $D(z)$，使得多变量计算机控制系统满足所需要的性能指标，即在控制器 $D(z)$ 的作用下，系统输出 $y(t)$ 经过 N 拍后，跟踪参考输入函数 $r(t)$ 的瞬变响应时间为最小。设系统的闭环结构形式如图 5-27 所示。

假设参考输入函数 $r(t)$ 是 m 维阶跃函数向量，即

$$r(t) = r_0 \cdot 1(t) = (r_{01} \ r_{02} \ \cdots r_{0m})^T \cdot 1(t) \tag{5-119}$$

找出在 $D(z)$ 的作用下，输出的最短时间跟踪条件。设计时，应首先把被控对象离散化，用离散状态空间方程表示被控对象。

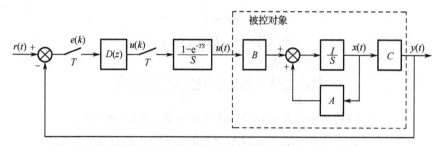

图 5-27　具有输出反馈的多变量计算机控制系统的闭环结构形式图

5.6.1　连续状态方程的离散化

在 $u(t)$ 的作用下，式（5-118）的解为

$$x(t) = e^{A(t-t_0)}x(t_0) + \int_{t_0}^{t} e^{A(t-\tau)}Bu(\tau)\mathrm{d}\tau \tag{5-120}$$

式中，$e^{A(t-t_0)}$ 是被控对象的状态转移矩阵；$x(t_0)$ 是初始状态向量。若已知被控对象的前面有一零阶保持器，即

$$u(t) = u(k), kT \leqslant t < (k+1)T \tag{5-121}$$

式中，T 为采样周期。现在要求将连续被控对象模型连同零阶保持器一起进行离散化。

在式（5-121）中，若令 $t_0 = kT$，$t = (k+1)T$，同时考虑到零阶保持器的作用，则式（5-120）变为

$$x(k+1) = e^{AT}x(k) + \int_{kT}^{(k+1)T} e^{A(kT+T-\tau)}\mathrm{d}\tau Bu(k) \tag{5-122}$$

若令 $t = kT + T - \tau$，则式（5-122）可进一步化为离散状态方程：

$$\begin{cases} x(k+1) = Fx(k) + Gu(k) \\ y(k) = Cx(k) \end{cases} \tag{5-123}$$

$$F = e^{AT}, G = \int_{o}^{T} e^{A\tau}\mathrm{d}\tau B \tag{5-124}$$

式（5-124）便是式（5-120）的等效离散状态方程。可见离散化的关键是式（5-124）中矩阵指数及其积分的计算。

5.6.2　最少拍无纹波系统的跟踪条件

由式（5-118）中的系统输出方程可知，$y(t)$ 以最少的 N 拍跟踪参考输入函数 $r(t)$，必须满足条件

$$y(N) = Cx(N) = r_0 \tag{5-125}$$

仅按条件式（5-125）设计的系统将是有纹波系统，为设计无纹波系统，还必须满足条件

$$\dot{x}(N) = 0 \tag{5-126}$$

这是因为，在 $NT \leqslant t \leqslant (N+1)T$ 的间隔内，控制信号 $u(t) = u(N)$ 为常向量，由式（5-118）知，当 $\dot{x}(N) = 0$ 时，则在 $NT \leqslant t \leqslant (N+1)T$ 的间隔内 $x(t) = x(N)$，而且不改变。就是说，若使 $t \geqslant NT$ 时的控制信号满足

$$u(t) = u(N) \quad (t \geqslant NT) \tag{5-127}$$

此时，$x(t) = x(N)$ 且不改变，则使条件式（5-125）对 $t \geqslant NT$ 始终满足下式

$$y(t) = Cx(t) = Cx(N) = r_0 \quad (t \geqslant NT) \tag{5-128}$$

下面讨论系统的输出跟踪参考输入所用最少拍数 N 的确定方法。式（5-125）确定的跟踪条件为 m 个，式（5-127）确定的附加跟踪条件为 n 个，为满足式（5-125）和式（5-127）组成的 $(m+n)$ 个跟踪条件，$(N+1)$ 个 r 维的控制向量 $\{u(0),u(1),u(2)\cdots u(N-1),u(N)\}$ 必须至少提供 $(m+n)$ 个控制参数，即

$$(N+1)r \geq (m+n) \tag{5-129}$$

最少拍数 N 应取满足式（5-129）的最小整数。

5.6.3 输出反馈设计法的设计步骤

1. 将连续状态方程离散化

对于由式（5-118）给出的被控对象的连续状态方程，用采样周期 T 对其进行离散化，通过计算式（5-124），可求得离散状态方程为式（5-123）。

2. 求满足跟踪条件式（5-125）和附加条件式（5-126）的 $U(z)$

被控对象的离散状态方程式（5-123）的解为

$$x(k) = F^k x(0) + \sum_{j=0}^{k-1} F^{k-j-1} Gu(j) \tag{5-130}$$

被控对象在 N 步控制信号 $\{u(0),u(1),u(2)\cdots u(N-1)\}$ 作用下的状态为

$$x(N) = F^N x(0) + \sum_{j=0}^{N-1} F^{N-j-1} Gu(j)$$

假定系统的初始条件 $x(0)=0$，则有

$$x(N) = \sum_{j=0}^{N-1} F^{N-j-1} Gu(j) \tag{5-131}$$

根据条件式（5-125），则有

$$r_0 = y(N) = Cx(N) = \sum_{j=0}^{N-1} CF^{N-j-1} Gu(j)$$

用分块矩阵形式来表示，得到

$$r_0 = \sum_{j=0}^{N-1} CF^{N-j-1} Gu(j) = (CF^{N-1}G \vdots CF^{N-2} \vdots \quad \cdots \quad \vdots CFG \vdots CG) \begin{pmatrix} u(0) \\ u(1) \\ \vdots \\ u(N-2) \\ u(N-1) \end{pmatrix} \tag{5-132}$$

再由条件式（5-124）和式（5-118）知，有

$$\dot{x}(N) = Ax(N) + Bu(N) = 0$$

将式（5-121）代入上式，得

$$\sum_{j=0}^{N-1} AF^{N-j-1} Gu(j) + Bu(N) = 0$$

或

$$(AF^{N-1}G \vdots AF^{N-2}G \vdots \quad \cdots \quad \vdots AG \vdots B) \begin{pmatrix} u(0) \\ u(1) \\ \vdots \\ u(N-1) \\ u(N) \end{pmatrix} = 0 \qquad (5\text{-}133)$$

由式（5-132）和式（5-133）可以组成确定（$N+1$）个控制序列 $\{u(0), u(1), u(2) \cdots u(N-1), u(N)\}$ 的统一方程组为

$$\begin{pmatrix} CF^{N-1}G \vdots CF^{N-2}G \vdots & \vdots CG \vdots 0 \\ \vdots & \vdots \cdots \vdots & \vdots \\ AF^{N-1}G \vdots AF^{N-2}G \vdots & \vdots AG \vdots B \end{pmatrix} \begin{pmatrix} u(0) \\ u(1) \\ \vdots \\ u(N-1) \\ u(N) \end{pmatrix} = \begin{pmatrix} r_0 \\ 0 \end{pmatrix} \qquad (5\text{-}134)$$

若方程式（5-134）有解，并设解为

$$u(j) = P(j)r_0 \qquad (j = 0, 1, \cdots, N) \qquad (5\text{-}135)$$

当 $k = N$ 时，控制信号 $u(k)$ 应满足

$$u(k) = u(N) = P(N)r_0 \qquad (k \geq N)$$

这样就由跟踪条件求得了控制序列 $\{y(k)\}$，其 Z 变换为

$$U(z) = k\sum_{k=0}^{\infty} u(k)z^{-k} = \left[\sum_{k=0}^{N-1} P(k)z^{-k} + P(N)\sum_{k=N}^{\infty} z^{-k} \right] r_0$$
$$= \left[\sum_{k=0}^{N-1} P(k)z^{-k} + \frac{P(N)z^{-N}}{1-z^{-1}} \right] r_0 \qquad (5\text{-}136)$$

3. 求取误差序列 $\{e(k)\}$ 的 Z 变换 $E(z)$

误差向量为

$$e(k) = r(k) - y(k) = r_0 - Cx(k)$$

假定 $x(0) = 0$，将式（5-120）代入上式，得

$$e(k) = r_0 - \sum_{j=0}^{k-1} CF^{(k-j-1)}Gu(j)$$

再将式（5-135）代入上式，则

$$e(k) = \left[I - \sum_{j=0}^{k-1} CF^{(k-j-1)}GP(j) \right] r_0$$

误差序列 $\{e(k)\}$ 的 Z 变换为

$$E(z) = \sum_{k=0}^{\infty} e(k)z^{-k} = \sum_{k=0}^{N-1} e(k)z^{-k} + \sum_{k=N}^{\infty} e(k)z^{-k}$$

式中，$\sum_{k=N}^{\infty} e(k)z^{-k} = 0$，因为满足跟踪条件式（5-125）和附加条件式（5-126），即当 $k \geq N$ 时误差信号应消失，因此

$$E(z) = \sum_{k=0}^{N-1} e(k)z^{-k} = \sum_{k=0}^{N-1} [I - \sum_{j=0}^{k-1} CF^{(k-j-1)}GP(j)]r_0 z^{-k} \qquad (5\text{-}137)$$

4．求控制器的脉冲传递函数 $D(z)$

根据式（5-136）和式（5-137）可求得 $D(z)$ 为

$$D(z) = \frac{U(z)}{E(z)} \tag{5-138}$$

5.7 采用状态空间的极点配置设计法

控制系统的最基本形式是由被控对象和反馈控制规律构成的反馈系统，在现代控制理论中，反馈可采用输出反馈，也可采用状态反馈。输出反馈的一个突出优点是获得信息不存在困难，因而工程上易于实现，但是它不能满足任意给定的动态性能指标。与输出反馈相比，状态反馈可以更多地获得和利用系统的信息，可以达到更好的性能指标，因此，现代控制理论中较多地使用了状态反馈控制。

一个系统的各种性能指标，很大程度上是由系统的极点决定的，通过状态反馈改变系统极点的位置，就可以改变系统的性能指标。基于状态空间模型按极点配置设计的控制器由两部分组成：一部分是状态观测器，它根据所测到的输出 $y(k)$ 重构出状态 $x(k)$；另一部分是控制规律，它直接反馈重构的状态 $x(k)$，构成状态反馈控制。

根据分离性原理，控制器的设计可以分为两个独立的部分：一是假设全部状态可用于反馈，按极点配置设计控制规律；二是按极点配置设计观测器。最后把两部分结合起来，构成状态反馈控制器。

5.8 按极点配置设计

按极点配置设计

5.8.1 按极点配置设计控制规律

设被控对象的离散状态空间表达式为

$$\begin{cases} x(k+1) = Fx(k) + Gu(k) \\ y(k) = Cx(k) \end{cases} \tag{5-139}$$

控制规律为线性状态反馈，即

$$u(k) = -Lx(k) \tag{5-140}$$

先假设反馈的是被控对象实际的全部状态 $x(k)$，而不是重构状态。

将式（5-140）代入式（5-139），得闭环系统的状态方程为

$$x(k+1) = (F - GL)x(k) \tag{5-141}$$

上式两边做 Z 变换，有

$$zX(z) = (F - GL)x(z)$$

显然，闭环系统的特征方程为

$$|zI - F + GL| = 0 \tag{5-142}$$

问题是设计反馈控制规律 L，以使闭环系统具有所期望的极点配置。

按极点配置设计控制规律时，首先根据对系统的性能要求，找出所期望的闭环系统控制极

点 $z_i(i=1,2,\cdots,n)$ ，再根据极点的期望值 z_i ，求得闭环系统的特征方程为

$$\beta_c(z) = (z - z_1)(z - z_2)\cdots(z - z_n) = z^n + \beta_1 z^{n-1} + \cdots + \beta_n = 0 \tag{5-143}$$

由式（5-142）、式（5-143）可知，反馈控制规律 L 应满足如下的方程

$$|zI - F + GL| = \beta_c(z) \tag{5-144}$$

如果被控对象的状态为 n 维，控制作用为 m 维，则反馈控制规律 L 为 $m \times n$ 维，即 L 中包含 $m \times n$ 个元素。将式（5-144）左边的行列式展开，并比较两边 z 的同次幂的系数，则一共可以得到 n 个代数方程。对于多输入系统（$m > 1$），仅根据式（5-144）并不能完全确定反馈控制规律 L 的 $m \times n$ 个元素，这时需附加其他的条件（如输出解耦、干扰解耦等）才能完全确定 L，其设计计算比较复杂。而对于单输入系统（$m=1$），L 中未知元素的个数与方程的个数相同，因此一般情况下可以通过 n 个期望极点获得 L 的唯一解。

5.8.2　按极点配置设计状态观测器

上面讨论按极点设计控制规律时，假设全部状态均可用于反馈。但在实际工程中，采用全状态反馈通常是不现实的，原因在于测量全部的状态，一方面可能比较困难，另一方面也不经济。常用的方法是设计状态观测器，由测量的输出值 $y(k)$ 重构全部状态，实际反馈的只是重构状态 $\hat{x}(k)$，而不是真实状态 $x(k)$，即 $u(k) = -L\hat{x}(k)$。

常用的状态观测器有三种：预报观测器、现时观测器和降阶观测器。

1．预报观测器

常用的观测器方程为

$$\hat{x}(k+1) = F\hat{x}(k) + Gu(k) + K[y(k) - G\hat{x}(k)] \tag{5-145}$$

式中，$\hat{x}(k)$ 是状态 $x(k)$ 的重构，$\hat{y}(k)$ 是状态观测器的输出，K 为观测器增益矩阵。由于 $(k+1)T$ 时刻的状态重构只用到了 kT 时刻的测量值 $y(k)$，因此称式（5-145）为预报观测器。

定义状态重构误差为

$$\tilde{x}(k+1) = x(k+1) - \hat{x}(k+1) \tag{5-146}$$

由式（5-139）、式（5-145）可得状态重构误差方程为

$$\tilde{x}(k+1) = Fx(k) + Gu(k) - F\hat{x}(k) - Gu(k) - K[Cx(k) - C\hat{x}(k)] = [F - KC]\hat{x}(k) \tag{5-147}$$

由此可得预报观测器的特征方程为

$$|zI - F + KC| = 0 \tag{5-148}$$

显然，状态重构误差 $\tilde{x}(k)$ 的动态性能取决于特征方程式（5-148）根的分布，即矩阵 $[F\text{-}KC]$。如果 $[F\text{-}KC]$ 的特性是快速收敛的，那么对于任何初始误差 $\tilde{x}(0)$，$\tilde{x}(k)$ 都将快速收敛到零。因此，只要适当地选择增益矩阵 K，便可获得要求的状态重构性能。

如果给出观测器的极点 $z_i(i=1,2,\cdots,n)$，可求得观测器的特征方程式为

$$\beta_b(z) = (z - z_1)(z - z_2)\cdots(z - z_n) = z^n + \beta_1 z^{n-1} + \cdots + \beta_n = 0 \tag{5-149}$$

为获得所需要的状态重构性能，应有

$$|zI - F + KC| = \beta_b(z) \tag{5-150}$$

对于单输入单输出系统，通过比较式（5-150）两边 z 的同次幂的系数，就可求得 K 中的 n 个未知数。可以证明，对于任意的极点配置，K 具有唯一解的充分必要条件是对象是完全能观的。

2．现时观测器

前面介绍的预报观测器，现时的状态重构 $\hat{x}(k)$ 只用到了前一时刻的输出 $y(k-1)$，使得现时的控制信号 $u(k)$ 中也只包含了前一时刻的观测值。当采样周期较长时，这种控制方式将影响系统的性能。为此，可采用如下的观测器方程：

$$\begin{cases} \overline{x}(k+1) = F\hat{x}(k) + Gu(k) \\ \hat{x}(k+1) = \overline{x}(k+1) + \boldsymbol{K}[y(k+1) - C\overline{x}(k+1)] \end{cases} \tag{5-151}$$

由于 $(k+1)T$ 时刻的状态重构 $\hat{x}(k+1)$ 用到了现时刻的输出 $y(k+1)$，因此称式（5-151）为现时观测器。

由式（5-139）和式（5-151）可得状态重构误差方程为

$$\hat{x}(k+1) = x(k+1) - \hat{x}(k+1) = [Fx(k) + Gu(k)] - \{\tilde{x}(k+1) + \boldsymbol{K}[y(k+1) - C\tilde{x}(k+1)]\} \tag{5-152}$$
$$= [F - \boldsymbol{K}FC]x(k) - \hat{x}(k)$$

由此可得现时观测器的特征方程为

$$|zI - F + \boldsymbol{K}CF| = 0 \tag{5-153}$$

考虑式（5-149），为使现时观测器具有期望的极点配置，应有 $|zI - F + \boldsymbol{K}C| = \beta_b(z)$。对于单输入系统，通过比较两边 z 的同次幂的系数，就可求得现时观测器中 $\boldsymbol{K}$ 的 n 个未知数。

3．降阶观测器

以上两种观测器都是重构全部状态，观测器阶数等于被控对象状态的个数，因此也称为全阶观测器。实际系统中，有些状态是可以直接测量的，因此可不必重构，以减少计算量，只需根据可测的部分重构其余不能测量的状态。这样便可得到较低阶的状态观测器，称为降阶观测器。

将原状态向量分成两部分，一部分是可以直接测量的 $x_a(k)$，一部分是需要重构的 $x_b(k)$，则被控对象的离散状态方程式（5-139）可以分块表示为

$$x(k+1) = \begin{bmatrix} x_a(k+1) \\ x_b(k+1) \end{bmatrix} = \begin{bmatrix} F_{aa} & F_{ab} \\ F_{ba} & F_{bb} \end{bmatrix} \begin{bmatrix} x_a(k) \\ x_b(k) \end{bmatrix} + \begin{bmatrix} G_a \\ G_b \end{bmatrix} u(k) \tag{5-154}$$

将上式展开，可写成

$$\begin{cases} x_b(k+1) = F_{bb}x_b(k) + [F_{ba}x_a(k) + G_bu(k)] \\ x_a(k+1) - F_{aa}x_a(k) - G_au(k) = F_{ab}x_b(k) \end{cases} \tag{5-155}$$

比较式（5-155）与式（5-139），可建立如下的对应关系：

$$x(k) \leftrightarrow x_b(k)$$
$$F \leftrightarrow F_{bb}$$
$$Gu(k) \leftrightarrow F_{ba}x_a(k) + G_bu(k)$$
$$y(k) \leftrightarrow x_a(k+1) - F_{aa}x_a(k) - G_au(k)$$
$$C \leftrightarrow F_{ab}$$

对照预报观测器方程式（5-145），可以写出相应于式（5-155）的观测器方程式为

$$\hat{x}_b(k+1) = F_{bb}\hat{x}_b(k) + [F_{ba}x_a(k) + G_bu(k)] +$$
$$\boldsymbol{K}[x_a(k+1) - F_{aa}x_a(k) - G_au(k) - F_{ab}\hat{x}_b(k)] \tag{5-156}$$

上式便是根据已测量的状态 $x_a(k)$ 重构出其余状态 $x_b(k)$ 的观测器方程。由于 $x_b(k)$ 的维数小于 $x(k)$ 的维数，所以称为降阶观测器。

由式（5-136）、式（5-156）可得状态重构误差方程为

$$\hat{x}_b(k+1) = x_b(k+1) - \hat{x}_b(k+1) = (F_{bb} - KF_{ab})[x_b(k) - \hat{x}_b(k)] \tag{5-157}$$

从而求得降阶观测器的特征方程为

$$|zI - F_{bb} + KF_{ab}| = 0 \tag{5-158}$$

考虑式（5-149），使$|zI - F_{bb} + KF_{ab}| = \beta_b(z)$，对于单输入系统，通过比较方程两边 z 的同次幂的系数，可求得增益矩阵 $\boldsymbol{K}$。

5.8.3　按极点配置设计控制器

1. 控制器组成

全状态反馈控制规律与状态观测器组合起来构成一个完整的控制系统。设被控对象的离散状态空间描述为

$$\begin{cases} x(k+1) = Fx(k) + Gu(k) \\ y(k) = Cx(k) \end{cases} \tag{5-159}$$

控制器由预报观测器和状态反馈控制规律组成，即

$$\begin{cases} \hat{x}(k+1) = F\hat{x}(k) + Gu(k) + K[y(k) - C\hat{x}(k)] \\ u(k) = -L\hat{x}(k) \end{cases} \tag{5-160}$$

2. 分离性原理

由预报观测器和状态反馈控制律组成闭环系统的状态方程为

$$\begin{cases} x(k+1) = Fx(k) - GL\hat{x}(k) \\ \hat{x}(k+1) = KCx(k) + (F - GL - KC)\hat{x}(k) \end{cases} \tag{5-161}$$

写成矩阵形式为

$$\begin{bmatrix} x(k+1) \\ \hat{x}(k+1) \end{bmatrix} = \begin{bmatrix} F & -GL \\ KC & F-GL-KC \end{bmatrix} \begin{bmatrix} x(k) \\ \hat{x}(k) \end{bmatrix} \tag{5-162}$$

由此可求得闭环系统的特征方程为

$$\begin{aligned} \beta(z) &= \left| zI - \begin{bmatrix} F & -GL \\ KC & F-GL-KC \end{bmatrix} \right| \\ &= \begin{vmatrix} zI-F & GL \\ -KC & zI-F+GL+KC \end{vmatrix} \quad \text{（第二列加到第一列）} \\ &= \begin{vmatrix} zI-F+GL & GL \\ zI-F+GL & zI-F+GL+KC \end{vmatrix} \quad \text{（第二列减去第一列）} \\ &= \begin{vmatrix} zI-F+GL & -GL \\ 0 & zI-F+GL \end{vmatrix} \\ &= |zI-F+GL| \cdot |zI-F+KC| \\ &= \beta_C(z) \cdot \beta_b(z) = 0 \end{aligned} \tag{5-163}$$

由此可见，闭环系统的 $2n$ 个极点由两部分组成，一部分是按极点配置设计的控制规律给定的 n 个极点，称为控制极点；另一部分是按极点配置设计的状态观测器给定的 n 个极点，称为观测器极点。这两部分极点相互独立，这就是分离性原理。根据这一原理，按极点配置设计控制器，可分别设计观测器和状态反馈控制规律。

3．观测器极点和类型的选择

在设计控制器时，控制极点是按闭环系统的性能要求确定的，是整个闭环系统的主导极点。但是，由于控制规律反馈的是重构的状态，因此状态观测器会影响闭环系统的动态性能。为减少观测器对系统动态性能的影响，可考虑按状态重构的跟随速度比控制极点对应的系统响应速度快 4～5 倍的要求给定观测器极点。

通常采用全阶观测器构成状态反馈，如果测量比较准确，且测量值就是被控对象的一个状态，则可考虑选用降阶观测器。如果控制器的计算延时与采样周期处于同一数量级，可采用预报观测器，否则考虑采用现时观测器。

4．数字控制器实现

由状态观测器和反馈控制律组成的控制器，它的输入是被控对象的输出 $y(k)$，输出是系统的控制量，即被控对象的输入 $u(k)$，采用预报观测器的数字控制器可由式（5-160）实现，还可由差分方程实现。

设状态反馈控制规律为

$$u(k) = -L\hat{x}(k) \qquad (5\text{-}164)$$

代入预报观测器方程，有

$$\hat{x}(k+1) = F\hat{x}(k) + Gu(k) + K[y(k) - C\hat{x}(k)]$$

得观测器与控制规律的关系为

$$\hat{x}(k+1) = (F - GL - KC)\hat{x}(k) + Ky(k) \qquad (5\text{-}165)$$

对于单输入单输出系统，对式（5-164）、式（5-165）做 Z 变换，并消去 $\hat{x}(z)$，得

$$D(z) = \frac{U(z)}{Y(z)} = -L(zI - F + GL + KC)^{-1}K \qquad (5\text{-}166)$$

由此可得控制器的脉冲传递函数为

$$U(z) = -L(zI - F + GL + KC)^{-1}KY(z) \qquad (5\text{-}167)$$

将脉冲传递函数转换为差分方程，就可以根据测量得到的实际输出 $y(k)$，计算出系统的控制量 $u(k)$，从而可以在计算机上实现数字控制器。

5．控制器设计步骤

设被控对象是完全能控和能观的，数字控制器设计步骤如下：

（1）按对系统的性能要求给定 n 个控制极点。

（2）按极点配置设计控制规律 L。

（3）合理确定观测器极点。

（4）选择观测器类型，并按极点配置设计观测器 K。

（5）求控制器的脉冲传递函数，变换为易于计算机实现的差分方程。

5.8.4　跟踪系统设计

前面讨论了调节系统的设计，它主要考虑了系统的抗干扰性能。对于跟踪系统，除了考虑系统应有好的抗干扰性能外，还要求系统对参考输入具有好的跟踪响应性能。因此，对于跟踪系统，可首先按调节系统来设计，使其具有好的抗干扰性能，然后再按一定的方式引入参考输入，使其满足跟踪性能的要求。

由于这里的 LQG 系统与采用状态空间的极点配置法设计的系统具有完全相同的结构，因此这里可用同样的方法来引入参考输入。

习题

1. 数字控制器的模拟化设计步骤是什么？

2. 某系统的连续控制器设计为

$$D(s) = \frac{U(s)}{E(s)} = \frac{1+T_1 s}{1+T_2 s}$$

试用双线形变换法、前向差分法、后向差分法分别求取数字控制器 $D(z)$。

3. 什么是数字 PID 位置型控制算法和增量型控制算法？试比较它们的优缺点。

4. 已知模拟调节器的传递函数为

$$D(s) = \frac{1+0.17s}{1+0.085s}$$

试写出相应数字控制器的位置型和增量型控制算式，设采样周期 T=0.2s。

5. 什么叫积分饱和？它是怎么引起的？如何消除？

6. 采样周期的选择需要考虑哪些因素？

7. 简述扩充临界比例度法、扩充响应曲线法整定 PID 参数的步骤。

8. 数字控制器的离散化设计步骤是什么？

9. 已知被控对象的传递函数为

$$G_c(s) = \frac{10}{s(0.1s+1)}$$

采样周期 T=0.1s，采用零阶保持器。要求：

（1）针对单位速度输入信号设计最少拍无纹波系统的 $D(z)$，并计算输出响应 $y(k)$、控制信号 $u(k)$ 和误差 $e(k)$ 序列，画出它们对时间变化的波形；

（2）针对单位阶跃输入信号设计最少拍有纹波系统的 $D(z)$，并计算输出响应 $y(k)$、控制信号 $u(k)$ 和误差 $e(k)$ 序列，画出它们对时间变化的波形。

10. 被控对象的传递函数为

$$G_c(s) = \frac{1}{s^2}$$

采样周期 T=1s，采用零阶保持器，针对单位速度输入函数，按以下要求设计：

（1）最少拍无纹波系统的设计方法，设计 $\Phi(z)$ 和 $D(z)$；

（2）求出数字控制器输出序列 $u(k)$ 的递推形式。

11. 被控对象的传递函数为

$$G_c(s) = \frac{1}{s+1} e^{-s}$$

采样周期 T=1s，要求：

（1）采用 SMITH 补偿控制，求取控制器的输出 $u(k)$；

（2）采用达林算法设计数字控制器 $D(z)$，并求取 $u(k)$ 的递推形式。

12. 何为振铃现象？如何消除振铃现象？

第6章

先进控制技术

本章知识点：
- 模糊控制的数学基础
- 模糊控制基础理论
- 模糊控制的基本原理
- 模糊控制器的设计
- 神经网络的基本原理和结构
- 神经网络控制

基本要求：
- 了解模糊控制的数学基础
- 掌握模糊控制基础理论
- 理解模糊控制的基本原理，能够进行模糊控制器的设计
- 了解神经网络的基本原理和结构，理解神经网络控制的方法

能力培养：

通过模糊控制的基础理论和基本原理的学习，培养学生理解、分析与设计模糊控制器的基本能力。学生能根据现场技术指标要求及工程实际需求，正确选择和合理使用相关设计方法，具有一定的工程实践能力。

6.1　模糊控制技术

模糊控制技术是由美国著名学者加利福尼亚大学教授 Zadeh 于 1965 年首先提出的。它是以模糊数学为基础，用语言规则表示方法和先进的微机技术，由模糊推理进行决策的一种高级控制策略。它属于智能控制范畴，而且发展至今已成为人工智能领域中的一个重要分支。1974年，英国伦敦大学教授 E.H.Mamdani 利用模糊控制语句构成模糊控制器，首次将模糊控制理论应用于蒸汽机及锅炉的控制，取得了优于常规调节器的控制品质。20 世纪 80 年代末，美国国家航空与航天局（NASA）曾实验把模糊系统用于太空和航空系统；国外已将模糊控制应用于绕飞和逼近阶段的控制，克服了难以建立精确数学模型的困难；日本九州大学的户贝博士与山川教授分别开发了将模糊推理作为硬件的模糊集成块，后来制成了推理机及模糊控制用的"模糊计算机"。在国内，1989 年北师大建立国家级模糊实验室。20 世纪 90 年代，模糊控制软件与硬件技术的完善，为模糊控制技术的实现提供了更好的发展空间。近年来，随着模糊控制的广泛应用，模糊硬件产品和软件正使模糊控制向更高一级的新领域扩展，如机器人定位系统、汽

车定位系统、智能车辆高速公路系统。

6.1.1　模糊控制的数学基础

1．模糊集合

模糊集合：一般而言，它表示在不同程度上具有某种特定属性的所有元素的总和，用 A 表示。

隶属函数：用于描述模糊集合，并在[0, 1]闭区间连续取值的特征函数，用 $x \to \mu_A(x)$ 表示，即 $\mu_A : U \to [0,1]$，$0 \leqslant \mu_A(x) \leqslant 1$。

2．模糊集合的表示方法

隶属度数学定义：设给定论域为 U，μ_A 为 U 到[0,1]闭区间的任一映射

$$\mu_A : U \to [0,1], \quad x \to \mu_A(x)$$

都可确定 U 的一个模糊集合 A，μ_A 称为模糊集合的隶属函数。$\forall x \in U$，$\mu_A(x)$ 称为元素 x 对 A 的隶属度，即 x 隶属于 A 的程度。

有限论域：论域 $U = \{x_1, x_2, \cdots, x_n\}$，则 U 上的模糊集合可表示为

$$A = \sum_{i=1}^{n} \frac{\mu_A(x_i)}{x_i} = \frac{\mu_A(x_1)}{x_1} + \frac{\mu_A(x_2)}{x_2} + \cdots + \frac{\mu_A(x_n)}{x_n}$$

式中，$\mu_A(x_i)(i = 1,2,\cdots,n)$ 为隶属度，x_i 为论域中的元素。

无限论域：$A = \int_{x \to U} \left(\frac{\mu_A(x)}{x} \right)$。

3．模糊集合的运算

对于给定论域 U 上的模糊集合 A、B、C，可以由隶属度函数决定其基本运算。

空集：$A = \varnothing \Leftrightarrow \mu_A(x) = 0$；

等集：$A = B \Leftrightarrow \mu_A(x) = \mu_B(x)$；

子集：$A \subset B \Leftrightarrow \mu_A(x) \leqslant \mu_B(x)$；

并集：$C = A \bigcup B \Leftrightarrow \mu_C(x) = \max[\mu_A(x), \mu_B(x)] = \mu_A(x) \vee \mu_B(x)$；

交集：$C = A \bigcap B \Leftrightarrow \mu_C(x) = \min[\mu_A(x), \mu_B(x)] = \mu_A(x) \wedge \mu_B(x)$；

补集：$B = \overline{A} \Leftrightarrow \mu_B(x) = 1 - \mu_A(x)$。

模糊集运算的基本性质与普通集合一样，模糊集满足幂等律、交换律、吸收律、分配律、结合律、摩根定理等，但是，互补律不成立，即

$$A \bigcup \overline{A} \neq \Omega, \quad A \bigcap \overline{A} \neq \varnothing$$

4．隶属函数确定方法

1）模糊统计法

对模糊性事物的可能性程度进行统计，统计的结果称为隶属度。当 n 足够大时，隶属函数是一个稳定值。

$$\mu_A(x) = \lim_{n \to \infty} \frac{x \in A^*}{n}$$

例如，已知 20 个人的高度，单位以 m 表示时，分别是 1.50，1.55，1.56，1.60，1.61，1.64，1.65，1.69，1.70，1.71，…，1.98。

考虑"中等身材"的集合 A 以及 1.64m 属于的隶属度。

为此，选择 20 位评委，各自提出"中等身材"最适宜的身高范围，组成一个普通集合 A^*，如图 6-1 所示。

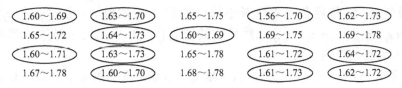

图 6-1　普通集合 A^*

图中圆圈里是普通集合 A^* 中包含 1.64m 的身高范围，则

$$\mu_A(1.64) = 13 / 20 = 0.65$$

对于"中等身材"集合 A，用单点表示时则可得

$$A = 0.05 / 1.56 + 0.25 / 1.60 + 0.35 / 1.61 + 0.65 / 1.64$$
$$+ 0.8 / 1.65 + 1 / 1.69 + 0.9 / 1.70 + 0.75 / 1.71$$
$$+ 0.5 / 1.73 + 0.3 / 1.75 + 0.2 / 1.77 + 0.2 / 1.78$$

身高 1.64m 的人隶属于"中等身材"这个模糊集合的程度是 0.65。

2）相对比较法

设论域 U 中元素 $x_1, x_2, \cdots, x_n$，要对这些元素按某种特征进行排序，首先要在二元对比中建立比较等级，然后再用一定的方法进行总体排序，以获得各元素对于该特性的隶属函数。

设给定论域 U 中一对元素 (x_1, x_2)，其具有某特征的等级分别为 $g_{x_2}(x_1)$ 和 $g_{x_1}(x_2)$，也就是说，在 x_1 和 x_2 的二元对比中，如果 x_1 具有某特征的程度用 $g_{x_2}(x_1)$ 来表示，则 x_2 具有该特征的程度表示为 $g_{x_1}(x_2)$。

并且，该二元比较级的数对 $g_{x_2}(x_1)$、$g_{x_1}(x_2)$ 必须满足

$$0 \leqslant g_{x_2}(x_1) \leqslant 1, \quad 0 \leqslant g_{x_1}(x_2) \leqslant 1$$

令

$$g(x_1 / x_2) = \frac{g_{x_2}(x_1)}{\max[g_{x_2}(x_1), g_{x_1}(x_2)]}$$

即有

$$g(x_1 / x_2) = \begin{cases} g_{x_2}(x_1) / g_{x_1}(x_2) & g_{x_2}(x_1) \leqslant g_{x_1}(x_2) \\ 1 & g_{x_2}(x_1) > g_{x_1}(x_2) \end{cases}$$

若由 $g(x_1 / x_2)$ 为元素构成相及矩阵，可得

$$\boldsymbol{G} = \begin{bmatrix} 1 & g(x_1 / x_2) \\ g(x_2 / x_1) & 1 \end{bmatrix}$$

同理可得

$$G = \begin{bmatrix} 1, g(x_1/x_2), g(x_1/x_3), \cdots, g(x_1/x_n) \\ g(x_2/x_1), 1, g(x_2/x_3), \cdots, g(x_2/x_n) \\ g(x_3/x_1), g(x_3/x_2), 1, \cdots, g(x_3/x_n) \\ \cdots \\ g(x_n/x_1), g(x_n/x_2), g(x_n/x_3), \cdots, 1 \end{bmatrix}$$

若对相及矩阵 G 每行各元素取最小值，如第 i 行取值 $g_i = \min[g(x_i/x_1), g(x_i/x_2), \cdots, g(x_i/x_{i-1}), 1, g(x_i/x_{i+1}), \cdots, g(x_i/x_n)]$，然后按其值 g_i $(i=1,2,\cdots,n)$ 大小排序，即可得到各元素 $x_1, x_2, \cdots, x_n$ 对某特征的隶属函数。

例如，假设论域 $U=(x_1,x_2,x_3,x_0)$，其元素 x_0 代表国外某名牌电子产品，而 x_1,x_2,x_3 则代表国产同类产品，若考虑国产产品在功能、外形等特性上对国外名牌产品的相似这样一个模糊概念，可用相对比较法确定隶属函数。相似程度如表 6-1 所示。

表 6-1　相似程度

$g_j(i)$　　　　j i	x_1	x_2	x_3
x_1	1	0.9	0.6
x_2	0.6	1	0.5
x_3	0.4	0.8	1

$$g(x_1/x_1) = 1$$
$$g(x_1/x_2) = 0.9/0.9 = 1$$
$$g(x_1/x_3) = 0.6/0.6 = 1$$
$$g(x_2/x_1) = 0.6/0.9 = 0.67$$
$$\cdots$$

$$G = \begin{bmatrix} 1 & 1 & 1 \\ 0.67 & 1 & 0.63 \\ 0.67 & 1 & 1 \end{bmatrix}$$

并对每行各元素取最小值，得到 $g = (g_1, g_2, g_3) = [1, 0.63, 0.67]$。
$$A = 1/x_1 + 0.63/x_2 + 0.67/x_3$$

3）专家经验法

它是根据专家的实际经验给出模糊信息的处理算式或相应权系数值来确定隶属函数的一种方法。

例如，对于某大型设备需停产检修的"状态诊断"，设论域 U 中模糊子集为 A，包含该设备需停产检修的全部事故隐患因子为 x_i $(i=1,2,\cdots,10)$。

若 10 个事故隐患因子 x_i 分别代表"设备温度升高"、"有噪声发生"、"运行速度降低"、"机械传动有振动"等，并把每个因子 x_i 作为一个清晰集合 A_i，则其特征函数为

$$\varphi_{A_i}(x_i) = \begin{cases} 1 & \text{有事故因子} x_i \text{出现} \\ 0 & \text{没有事故因子} x_i \text{出现} \end{cases}$$

对每一个事故隐患赋予一个加权系数 k_i，确定"该大型设备需停产检修"模糊集合 $\underset{\sim}{A}$ 的隶属函数

$$\mu_A(x) = \frac{k_1\varphi_{A_1}(x_1) + k_2\varphi_{A_2}(x_2) + \cdots + k_{10}\varphi_{A_{10}}(x_{10})}{k_1 + k_2 + \cdots + k_{10}}$$

5. 模糊关系

1）关系的概念

若 R 为由集合 X 到集合 Y 的普通关系，则对任意 X、Y 都只能有以下两种情况：

x 与 y 有某种关系，即 $x\,R\,y$；

x 与 y 无某种关系，即 $x\,\overline{R}\,y$。

2）直积集

由 X 到 Y 的关系 R，也可用序偶 (x,y) 来表示，所有有关系 R 的序偶可以构成一个 R 集。

在集 X 与集 Y 中各取出一元素排成序对，所有这样序对的全体所组成的集合叫作 X 和 Y 的直积集（也称笛卡儿乘积集），记为 $X \times Y = \{(x,y) \mid x \in X, y \in Y\}$。

显然 R 集是 X 和 Y 的直积集的一个子集，即 $R \subset X \times Y$。

例如，集合 A 和 B 分别是

$$A=\{1,3,5\}，B=\{2,4,6\}$$

它们的直积集 $A \times B$ 中，每个元素分别含 A 的元素和 B 的元素，并且 A 的元素排在前，B 的元素排在后，即

$$\begin{aligned} A \times B = \{&(1,2),\ (1,4),\ (1,6)\\ &(3,2),\ (3,4),\ (3,6)\\ &(5,2),\ (5,4),\ (5,6)\} \end{aligned}$$

若只考虑选取 A 元素大于 B 元素的序偶所组成的集合 R，则

$$R=\{(3，2),\ (5，2),\ (5，4)\}$$

显然 $R \subset A \times B$。

3）模糊关系

两组事物之间的关系不宜用"有"或"无"做肯定或否定回答，而是由隶属函数 $\mu_R(x,y)$ 代表序偶 (x,y) 具有关系 R 的程度。表 6-2 表示 x 和 y 具有 "x 比 y 大得多" 的程度。

表 6-2　x 和 y 具有 "x 比 y 大得多" 的程度

X	Y				
	1	5	7	9	20
1	0	0	0	0	0
5	0.5	0	0	0	0
7	0.7	0.1	0	0	0
9	0.8	0.3	0.1	0	0
20	1	0.95	0.6	0.85	0

相应的模糊矩阵为

$$R = \begin{bmatrix} 0 & 0 & 0 & 0 & 0 \\ 0.5 & 0 & 0 & 0 & 0 \\ 0.7 & 0.1 & 0 & 0 & 0 \\ 0.8 & 0.3 & 0.1 & 0 & 0 \\ 1 & 0.95 & 0.9 & 0.85 & 0 \end{bmatrix}$$

4）模糊矩阵运算

两个模糊矩阵的运算有并、交、补及合成运算等，设两个模糊矩阵为

$$R = [r_{ij}]_{m \times n}, \quad Q = [q_{ij}]_{m \times n}$$

则模糊矩阵交 $\qquad\qquad R \bigcap Q = [r_{ij} \wedge q_{ij}]_{m \times n}$

模糊矩阵并 $\qquad\qquad R \bigcup Q = [r_{ij} \vee q_{ij}]_{m \times n}$

模糊矩阵补 $\qquad\qquad R^c = [1 - r_{ij}]_{m \times n}$

模糊矩阵的合成算子"∘"，代表两个模糊矩阵的相乘 $R = P \circ Q$。

元素间相乘用取小运算"∧"，元素间相加用取大运算"∨"。

$$r_{ik} = \bigvee_{j=1}^{n} (p_{ij} \wedge q_{jk})(i = 1, 2, \cdots, m; k = 1, 2, \cdots, l)$$

6.1.2 模糊控制基础理论

1. 模糊命题

模糊命题指含有模糊概念或带有模糊性的陈述句。模糊命题 A 的一般形式是："A：e is F（或 e 是 F）"，其中 e 是模糊变量，F 是某一个概念所对应的模糊集合，模糊命题的真值用该变量对模糊集合的隶属度来表示。模糊命题也称为模糊陈述句。

2. 模糊逻辑

模糊逻辑等同于经典逻辑，在已定义的模糊集合上有自己的模糊逻辑操作。如同普通集合一样模糊集合可同样操作，仅在于它们的计算更加困难。还应该注意，多模糊集合的组合可构成一个模糊集合。模糊逻辑包含以下几种：

（1）逻辑非：$\bar{x} = 1 - x;$；

（2）限界差：$x(-)y = 0 \vee (x - y)$；

（3）逻辑并：$x / y = \max(x, y)$；

（4）限界和：$x \oplus y = 1 \wedge (x + y)$；

（5）限界积：$x \otimes y = 0 \vee (x + y - 1)$；

（6）蕴含：$x \rightarrow y = 1 \wedge (1 - x + y)$；

（7）等价：$x \Leftrightarrow y = (1 - x + y) \wedge (1 - y + x)$。

3. 模糊语言

1）语言变量

语言变量是指一个取值域不是数值，而由语言词来定义的变量。一个语言变量可以由一个

五元体（N, T(N), U, M, G）来表征，N 是语言变量名；T(N)是语言变量 N 的词集，常用语言值 NB（负大）、NM（负中）、NS（负小）、ZO（零）、PS（正小）、PM（正中）、PB（正大）等来表示；G 是语法规则；M 是论域 U 上的一个模糊子集。

2）语言算子

（1）语气算子是表示语气程度的模糊量词。

若模糊集为 $\underset{\sim}{A}$，则把 H_λ 定义成

$$H_\lambda \underset{\sim}{A} = A^\lambda$$

当 $\lambda > 1$ 时，H_λ 成为强化算子；当 $\lambda < 1$ 时，H_λ 成为淡化算子。常用语气算子如表 6-3 所示。

表 6-3　常用语气算子

强化算子	H4	H3	H2	H1.5
	极其	非常	很	相当
淡化算子	H0.8	H0.6	H0.4	H0.2
	比较	略	稍许	有点

（2）模糊化算子。把一个明确的单词转化为模糊量词的算子称为模糊化算子。诸如"大概"、"大约"、"近似"等这样的修饰词都属于模糊化算子。如图 6-2 所示为数字 5 的模糊化处理。

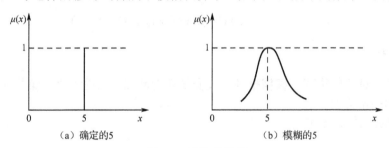

图 6-2　模糊化算子

（3）判定化算子。把一个模糊词转化为明确量词的算子称为判定化算子。诸如"属于"、"接近于"、"倾向于"、"多半是"等均属于判定化算子。

设有模糊矩阵

$$\underset{\sim}{R} = \begin{bmatrix} 0.7 & 0.9 & 0.4 \\ 0.2 & 0.4 & 0.7 \\ 0.6 & 0.8 & 0.3 \end{bmatrix}$$

为化模糊为肯定，类似于"四舍五入"处理，把隶属度等于 0.5 作为判定标准，有

$$\underset{\sim}{R}_{0.5} = \begin{bmatrix} 1 & 1 & 0 \\ 0 & 0 & 1 \\ 1 & 1 & 0 \end{bmatrix}$$

4. 模糊语句

将含有模糊概念的按给定的语法规则所构成的语句称为模糊语句。

1）模糊陈述句

模糊陈述句是相对于具有清晰概念的一般陈述句而言的，指的是该类陈述句中含有模糊概念，或陈述句本身具有模糊性，又称为模糊命题，例如："今天空气湿度很大。"

2）模糊判断句

模糊判断句是模糊推理中最基本的语句，又称为陈述判断句。语句形式："x 是 a"，记作(a)。

（1）逻辑交　$(a) \wedge (b) = (a \wedge b)$ 表示 "x 是 a 并且 x 是 b"，有

$$T[(a) \wedge (b), (x)] = T[(a), (x)] \wedge T[(b), (x)] = \mu_A(x) \wedge \mu_B(x)$$

（2）逻辑并　$(a) \vee (b) = (a \vee b)$ 表示 "x 是 a 或者 x 是 b"，有

$$T[(a) \vee (b), (x)] = T[(a), (x)] \vee T[(b), (x)]$$
$$= \mu_{\underset{\sim}{A}}(x) \vee \mu_{\underset{\sim}{B}}(x)$$

（3）逻辑非　$(a)^c = (b)^c$ 表示 "x 不是 a"，有

$$T[(a^c), (x)] = 1 - T[(a), (x)] = 1 - \mu_A(x)$$

3）模糊推理句

"若 a，则 b"，有

$$T[(a) \to (b), (x)] = (1 - \underset{\sim}{A}(x)) \vee (\underset{\sim}{A}(x) \wedge \underset{\sim}{B}(x))$$
$$= (1 - \mu_{\underset{\sim}{A}}(x)) \vee (\mu_{\underset{\sim}{A}}(x) \wedge \mu_{\underset{\sim}{B}}(x))$$

5. 模糊推理

模糊推理是一种近似推理。模糊推理以模糊条件为基础，它是模糊决策的前提，也是模糊控制规则生成的理论依据。

1）if $\underset{\sim}{A}$ then $\underset{\sim}{B}$ else $\underset{\sim}{C}$

已知蕴含关系：$(\underset{\sim}{A} \to \underset{\sim}{B}) \vee (\overline{\underset{\sim}{A}} \to \underset{\sim}{C})$ 和 $\underset{\sim}{A}^*$，求 $\underset{\sim}{B}^*$。

$$\underset{\sim}{R} = (\underset{\sim}{A} \times \underset{\sim}{B}) \vee (\overline{\underset{\sim}{A}} \times \underset{\sim}{C})$$

$$\mu_{\underset{\sim}{R}}(x, y) = \mu_{(\underset{\sim}{A} \to \underset{\sim}{B})}(x, y) \vee \mu_{(\overline{\underset{\sim}{A}} \to \underset{\sim}{C})}(x, y)$$

$$= [\mu_{\underset{\sim}{A}}(x) \wedge \mu_{\underset{\sim}{B}}(y)] \vee [(1 - \mu_{\underset{\sim}{A}}(x)) \wedge \mu_{\underset{\sim}{C}}(y)]$$

$$\underset{\sim}{B}^* = \underset{\sim}{A}^* * \underset{\sim}{R} = \underset{\sim}{A}^* * [(\underset{\sim}{A} * \underset{\sim}{B}) \vee (\overline{\underset{\sim}{A}} * \underset{\sim}{C})]$$

$$\mu_{\underset{\sim}{B}^*}(y) = \bigvee_{x \in U} \{\mu_{\underset{\sim}{A}^*}(y) \wedge [(\mu_{\underset{\sim}{A}}(x) \wedge \mu_{\underset{\sim}{B}}(x)) \vee ((1 - \mu_{\underset{\sim}{A}}(x)) \wedge \mu_{\underset{\sim}{C}}(x))]\}$$

2）if $\underset{\sim}{A}$ and $\underset{\sim}{B}$ then $\underset{\sim}{C}$

已知蕴含关系：$(\underset{\sim}{A} \to \underset{\sim}{B}) \vee (\overline{\underset{\sim}{A}} \to \underset{\sim}{C})$ 和 $\underset{\sim}{A}^*$，求 $\underset{\sim}{B}^*$。

$$\underset{\sim}{R} = (\underset{\sim}{A} \times \underset{\sim}{B}) \vee (\overline{\underset{\sim}{A}} \times \underset{\sim}{C})$$

$$\mu_R(x,y) = \mu_{(A \to B)}(x,y) \vee \mu_{(\bar{A} \to C)}(x,y)$$

$$= [\mu_A(x) \wedge \mu_B(y)] \vee [(1 - \mu_A(x)) \wedge \mu_C(y)]$$

$$B^* = A^* * R = A^* * [(A*B) \vee (\bar{A}*C)]$$

$$\mu_{B^*}(y) = \bigvee_{x \in U} \{\mu_{A^*}(y) \wedge [(\mu_A(x) \wedge \mu_B(x)) \vee ((1 - \mu_A(x)) \wedge \mu_C(x))]\}$$

设 A、B、C 分别为论域 U、V、W 上的模糊集合，其中 A、B 是模糊控制的输入集合，C 是其输出模糊集合。

已知逻辑关系：$(A \text{ and } B) \to C$ 及 A^* 和 B^*，求 C^*。

$$R = (A \times B) \times C$$

$$\mu_R(x,y,z) = \mu_A(x) \wedge \mu_B(y) \wedge \mu_C(z)$$

$$C^* = (A^* \times B^*) \circ [(A \times B) \times C]$$

$$\mu_{C^*}(z) = \bigvee_{x \in U, y \in V} \{[\mu_{A^*}(x) \wedge \mu_{B^*}(y)] \wedge [\mu_A(x) \wedge \mu_B(y) \wedge \mu_C(z)]\}$$

$$= \bigvee_{x \in U} \{\mu_{A^*}(x) \wedge [\mu_A(x) \wedge \mu_C(z)]\} \wedge \bigvee_{y \in V} \{[\mu_{B^*}(y) \wedge \mu_B(y)] \wedge \mu_C(z)\}$$

$$= \{\bigvee_{x \in U} [\mu_{A^*}(x) \wedge \mu_A(x)] \wedge \mu_C(z)\} \wedge \{\bigvee_{y \in V} [\mu_{B^*}(x) \wedge \mu_B(x)] \wedge \mu_C(z)\}$$

$$= (\alpha_A \wedge \mu_C(z)) \wedge (\alpha_B \wedge \mu_C(z))$$

$$= (\alpha_A \wedge \alpha_B) \wedge \mu_C(z)$$

6.1.3　模糊控制的基本原理

模糊控制是以模糊集合论、模糊语言变量和模糊逻辑推理为基础的微机数字控制，它模拟人的思维，构造一种非线性控制，以满足复杂的、不确定的过程控制的需要。

模糊控制系统的构成如图 6-3 所示。

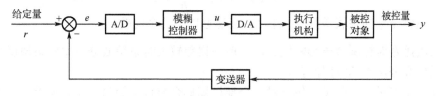

图 6-3　模糊控制系统的构成

模糊控制器的组成主要包括输入量模糊化接口、知识库、推理机和清晰化接口等四部分，如图 6-4 所示。

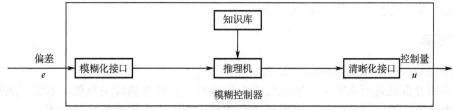

图 6-4　模糊控制器的组成

1．模糊化接口

在控制系统中，一般将偏差和偏差变化率的实际变化范围称作基本论域。设偏差 x 的基本论域为 $[a,b]$，$y \in [-X_e, X_e]$，偏差变换公式为

$$y = \frac{2X_e}{b-a}(x - \frac{a+b}{2})$$

设偏差所取的模糊集的论域为 $\{-n, -n+1, \cdots, 0, \cdots, n-1, n\}$，这里，$n$ 为将 $0 \sim X_e$ 范围内连续变化的偏差离散化之后分成的挡数，因此可得偏差精确量 y 的模糊化的量化因子

$$K_e = n / X_e$$

在实际系统中，一般取 $n=6$。

偏差 e 的语言变量值隶属度如表 6-4 所示。

表 6-4　偏差 e 的语言变量值隶属度

μ e E	-6	-5	-4	-3	-2	-1	-0	+0	+1	+2	+3	+4	+5	+6
PB	0	0	0	0	0	0	0	0	0	0	0.1	0.4	0.8	1.0
PM	0	0	0	0	0	0	0	0	0	0.2	0.7	1.0	0.7	0.2
PS	0	0	0	0	0	0	0	0.3	0.8	1.0	0.5	0.1	0	0
PO	0	0	0	0	0	0	0	1.0	0.6	0.1	0	0	0	0
NO	0	0	0	0	0.1	0.6	1.0	0	0	0	0	0	0	0
NS	0	0	0.1	0.5	1.0	0.8	0.3	0	0	0	0	0	0	0
NM	0.2	0.7	1.0	0.7	0.2	0	0	0	0	0	0	0	0	0
NB	1.0	0.8	0.4	0.1	0	0	0	0	0	0	0	0	0	0

一般有时采用下式来拟合模糊集合的隶属度：

$$\mu_A(x) = \exp[-(\frac{x-a}{b})^2]$$

在确定模糊子集的隶属函数 $\mu_A(x)$ 时，应注意以下几个问题：

（1）隶属函数对控制效果影响较大，一般在误差较大时采用低分辨率的隶属函数；误差较小时，宜采用高分辨率的隶属函数。

（2）在定义变量的全部模糊集合时，全部模糊集合所包含的与非零隶属度对应的论域元素个数应当是模糊集合总数的 2～3 倍。

（3）考虑各模糊集合之间的相互影响，可以采用这些模糊集合中任意两个集合的交集中的隶属度的最大值 β 来衡量，β 较小时控制较灵敏，β 较大时模糊控制对于对象参数变化的适应性较强，即鲁棒性较好。一般取 $\beta = 0.4 \sim 0.7$。

2．知识库

知识库由数据库和规则库两部分组成。

数据库所存放的是所有输入、输出变量全部模糊子集的隶属度矢量值，若论域为连续域，则为隶属度函数。在规则推理的模糊关系方程求解过程中，向推理机提供数据。

规则库就是用来存放全部模糊规则的，在推理时为"推理机"提供控制规则。模糊控制器的规则是基于专家知识或熟练操作人员的长期经验积累建立的，它是按人的知识推理的一种语言表达形式。

模糊规则：if　E=NB or NM and EC=NB or NM then U=PB。表 6-5 是一个模糊控制规则表。

表 6-5　模糊控制规则表

U \ E \ EC	PB	PM	PS	ZO	NS	NM	NB
PB	NB	NB	NB	NB	NM	ZO	ZO
PM	NB	NB	NB	NB	NM	ZO	ZO
PS	NM	NM	NM	NM	ZO	PS	PS
PO	NM	NM	NS	ZO	PS	PM	PM
NO	NM	NM	NS	ZO	PS	PM	PM
NS	NS	NS	ZO	PM	PM	PM	PM
NM	ZO	ZO	PM	PB	PB	PB	PB
NB	ZO	ZO	PM	PB	PB	PB	PB

3．推理机

推理机是模糊控制器中，根据输入模糊量和知识库进行模糊推理，求解模糊关系方程，并获得模糊控制量的功能部分。模糊推理有时也称为似然推理，其一般形式如下：

1）一维推理

前提：if　$\underset{\sim}{A} = \underset{\sim}{A_1}$　then　$\underset{\sim}{B} = \underset{\sim}{B_1}$

条件：if $\underset{\sim}{A} = \underset{\sim}{A_2}$

结论：then　$\underset{\sim}{B}$ =?

2）二维推理

前提：if　$\underset{\sim}{A} = \underset{\sim}{A_1}$　and　$\underset{\sim}{B} = \underset{\sim}{B_1}$　then　$\underset{\sim}{C} = \underset{\sim}{C_1}$,

条件：if　$\underset{\sim}{A} = \underset{\sim}{A_2}$　and $\underset{\sim}{B} = \underset{\sim}{B_2}$

结论：then　$\underset{\sim}{C}$ =?

存在问题：控制器的输入变量（如偏差和偏差变化）往往不是一个模糊子集，而是一些孤点（如 $a=a_0$，$b=b_0$）等，所以不能直接使用。

设有两条推理规则：

if　$\underset{\sim}{A} = \underset{\sim}{A_1}$ and　$\underset{\sim}{B} = \underset{\sim}{B_1}$　then $\underset{\sim}{C} = \underset{\sim}{C_1}$

if　$\underset{\sim}{A} = \underset{\sim}{A_2}$ and　$\underset{\sim}{B} = \underset{\sim}{B_2}$　then　$\underset{\sim}{C} = \underset{\sim}{C_2}$

推理方式一：又称为 Manldani 极小运算法。

设 $a=a_0$，$b=b_0$，则新的隶属度为

$$\mu_{\underset{\sim}{C}}(z) = [w_1 \wedge \mu_{\underset{\sim}{C}1}(z)] \vee [w_2 \wedge \mu_{\underset{\sim}{C}2}(z)]$$

式中
$$w_1 = \mu_{\underset{\sim}{A}1}(a_0) \wedge \mu_{\underset{\sim}{B}1}(b_0)$$

$$w_2 = \mu_{\underset{\sim}{A}2}(a_0) \wedge \mu_{\underset{\sim}{B}2}(b_0)$$

该方法常用于模糊控制系统中，直接采用极大极小合成运算方法，计算较简便，但在合成运算中信息丢失较多。

推理方式二：又称为代数乘积运算法。

设 $a=a_0$，$b=b_0$，有

$$\mu_{\underset{\sim}{C}}(z) = [w_1\mu_{\underset{\sim}{C}1}(z)] \vee [w_2\mu_{\underset{\sim}{C}2}(z)]$$

式中
$$w_1 = \mu_{\underset{\sim}{A}1}(a_0) \wedge \mu_{\underset{\sim}{B}1}(b_0)$$

$$w_2 = \mu_{\underset{\sim}{A}2}(a_0) \wedge \mu_{\underset{\sim}{B}2}(b_0)$$

在合成过程中，与方式一比较该种方式丢失信息少。

推理方式三：该方式由学者 Tsukamoto 提出，适合于隶属度为单调的情况。

设 $a=a_0$，$b=b_0$，有

$$z_0 = \frac{w_1 z_1 + w_2 z_2}{w_1 + w_2}$$

式中
$$z_1 = \mu^{-1}_{\underset{\sim}{C}1}(w_1) \qquad z_2 = \mu^{-1}_{\underset{\sim}{C}2}(w_2)$$

$$w_1 = \mu_{\underset{\sim}{A}1}(a_0) \wedge \mu_{\underset{\sim}{B}1}(b_0) \qquad w_2 = \mu_{\underset{\sim}{A}2}(a_0) \wedge \mu_{\underset{\sim}{B}2}(b_0)$$

4. 清晰化接口

由于被控对象每次只能接收一个精确的控制量，无法接收模糊控制量，因此必须经过清晰化接口将其转换成精确量，这一过程又称为模糊判决，也称为去模糊。去模糊常用的有以下几种方法：

（1）最大隶属度方法：若对应的模糊推理的模糊集 C 中，元素 $u^* \in U$，满足：$\mu_{\underset{\sim}{C}}(u^*) \geqslant \mu_{\underset{\sim}{C}2}(u)$，则取 u^* 作为控制量的精确值。

（2）加权平均法：$u^* = \dfrac{\sum\limits_i \mu_{\underset{\sim}{C}}(u_i) * u_i}{\sum\limits_i \mu_{\underset{\sim}{C}}(u_i)}$。

（3）中位数判决法：将隶属函数曲线与横坐标所围成的面积平均分成两部分，以分界点所对应的论域元素 u_i 作为判决输出。

6.1.4　模糊控制器的设计

模糊控制器的设计包括以下几项内容：根据系统的输入/输出变量数确定控制器的结构，选取模糊控制规则，确定模糊化和解模糊化方法，确定控制器参数，编写模糊控制算法程序等。下面以速度模糊控制系统为例，介绍模糊控制器的设计方法。速度模糊控制系统构成框图如图 6-5 所示。

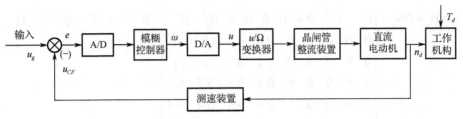

图 6-5　速度模糊控制系统构成框图

设模糊推理的输出为模糊量 $\underset{\sim}{C}$，若存在 u^*，并且使 $\sum\limits_{u_{\min}}^{u^*} \mu_{\underset{\sim}{C}}(u) = \sum\limits_{u^*}^{u_{\max}} \mu_{\underset{\sim}{C}}(u)$，则取 u^* 为控制量的精确值。

1）偏差量与控制量

$$e = u_g - u_{CF}$$

2）模糊化

模糊化后模糊变量（e,u）不同等级的隶属度值如表 6-6 所示。

表 6-6　模糊变量（e,u）不同等级的隶属度值

量化 等级 隶属度值 语言变量	-4	-3	-2	-1	0	+1	+2	+3	+4
PB	0	0	0	0	0	0.4	0.7	1	1
PS	0	0	0	0.4	0.7	1	0.7	0.4	0
ZO	0	0	0.4	0.7	1	0.7	0.4	0	0
NS	0	0.4	0.7	1	0.7	0.4	0	0	0
NB	1	1	0.7	0.4	0	0	0	0	0

3）模糊规则

一维模糊状态表如表 6-7 所示。

表 6-7　一维模糊状态表

$\underset{\sim}{e}$	NB	NS	ZO	PS	PB
$\underset{\sim}{u}$	PB	PS	ZO	NS	NB

4）模糊关系

$$\underset{\sim}{R} = (NB_e \times PB_u) \cup (NS_e \times PS_U) \cup (ZO_E \times ZO_U) \cup (PS_e \times NS_u) \cup (PB_e \times NB_u)$$

$$\text{NB}_e \times \text{PB}_u = [1\ \ 1\ \ 0.7\ \ 0.4\ \ 0\ \ 0\ \ 0\ \ 0\ \ 0]^T \times [0\ \ 0\ \ 0\ \ 0\ \ 0\ \ 0.4\ \ 0.7\ \ 1\ \ 1]$$

$$=\begin{bmatrix} 0 & 0 & 0 & 0 & 0 & 0.4 & 0.7 & 1 & 1 \\ 0 & 0 & 0 & 0 & 0 & 0.4 & 0.7 & 1 & 1 \\ 0 & 0 & 0 & 0 & 0 & 0.4 & 0.7 & 0.7 & 0.7 \\ 0 & 0 & 0 & 0 & 0 & 0.4 & 0.4 & 0.4 & 0.4 \\ 0 & 0 & 0 & 0 & 0 & 0 & 0 & 0 & 0 \\ 0 & 0 & 0 & 0 & 0 & 0 & 0 & 0 & 0 \\ 0 & 0 & 0 & 0 & 0 & 0 & 0 & 0 & 0 \\ 0 & 0 & 0 & 0 & 0 & 0 & 0 & 0 & 0 \\ 0 & 0 & 0 & 0 & 0 & 0 & 0 & 0 & 0 \end{bmatrix}$$

$$\underset{\sim}{R}=\begin{bmatrix} 0 & 0 & 0 & 0 & 0 & 0.4 & 0.7 & 1 & 1 \\ 0 & 0 & 0 & 0.4 & 0.4 & 0.4 & 0.7 & 1 & 1 \\ 0 & 0 & 0.4 & 0.4 & 0.7 & 0.7 & 0.7 & 0.7 & 0.7 \\ 0 & 0.4 & 0.4 & 0.7 & 0.7 & 1 & 0.7 & 0.4 & 0.4 \\ 0 & 0.4 & 0.7 & 0.7 & 1 & 0.7 & 0.7 & 0.4 & 0 \\ 0.4 & 0.4 & 0.7 & 1 & 0.7 & 0.7 & 0.4 & 0.4 & 0 \\ 0.7 & 0.7 & 0.7 & 0.7 & 0.7 & 0.4 & 0.4 & 0 & 0 \\ 1 & 1 & 0.7 & 0.4 & 0.4 & 0.4 & 0 & 0 & 0 \\ 1 & 1 & 0.7 & 0.4 & 0 & 0 & 0 & 0 & 0 \end{bmatrix}$$

5）模糊推理

$$\underset{\sim}{u}=\underset{\sim}{e}\circ\underset{\sim}{R}=[0\ \ 0.4\ \ 0.7\ \ 1\ \ 0.7\ \ 0.4\ \ 0\ \ 0\ \ 0]\circ\underset{\sim}{R}$$
$$=[0.4\ \ 0.4\ \ 0.7\ \ 0.7\ \ 0.7\ \ 1\ \ 0.7\ \ 0.7\ \ 0.7]$$

6）解模糊

$$\underset{\sim}{u}=0.4/-4+0.4/-3+0.7/-2+0.7/-1+0.7/0+1/+1+0.7/+2+0.7/+3+0.7/+4$$

7）控制量清晰化

（1）最大隶属度方法。

$$u*=+1$$

（2）加权平均法。

$$u^*=\frac{\sum\limits_i \mu_{\underset{\sim}{C}}(u_i)*u_i}{\sum\limits_i \mu_{\underset{\sim}{C}}(u_i)}$$

$$u^*=\frac{0.4*(-4)+0.4*(-3)+0.7*(-2)+0.7*(-1)+0.7*0+1.0*1+0.7*2+0.7*3+0.7*4}{0.4+0.4+0.7*6+1}$$

$$=0.4$$

6.2　神经网络控制技术

由于神经网络具有大规模并行性、冗余性、容错性、本质的非线性及自组织、自学习、自适应能力，故已成功地应用于许多不同的领域，如在最优化、模式识别、信号处理和图像处理等领域首先取得了成功。神经网络理论的诞生同样给不断面临着挑战的控制理论带来生机。控制理论在经历了经典控制论、状态空间论、动态规划、最优控制等阶段以后，随着被控对象变得越来越复杂，控制精度越来越高，在对对象和环境的知识知道甚少的情况下，智能控制理论和技术迅速崛起。此外，在有众多不确定因素和难以确切描述的非线性控制系统中，对控制的要求也越来越高，因此迫切希望新一代的控制系统具有自适应和自学习能力、良好的鲁棒性和实时性、计算简单、具备柔性结构和自组织并行离散分布处理等智能信息处理的能力。用神经网络构成的控制系统就是这样一代新颖控制系统之一。

6.2.1　神经网络的基本原理和结构

神经网络控制的基本思想：通过系统的实际输出 y 与期望输出 y_d 之间的误差来调整神经网络中的连接权值，即让神经网络学习，直至误差趋于零的过程，就是神经网络模拟 $g^{-1}(\bullet)$ 的过程，它实际上是对被控对象的一种求逆过程，由神经网络的学习算法实现这一求逆过程。

神经网络在控制中的作用分为以下几种：

（1）在基于精确模型的各种控制结构中充当对象的模型。

（2）在反馈控制系统中直接充当控制器。

（3）在传统控制系统中起优化计算作用。

（4）在与其他智能控制方法和优化算法的融合中，为其提供非参数化对象模型、优化参数、推理模型及故障诊断等。

神经网络的基本结构类型主要包括前向网络、有反馈的前向网络、层内有互联的前向网络和互联网络这四种常见的类型。

神经网络具有大规模并行处理，信息分布存储，连续时间的非线性动力学特性，高度的容错性和鲁棒性，自组织、自学习和实时处理等特点，因而神经网络在控制系统中得到了广泛的应用。

6.2.2　神经网络控制

1．神经网络监督控制

神经网络控制器通过向传统控制器的输出进行学习、在线调整自己，目标是使反馈误差 $e(t)$ 或 $u_1(t)$ 趋近于零，从而使自己逐渐在控制作用中占主导地位，以便最终取消反馈控制器的作用。当系统出现干扰时，反馈控制器仍然可以重新起作用。神经网络控制器如图 6-6 所示。

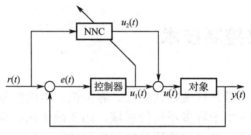

图 6-6　神经网络控制器

2．神经网络直接逆控制

在图 6-7（a）中，NN1 和 NN2 具有完全相同的网络结构（逆模型），并采用相同的学习算法，即 NN1 和 NN2 的连接权都沿 $E = \frac{1}{2} \sum_k e^T(k)e(k)$ 的负梯度方向进行修正。上述评价函数也可采用其他更一般的加权形式，这时的结构方案则如图 6-7（b）所示。

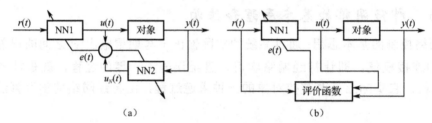

（a）　　　　　　　　　　　　　（b）

图 6-7　神经网络直接逆控制的两种方案

3．基于神经网络的自适应控制

1）神经网络模型参考自适应控制

（1）直接模型参考控制：神经网络控制器的作用是使被控对象与参考模型输出之差 $e_c(t) = y(t) - y_m(t)$ 趋于 0 或 $e_c(t)$ 的二次型最小。图 6-8（a）为直接型神经网络模型参考自适应控制结构框图。

（2）间接模型参考控制：神经网络辨识器首先离线辨识被控对象的正向模型，并可由 $e_i(t)$ 进行在线学习修正。图 6-8（b）为间接型神经网络模型参考自适应控制结构框图。

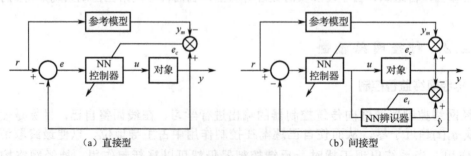

（a）直接型　　　　　　　　　　　　（b）间接型

图 6-8　神经网络模型参考自适应控制结构框图

2）神经网络自校正控制

图 6-9 为神经网络间接自校正控制结构框图。

假设被控对象（装置）单变量非线性系统为

$$y(k+1) = f[y(k)] + g[y(k)]u(k)$$

式中，$f[y(k)]$ 和 $g[y(k)]$ 为非线性函数。如果 $f[y(k)]$ 和 $g[y(k)]$ 是由神经网络离线辨识的，则能够得到足够近似精度的 $\hat{f}[y(k)]$ 和 $\hat{g}[y(k)]$，常规控制规律为

$$u(k) = \{y_d(k+1) - \hat{f}[y(k)]\} / \hat{g}[y(k)]$$

式中，$y_d(k+1)$ 表示在 $k+1$ 时刻的期望输出。

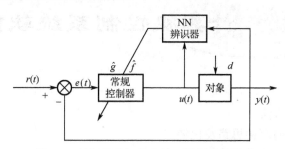

图 6-9　神经网络间接自校正控制结构框图

4．神经网络的内模控制

经典的内模控制将被控系统的正向模型和逆向模型直接加入反馈网络，系统的正向模型作为被控对象的近似模型与实际对象并联，两者输出之差被用作反馈信号，该信号经滤波器后送控制器，控制器具有被控对象的逆动态特性。研究表明内模控制具有许多很好的特性，如较强的鲁棒性等。如图 6-10 所示给出了内模控制的神经网络实现。NN2 用于充分逼近被控对象的动态模型，相当于实现被控系统的正向模型；NN1 用于间接地学习被控对象的逆动态特性；滤波器仍然是常规的滤波器。

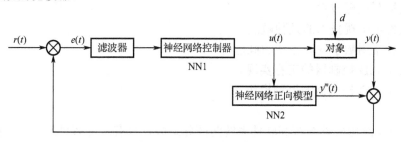

图 6-10　神经网络内模控制

习题

1．模糊控制器由哪几部分组成？
2．模糊控制器中模糊规则如何选择？
3．神经网络控制主要包括哪些控制方法？
4．神经网络在控制中的作用有哪几种？
5．神经网络的基本结构类型有哪几种？
6．试确定"if A and B then C"所决定的模糊关系 R，以及输入 $A^* = 1.0/a_1 + 0.5/a_2 + 0.1/a_3$，$B^* = 0.1/b_1 + 0.5/b_2 + 0.7/b_3$ 所决定的输出 C^*。

第7章

计算机控制系统软件设计技术

本章知识点：
- 软件设计的几种方法
- 模块化程序设计的两种思路及优缺点
- 计算机控制系统软件设计的主要内容
- 几种主要数据预处理技术
- 软件抗干扰的几种手段
- 数字滤波的几种常用方法
- 数字 PID 控制器的工程实现

基本要求：
- 掌握模块化程序设计的两种思路
- 了解结构化程序设计和集成化程序设计
- 掌握计算机控制系统软件设计的主要内容
- 了解数据预处理技术
- 了解软件抗干扰技术的几种做法
- 掌握几种常用数字滤波方法的概念
- 了解数字 PID 控制器的工程实现
- 掌握数字 PID 控制器的控制模块

能力培养：

计算机控制系统由硬件系统和软件系统两部分组成，只有二者有机地结合才能构成完整的系统。本章通过计算机控制系统软件设计的讲解，使学生对计算机控制技术的工程实现有一个直观的了解和学习。同时，学生能运用本章所学知识进行较为系统的计算机辅助设计。

7.1 软件设计技术

软件设计（Programming）是指设计、编制、调试程序的方法和过程，它是目标明确的智力活动。由于程序是软件的本体，软件的质量主要通过程序的质量来体现，因而程序设计的工作非常重要。程序设计内容涉及有关的基本概念、工具、方法及方法学等。程序设计通常分为问题建模、算法设计、编写代码、编译调试和整理并写出文档资料五个阶段。

7.1.1　软件设计的方法

软件的设计原则是用较少的资源开销和较短的时间设计出功能正确、易于阅读、便于修改的程序。为了能达到这几项要求，必须采取科学的软件设计方法。常用的软件设计方法有模块化程序设计、结构化程序设计、集成化设计。

1. 模块化程序设计

模块化程序设计是把一个较长的复杂的程序分成若干个功能模块或子程序，每个功能模块执行单一的功能。每个模块单独设计、编程、调试后最终组合在一起，组成整个系统的程序。程序模块通常按功能划分。

模块化程序设计技术的优点是单个模块的程序要比一个完整程序更容易编写、查错和调试，并能为其他程序所用。其缺点是在把模块组合成一个大程序时，要对各模块进行连接，以完成模块之间的信息传送；其次使用模块程序设计占用的内存容量较多。

模块化程序设计可以按照自底向上和自顶向下两种思路进行设计。

1）自底向上

首先对最低层进行编程、测试。这些模块工作正常后，再用它们开发较高层次的模块。例如，在编写主程序之前，先开发各个子程序，然后用一个测试用的主程序来测试每一个子程序。这是汇编语言程序设计常用的方法。自底向上程序设计的缺点是高层模块设计中的根本错误也许会很晚才会被发现。

2）自顶向下

自顶向下程序设计是在程序设计时，先从系统一级的管理程序（或者主程序）开始设计，从属程序或子程序用一些程序标志来代替，如编写一些空函数等。当系统一级程序编好后，再将各标志扩展成从属程序或子程序，最后完成整个系统的设计。程序设计过程大致分为以下几步：

（1）写出管理程序并进行测试。尚未确定的子程序用程序标志来代替，但必须在特定的测试条件下（如人为设置标志或给定数据等）产生与原定程序相同的结果。

（2）对每个程序标志进行程序设计，使它成为实际的工作程序。这个过程是和设计与查错同时进行的。

（3）对最后的整个程序进行测试。

自顶向下程序设计的优点是设计、测试和连接按同一个线索进行，矛盾和问题可以及早发现和解决。而且，测试能够完全按真实的系统环境来进行，不需要依赖于测试程序。它是将程序设计、编写程序、测试几步结合在一起的设计方法。自顶向下程序设计的缺点主要是上一级的错误将对整个程序产生严重的影响，一处修改有可能牵动全局，引起对整个程序的修改。

实际设计时，必须较好地规划、组织软件的结构，最好是两种方法结合起来，先开发高层模块和底层关键性模块。

2. 结构化程序设计

结构化程序设计的概念最早由 Dijkstra E W 提出。1965 年他在一次会议上指出："可以从高级语言中取消 GOTO 语句"，"程序的质量与程序中所包含的 GOTO 语句的数量成反比"。1966年，Bohm C 和 Jacopini G 证明了只用三种基本的结构就能实现任何单入口单出口的程序。这三种基本的控制结构是顺序、选择、循环。

　　软件的结构化设计法的基本原理是，首先将复杂的软件纵向分解成多层结构，然后将每层横向分解成多个模块，如图 7-1 所示，纵向分为 4 层，横向分为 5 个模块。这种自上向下的层次结构和从左到右的模块结构的设计法，其目的是将复杂的软件分解成既彼此独立又相互联系的多个层和多个模块，再将这些模块按照一定的调用关系连接起来。层次结构的关系实际上是一种从属关系，呈树状结构，即上层模块调用下层模块，而且只能调用本分支的下层模块。模块的内部结构对外界而言如同一个"黑匣子"，其内部结构的变化并不影响模块的外部接口。

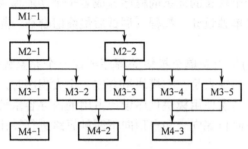

图 7-1　软件的层次结构化设计示例

　　这种层次结构化设计法的特点是先分解后连接，既彼此独立又相互联系；优点是软件的开发工程化，可以以层为单元或以模块为单位进行开发，软件的层次关系十分明确，模块的执行流程一目了然。

　　上述层次结构化分解的模块可能不是最小单位，依据模块的功能还可以继续分解成更小的模块或更为具体的编程模块。这些模块之间的连接关系有三种基本方式：顺序型、分支型和循环型，如图 7-2 所示。

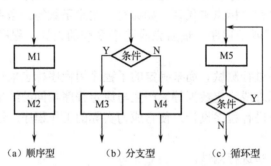

（a）顺序型　　　　（b）分支型　　　　（c）循环型

图 7-2　软件模块的连接方式示例

　　（1）顺序型结构方式：从第一个模块开始顺序执行，直到最后一个模块为止，每个模块有一个输入口和一个输出口。

　　（2）分支型结构方式：执行过程中伴随有逻辑判断，由判断结果决定下一步应执行的模块。逻辑判断有真或假（是或非）两种结果，自然也就有两个执行分支。

　　（3）循环型结构方式：循环执行一个或几个模块，可分为条件循环和计数循环两种。如果条件满足，则循环，否则，不循环。计数循环是累加循环次数，如果达到预定次数，则停止循环，否则，继续循环。

3．集成化设计

　　软件的集成化设计法有两种含义，一种是设计者集成软件模块，另一种是用户集成功能模块。前者是按上述层次结构化设计法分解成多个软件模块，再逐个进行模块开发，最后将这些模块集成在一起，构成完整的软件系统。后者是按控制系统的设计原理，选取所得的功能模块进行集成或组态，构成完整的控制方案，满足被控对象的控制要求。

软件的集成化设计法还有一种含义是多种软件的集成。目前市场上有多种商品化软件可供软件集成者选取，这些软件是专业软件商开发的，性能更好，品质更优。例如，工业 PC 的系统软件可以选取 Windows 98/NT/2000 操作系统及其配套软件，控制软件设计者决不会再自行开发操作系统。另外，市场上还有用于工业 PC 的监控组态软件，如 Wonderware 公司的 InTouch 和 InControl，这些组态软件不仅可以和多种输入/输出设备连接，而且可以形成实时数据库。软件集成者通过集成系统软件和应用软件，就可以形成完整的软件系统，或者商品化软件的集成占主体，再开发少量的接口软件或特殊软件，也就满足了设计要求。

7.1.2　计算机控制系统软件设计

计算机控制系统应用软件主要包括以下几个软件：系统输入/输出软件、运算控制软件、操作显示软件等。

随着应用范围的不断扩大，软件技术也得到了很大的发展。在工业过程控制系统中，最常用的软件设计语言有：汇编语言、Visual C 语言、Delphi 语言及工业控制组态软件。汇编语言编程灵活，实时性好，便于实现控制，是一种功能很强的语言；Visual C 是一种面向对象的语言，用它编写程序非常方便，而且它还能很方便地与汇编语言进行接口；Delphi 语言具有编译、执行速度快的特点；工业控制组态软件是专门为工业过程控制开发的软件，采用模块化的设计方法，给程序设计者带来极大的方便。通常，在智能化仪器或小型控制系统中大多数都采用汇编语言，在使用工业计算机的大型控制系统中多使用 Visual C 和 Delphi 语言开发；在某些专用大型工业控制系统中，常常采用工业控制组态软件。

1. 系统输入/输出软件设计

计算机控制系统的输入/输出单元由各种类型的 I/O 模板或模块组成。它是主控单元与生产过程之间 I/O 信号连接的通道。与输入/输出单元配套的输入/输出软件有 I/O 接口程序、I/O 驱动程序和实时数据库（Real-Time Data Base，RTDB），如图 7-3 所示。

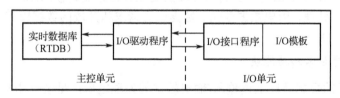

图 7-3　输入/输出软件结构图

1）I/O 接口程序

I/O 接口程序是针对 I/O 模板或模块编写的程序。常用的 I/O 模板有 AI 板、AO 板、DI 板和 DO 板，每类模板中按照信号类型又可以分为几种信号模板。例如，AI 模板中又分成大信号（0～10mA/4～20mA/0～5V）、小信号（mV）、热电偶和热电阻模板。不同信号类型的 I/O 模板所对应的 I/O 接口程序不一样，即使是同一种信号类型的模板，若所选用的元器件及结构原理不同，它所对应的 I/O 接口程序也不一样。I/O 接口程序是用汇编语言或指令编写的最初级的程序，位于 I/O 单元内。

2）I/O 驱动程序

I/O 驱动程序是针对 I/O 单元与主控单元之间的数据交换或通信而编写的程序，位于主控单元内。I/O 驱动程序的主要功能有以下三条：

一是接收来自 I/O 单元的原始数据，并对数据进行有效性检查（如有无超出测量上、下限），再将数据转换成实时数据库（RTDB）所需要的数据格式或数据类型（如实型数、整型数、字符型）。

二是向 I/O 单元发送控制命令或操作参数，发送之前必须将其转换成 I/O 单元可以接收的数据格式。

三是与实时数据库（RTDB）进行无缝连接，两者之间一般采用进程间通信、直接内存映像、动态数据交换（Dynamic Data Exchange，DDE）、对象链接嵌入（Object Link Embedding，OLE）方式。

I/O 单元与主控单元之间的通信方式主要有板卡方式、串行通信方式、OPC（OLE for Process Control，用于过程控制的 OLE）方式等。

3）实时数据库

实时数据库（RTDB）的数据既有时间性也有时限性，所谓时间性是指某时刻的数据值，所谓时限性是指数据值在一定的时间内有效。

I/O 驱动程序接收来自 I/O 单元的原始数据，进行有效性检查及处理后，再送到实时数据库建立数据点，每个数据点有多个点参数，读/写方式为"点名．点参数"。另外，还有量程下限、量程上限、工程单位和采样时间等点参数。I/O 单元的原始数据没有实用价值，即使可用也十分麻烦。只有变换成实时数据库的数据，其他程序或软件才能方便地使用数据。

实时数据库中不仅有来自 I/O 单元的数据，也有发送到 I/O 单元的数据，如控制命令或操作参数。这些数据都是运算控制的结果，如 PID 控制器的控制量、逻辑运算的开关量。

历史数据库的数据来自实时数据库的过时数据，随着时间的推移历史数据库中的数据逐渐增多。按用户需要选择存储时间，如 1 小时、8 小时、1 天、1 周、1 月或 1 年。历史数据存于硬盘，历史数据的数量及存储时间取决于主控单元的硬盘空间。

实时数据库位于主控单元内，它的主要功能是建立数据点、输入处理、输出处理、报警处理、累计处理、统计处理、历史数据存储、数据服务请求和开放的数据库连接（Open Data Base Connectivity，ODBC）。

4）输入/输出变量名和功能块

输入/输出单元的数据经过上述输入/输出软件的处理之后，呈现在用户面前的方式有变量名和功能块两种方式。

（1）变量名方式：用户的读/写方式是"点名．点参数"，这种变量名方式便于编程语言使用，如用 Visual C++编写程序时调用实时参数。

（2）功能块方式：在监控组态软件的支持下，实时数据点用功能块图形方式显示在显示器屏幕上，I/O 单元中的每个数据点对应一个功能块，并有相应的输出端或输入端供用户组态连线。

2．系统的运算控制软件

运算控制软件包括连续控制、逻辑控制、顺序控制和批量控制等。软件设计者的任务就是在计算机上实现这些算法，并给用户提供使用算法的界面。软件设计者在一定的硬件和软件环境或平台（如工业 PC）上开发算法软件，常用的工业 PC 的系统软件、算法语言及配套的开发软件很多，为设计者提供了各种开发手段。

3. 系统的操作显示软件

系统的操作显示单元的主要硬件是显示器、键盘、鼠标和打印机，这些是人机接口的工具。人机接口的主要界面是显示画面，图文并茂、形象直观的画面为操作员提供了简便的操作显示环境。另外，还有各种打印报表和打印文档，因此，必须有相应的操作显示软件的支持，才会有这样友好的操作显示环境。

7.1.3　监控组态软件

组态的概念最早来自英文 Configuration，它的含义是使用工具软件对计算机及软件的各种资源进行配置，使计算机或软件自动执行特定的任务。

监控组态软件是数据采集与过程控制的专用软件，在自动控制系统监控层一级的软件平台和开发环境，能以灵活多样的组态方式（而不是编程方式）提供良好的用户开发界面，其预设置的各种软件模块可以非常容易地实现和完成监控层的各项功能，并能同时支持各种硬件厂家的计算机和 I/O 产品，与工控计算机和网络系统结合，可向控制层和管理层提供软、硬件的全部接口，进行系统集成。

目前世界上的组态软件有近百种之多。国际上知名的工控组态软件有美国商业组态软件公司 Wonderware 公司的 Intouch、Intellution 公司的 FIX、Nema Soft 公司的 Paragon、Rock-Well 公司的 Rsview32、德国西门子公司的 WinCC 等。国内的组态软件起步也比较早，目前实际工业过程中运行可靠的有北京昆仑通态自动化软件科技有限公司的 MCGS、北京三维力控科技有限公司的力控、北京亚控科技发展有限公司的组态王及台湾研华的 GENIE 等。

1. 监控组态软件的基本组成

包括组态环境和运行环境两部分，组态环境相当于一套完整的工具软件，用户可以利用它设计和开发自己的应用系统。用户组态生成的结果是一个数据库文件，即组态结果数据库。运行环境是一个独立的运行系统，它按照组态结果数据库中用户指定的方式进行各种处理，完成用户组态设计的目标和功能。组态环境和运行环境互相独立，又密切相关，如图 7-4 所示。

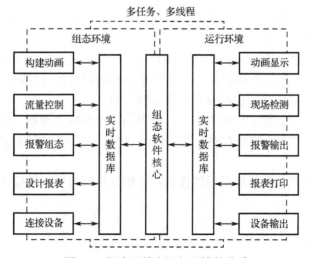

图 7-4　组态环境和运行环境的关系

2．组态软件的功能

（1）强大的画面显示组态功能。目前，工控组态软件大都运行于 Windows 环境下，充分利用 Windows 的图表功能完备、界面美观的特点，提供给用户丰富的作图工具，可随心所欲地绘制出各种工业画面，并可任意编辑，从而将开发人员从繁重的画面设计中解放出来，丰富的动画连接方式，如隐含、闪烁、移动等，使画面生动、形象、直观。

（2）良好的开放性。社会化的大生产，使得系统构成的全部硬件不可能出自一家公司的产品，"异构"是当今控制系统的主要特点之一。开放性指组态软件能与多种通信协议互联，支持多种硬件设备。开放性是衡量一个组态软件好坏的重要指标。组态软件向下应能与底层的数据设备通信，向上能与管理层通信，实现上位机与下位机的双向通信。

利用组态软件，用户只需要通过简单的组态就可构造自己的应用系统，从而将用户从烦琐的编程中解脱出来，使用户在编程时更加得心应手。

（3）丰富的功能模块。提供丰富的控制功能库，满足用户的测控要求和现场要求。利用各种功能模块，完成实时监控，产生报表，显示历史曲线、实时曲线，提供报警等功能，使系统具有良好的人机界面，易于操作。

（4）强大的数据库。配有实时数据库，可存储各种数据，如模拟型、字符型等，实现与外部设备的数据交换。

（5）可编程的命令语言。有可编程的命令语言，一般称为脚本语言，使用户可以根据自己的需要编写程序，增强图形界面。

（6）周密的系统安全防范。对不同的操作者，赋予不同的操作权限，保证整个系统的安全可靠运行。

（7）仿真功能。提供强大的仿真功能，使系统并行设计，从而缩短开发周期。

3．MCGS 组态软件

MCGS（Monitor and Control Generated System）组态软件是北京昆仑通态自动化软件科技有限公司研发的一套基于 Windows 平台的，用于快速构造和生成上位机监控系统的组态软件系统，以下简称 MCGS。MCGS 可运行于 Microsoft Windows 95/98/Me/NT/2000 等操作系统，具有功能完善、操作简便、可视性好、可维护性强的特点。用户只需要通过简单的模块化组态就可构造自己的应用系统。

MCGS 软件系统由主控窗口、设备窗口、用户窗口、实时数据库和运行策略组成，每一部分分别进行组态，完成不同的工作。

主控窗口：是工程的主窗口，负责调度和管理这些窗口的打开或关闭。

设备窗口：是连接和驱动外部设备的工作环境。在本窗口内配置数据采集和控制输出设备；注册设备驱动程序；定义连接与驱动设备用的数据变量。

用户窗口：主要用于设置工程中人机交互的界面，如系统流程图、曲线图、动画等。

实时数据库：是工程各个部分数据交换和处理的中心，它将 MCGS 工程的各个部分连成有机的整体。

运行策略：主要完成工程运行流程的控制，如编写控制程序、选用各种功能构件等。

4．工程的组建过程

1）工程项目系统分析

首先要了解整个工程的系统构成和工艺流程，弄清测控对象的特征，明确主要的监控要求和技术要求等问题。在此基础上，拟定组建工程的总体规划和设想，主要包括系统应实现哪些功能，控制流程如何实现，需要什么样的用户窗口界面，实现何种动画效果，以及如何在实时数据库中定义数据变量等环节，同时还要分析工程中设备的采集及输出通道与实时数据库中定义的变量的对应关系，分清哪些变量是要求与设备连接的，哪些变量是软件内部用来传递数据及用于实现动画显示的。在此基础上，再建立工程，构造实时数据库。做好工程的整体规划，在项目的组态过程中能够尽量避免一些无谓的劳动，快速有效地完成工程项目。

2）设计用户操作菜单

在系统运行的过程中，为了便于画面的切换和变量的提取，通常用户要建立自己的菜单，第一步是建立菜单的框架，第二步是对菜单进行功能组态。在组态过程中，用户可以根据实际的需要，随时对菜单的内容进行增加和删减，最终确定菜单。

3）制作动态监控画面

制作动态监控画面是组态软件的最终目的，一般的设计过程是先建立静态画面。所谓静态画面，就是利用系统提供的绘图工具来画出效果图，也可以是一些通过数码相机、扫描仪、专用绘图软件等手段创建的图片。然后对一些图形或图片进行动画设计，如颜色的变化、形状大小的变化、位置的变化等。所有的动画效果均应和数据库变量一一对应，实现内外结合的效果。

4）编写控制流程程序

在动态画面制作过程中，除了一些简单的动画是由图形语言定义的以外，大部分较复杂的动画效果和数据之间的链接，都是通过一些程序命令来实现的。MCGS 软件为用户提供了大量的系统内部命令，其语句的形式兼容于 VB、VC 语言的格式。另外，MCGS 软件还为用户提供了编程用的功能构件（称为脚本程序），这样就可以通过简单的编程语言来编写工程控制程序。

5）完善菜单按钮功能

虽然用户在工程中建立了自己的操作菜单，但对于一些功能比较强大、关联比较多的控制系统，有时还要通过制定一些按钮或文字来链接其他的变量和画面，按钮的作用既可以用来执行某些命令，还可以输入数据给某些变量。当和外部的一些智能仪表、可编程控制器、工业总线单元、计算机 PCI 接口进行连接时，会大大增加其数据传输的简捷性。

6）编写程序调试工程

工程中的用户程序编写好后，要进行在线调试。在进行现场调试的过程中，可以先借助于一些模拟的手段来进行初调，MCGS 软件为用户提供了较好的模拟手段。调试的目的是对现场的数据进行模拟，检查动画效果和控制流程是否正确，从而达到与外部设备可靠地连接。

7）连接设备驱动程序

利用 MCGS 组态软件编写好的程序，最后要实现和外部设备的连接，在进行连通之前，装入正确的驱动程序和定义通信协议是很重要的。有时不能与设备进行可靠的连接，往往就是通信协议的设置有问题而造成的。另外，合理地指定内部变量和外部变量之间的隶属关系也很重要，此项工作在设备窗口中进行。

8）工程完工综合测试

经过上述的分步调试后，就可以对系统进行整体的连续调试了，一个好的工程必须要能够经得起考验，验收合格后就可以交工。

7.2　测量数据预处理技术

组态软件简介

测量数据预处理技术应用在许多控制系统及智能化仪器中。

7.2.1　系统误差的自动校准

系统误差是指在相同条件下，经过多次测量，误差的数值（包括大小、符号）保持恒定，或按某种已知规律变化的误差。这种误差的特点是，在一定的测量条件下，其变化规律是可以掌握的，产生误差的原因一般也是知道的。因此，原则上讲，系统误差是可以通过适当的技术途径来确定并加以校正的。在系统的输入测量通道中，一般均存在零点偏移和漂移，放大电路的增益误差及器件参数的不稳定等现象，它们会影响测量数据的准确性，这些误差都属于系统误差。有时需对这些系统误差进行校准，实际中一般通过全自动校准和人工自动校准两种方法实现。

1．全自动校准

全自动校准的特点是由系统自动完成，不需人的介入，可以实现零点和量程的自动校准。全自动校准结构如图 7-5 所示。

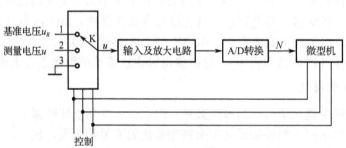

图 7-5　全自动校准结构

系统由多路转换开关（如 CD4051）、输入及放大电路、A/D 转换电路、微型机组成。可以在刚通电或每隔一定时间，自动进行一次校准，找到 A/D 输出 N 与输入测量电压 u 之间的关系，以后再求测量电压时则按照该修正后的公式计算。校准步骤如下：

（1）微机控制多路开关使 K 与 3 接通，则输入电压 $u=0$，测出此时的 A/D 值 N_0。

（2）微机控制多路开关使 K 与 1 接通，则输入电压 $u=u_R$，测出此时的 A/D 值 N_R。

设测量电压 u 与 N 之间为线性关系，表达式为：$u = aN + b$，则上述测量结果满足：

$$\begin{cases} u_R = aN_R + b \\ 0 = aN_0 + b \end{cases} \tag{7-1}$$

联立求解上式，得

$$\begin{cases} a = \dfrac{u_R}{N_R - N_0} \\ b = \dfrac{u_R N_0}{N_0 - N_R} \end{cases} \tag{7-2}$$

从而，得到校正后的公式：

$$u = \frac{u_R}{N_R - N_0} N + \frac{u_R N_0}{N_0 - N_R} = \frac{u_R}{N_R - N_0}(N - N_0) = k(N - N_0) \tag{7-3}$$

这时的 u 与放大器的漂移和增益变化无关，与 u_R 的精度也无关，可大大提高测量精度，降低对电路器件的要求。

程序设计时，每次校准后根据 u_R、N_R、N_0 计算出 k，将 k 与 N_0 放在内存单元中，按式（7-3）则可以计算出 u 值。

如果只校准零点，则实际的测量值为 $u = a(N - N_0) + b$。

2．人工自动校准

上述校准只适合于基准参数是电信号的场合，且不能校正由传感器引入的误差，为此，可采用人工自动校准的方法。人工自动校准不是自动定时校准，而是由人工在需要时接入标准的参数进行校准测量，并将测量的参数存储起来以备以后使用。人工校准一般只测一个标准输入信号 y_R，零信号的补偿由数字调零来完成。设数字调零（即 $N_0 = 0$）后，输入 y_R，输出为 N_R，输入 y，输出为 N，则可得

$$y = \frac{y_R}{N_R} N \tag{7-4}$$

计算 y_R / N_R 的比值，并将其输入计算机中，则实现了人工自动校准。

当校准信号不容易得到时，可采用当前的输入信号。校准时，给系统加上输入信号，计算机测出对应的 N_i，操作者再采用其他的高精度仪器测出这时的 y_i，把此时的 y_i 当成标准信号，则式（7-4）变为

$$y = \frac{y_i}{N_i} N \tag{7-5}$$

人工自动校准特别适合于传感器特性随时间会发生变化的场合。如电容式湿敏传感器，一般一年以上其特性会超过精度允许值，这时可采用人工自动校准。即每隔一段时间（一个月或三个月）用高精度的仪器测出当前的湿度值，然后把它作为校准值输入计算机测量系统，以后测量时，就可以自动用该值来校准测量值了。

7.2.2　线性化处理

许多常见的测温元件，其输出与被测量之间呈现非线性关系，因而需要进行线性化处理和非线性补偿。

1．铂热电阻的阻值与温度的关系

Pt100 铂热电阻适用于 -200～850℃全部或部分范围测温，其主要特性是测温精度高，稳定性好。Pt100 铂热电阻的阻值与温度的关系分为两段：-200～0℃和 0～850℃，其对应关系如下：

-200～0℃范围内，有

$$R_T = R_0[1 + AT + BT^2 + C(T-100)T^3]　　　　(7-6)$$

0～850℃范围内，有

$$R_T = R_0(1 + AT + BT^2)　　　　(7-7)$$

式中，$A = 3.90802 \times 10^{-3}℃^{-1}$；$B = -5.802 \times 10^{-7}℃^{-2}$；$C = -4.27350 \times 10^{-12}℃^{-4}$；$R_0 = 100\Omega$（0℃时的电阻值）；$R_T$ 为对应测量温度的电阻值；T 为检测温度。

若已知铂热电阻的阻值（一般通过加恒流源测量电压得到），可以按照式（7-6）和式（7-7）计算温度 T，但由于涉及平方运算，计算量较大。一般先根据公式，离线计算出所测量温度范围内温度与铂热电阻的对应关系表即分度表，然后将分度表输入计算机中，利用查表的方法实现；或者根据式（7-6）和式（7-7）画出对应的曲线，然后分段进行线性化，即用多段折线代替曲线。线性化过程见 7.2.4 插值算法。

2. 热电偶热电势与温度的关系

热电偶热电势与温度之间的关系也是非线性关系。先介绍几种热电偶的热电势与温度的关系，然后找到通用公式进行线性化。

1）铜-康铜热电偶

以 T 表示检测温度，E 表示热电偶产生的热电势，则 T 与 E 之间的关系如下：

$$T = a_8E^8 + a_7E^7 + a_6E^6 + a_5E^5 + a_4E^4 + a_3E^3 + a_2E^2 + a_1E　　　　(7-8)$$

其中，

$$a_1 = 3.8740773840 \times 10^{-2} \qquad a_2 = 3.3190198092 \times 10^{-5}$$
$$a_3 = 2.0714183645 \times 10^{-7} \qquad a_4 = -2.1945834823 \times 10^{-9}$$
$$a_5 = 1.1031900550 \times 10^{-11} \qquad a_6 = -3.0927581890 \times 10^{-4}$$
$$a_7 = 4.5653337160 \times 10^{-17} \qquad a_8 = -2.7616878040 \times 10^{-20}$$

当误差规定小于 ±0.2℃ 时，在 0～400℃ 范围内仅取如下 4 项计算温度：

$$T = b_4E^4 + b_3E^3 + b_2E^2 + b_1E　　　　(7-9)$$

其中，

$$b_1 = 2.5661297 \times 10 \qquad b_2 = -6.1954869 \times 10^{-1}$$
$$b_3 = 2.2181644 \times 10^{-2} \qquad b_4 = -3.5500900 \times 10^{-4}$$

2）铁-康铜热电偶

当误差规定小于 ±1℃ 时，在 0～400℃ 范围内，按下式计算温度：

$$T = b_4E^4 + b_3E^3 + b_2E^2 + b_1E　　　　(7-10)$$

其中，

$$b_1 = 1.9750953 \times 10 \qquad b_2 = -1.8542600 \times 10^{-1}$$
$$b_3 = 8.3683958 \times 10^{-3} \qquad b_4 = -1.3285680 \times 10^{-4}$$

3）镍铬-镍铝热电偶

在 400～1000℃ 范围内，按下式计算温度：

$$T = b_4E^4 + b_3E^3 + b_2E^2 + b_1E + b_0　　　　(7-11)$$

其中，

$$b_0 = -2.4707112 \times 10 \qquad b_1 = 2.9465633 \times 10$$
$$b_2 = -3.1332620 \times 10^{-1} \qquad b_3 = 6.5075717 \times 10^{-3}$$
$$b_4 = -3.9663834 \times 10^{-5}$$

综上所述，常见的 T 与 E 之间的关系可以用下式表示：

$$T = c_4 E^4 + c_3 E^3 + c_2 E^2 + c_1 E + c_0 \tag{7-12}$$

式（7-12）可简化为下式：

$$T = (((c_4 E + c_3)E + c_2)E + c_1)E + c_0 \tag{7-13}$$

编程时利用式（7-13）计算，较式（7-12）省去了四次方、三次方、平方等运算，简化计算过程。也可以像热电阻那样，利用查表或线性化处理的方法。

7.2.3　标度变换

生产中的各个参数都有着不同的量纲，如测温元件用热电偶或热电阻，温度单位为℃。又如，测量压力用的弹性元件膜片、膜盒及弹簧管等，其压力范围从几帕到几十兆帕。而测量流量则用节流装置，其单位为 m^3/h 等。在测量过程中，所有这些参数都经过变送器或传感器再利用相应的信号调理电路，将非电量转换成电量并进一步转换成 A/D 转换器所能接收的统一电压信号，又由 A/D 转换器将其转换成数字量送到计算机进行显示、打印等相关的操作。而 A/D 转换后的这些数字量并不一定等于原来带量纲的参数值，它仅仅与被测参数的幅值有一定的函数关系，所以必须把这些数字量转换为带有量纲的数据，以便显示、记录、打印、报警，以及操作人员对生产过程进行监视和管理。将 A/D 转换后的数字量转换成与实际被测量相同量纲的过程称为标度变换，也称为工程量转换。如热电偶测温，其标度变换说明如图 7-6 所示，要求显示被测温度值。其电压输出与温度之间的关系表示为：$u_1 = f(T)$，温度与电压值存在一一对应的关系；经过放大倍数为 k_1 的线性放大处理后，$u_2 = k_1 u_1 = k_1 f(T)$，再经过 A/D 转换后输出为数字量 D_1，D_1 数字量与模拟量成正比，其系数为 k_2，则 $D_1 = k_1 k_2 f(T)$，这即为计算机接收到的数据。该数据只是与被测温度有一定函数关系的数字量，并不是被测温度，所以不能显示该数值。要显示的被测温度值需要利用计算机对其进行标度变换，即需推导出 T 与 D_1 的关系，再经过计算得到实际温度值。

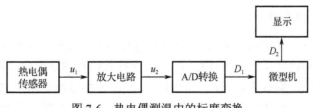

图 7-6　热电偶测温中的标度变换

标度变换有各种不同类型，它主要取决于被测参数测量传感器的类型，设计时应根据实际情况选择适当的标度变换方法。

1. 线性参数标度变换

线性参数标度变换是最常用的标度变换，其前提条件是被测参数值与 A/D 转换结果为线性关系。设 A/D 转换结果 $\hat{x}$ 与被测参数 $\tilde{x}$ 之间的关系如图 7-7 所示，则得到其线性标度变换的公式如下：

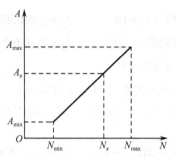

图 7-7　输入、输出线性关系

$$A_x = \frac{A_{\max} - A_{\min}}{N_{\max} - N_{\min}}(N_x - N_{\min}) + A_{\min} \tag{7-14}$$

式中　$A_{\min}$ ——被测参数量程的最小值；

　　　$A_{\max}$ ——被测参数量程的最大值；

　　　A_x ——被测参数值；

　　　$N_{\max}$ —— $A_{\max}$ 对应的 A/D 转换后的数值；

　　　$N_{\min}$ —— $A_{\min}$ 对应的 A/D 转换后的数值；

　　　N_x ——被测量 A_x 对应的 A/D 转换后的数值。

当 $N_{\min} = 0$ 时，式（7-14）可以写成

$$A_x = \frac{A_{\max} - A_{\min}}{N_{\max}} N_x + A_{\min} \tag{7-15}$$

在许多测量系统中，被测参数量程的最小值 $A_{\min} = 0$，对应 $N_{\min} = 0$，则式（7-15）可以写成

$$A_x = \frac{A_{\max}}{N_{\max}} N_x \tag{7-16}$$

根据上述公式编写的程序称为标度变换程序。编写标度变换程序时，$A_{\min}$、$A_{\max}$、$N_{\max}$、$N_{\min}$ 为已知值，可将式（7-14）变换为：$A_x = A(N_x - N_{\min}) + A_{\min}$ 事先计算出 A 值，则计算过程包括一次减法、一次乘法、一次加法，相对于按式（7-14）直接计算简单。

2．非线性参数标度变换

前面的标度变换公式只适用于 A/D 转换结果与被测量为线性关系的系统。但实际中有些传感器测得的数据与被测物理量之间不是线性关系，存在着由传感器测量方法所决定的函数关系，并且这些函数关系可以用解析式表示。一般而言，非线性参数的变化规律各不相同，故其标度变换公式也需根据各自的具体情况建立。这时我们可以采用直接解析式计算。

1）公式变换法

例如，在流量测量中，流量与差压间的关系式为

$$Q = K\sqrt{\Delta P} \tag{7-17}$$

式中　Q ——流量；

　　　K ——刻度系数，与流体的性质及节流装置的尺寸相关；

　　　ΔP ——节流装置的差压。

可见，流体的流量与被测流体流过节流装置前后产生的差压的平方根成正比。如果后续的

信号处理及 A/D 转换后为线性转换，则 A/D 数字量输出与差压信号成正比，所以流量值与 A/D 转换后的结果成正比。

根据式（7-17）及式（7-14）可以推导出流量计算时的标度变换公式为

$$Q = \frac{Q_{max} - Q_{min}}{\sqrt{N_{max}} - \sqrt{N_{min}}}(\sqrt{N_x} - \sqrt{N_{min}}) + Q_{min} \tag{7-18}$$

式中　Q_{min} —— 被测流量量程的最小值；

Q_{max} —— 被测流量量程的最大值；

Q_x —— 被测流体流量值。

实际测量中，一般流量量程的最小值为 0，所以，式（7-18）可以化简为

$$Q_x = \frac{Q_{max}}{\sqrt{N_{max}} - \sqrt{N_{min}}}(\sqrt{N_x} - \sqrt{N_{min}}) \tag{7-19}$$

若流量量程的最小值对应的数字量 $N_{min} = 0$，则式（7-19）进一步简化为

$$Q_x = Q_{max}\frac{\sqrt{N_x}}{\sqrt{N_{max}}} = \frac{Q_{max}}{\sqrt{N_{max}}}\sqrt{N_x} \tag{7-20}$$

根据上述公式编写标度变换程序时，Q_{min}、Q_{max}、N_{max}、N_{min} 为已知值，可将式（7-18）、式（7-19）、式（7-20）变换为

$$Q_x = A_1(\sqrt{N_x} - \sqrt{N_{min}}) + Q_{min} \tag{7-21}$$

$$Q_x = A_2(\sqrt{N_x} - \sqrt{N_{min}}) \tag{7-22}$$

$$Q_x = A_3\sqrt{N_x} \tag{7-23}$$

式（7-21）、式（7-22）、式（7-23）为常用的流量计算公式。编程时先计算出 A_1、A_2、A_3 值，再按上述公式计算。

2）其他标度变换法

许多非线性传感器并不像上面讲的流量传感器那样，可以写出一个简单的公式，或者虽然能够写出，但计算相当困难，这时可采用多项式插值法，也可以用线性插值法或查表法进行标度变换。

7.2.4　插值算法

实际系统中，一些被测参数往往是非线性参数，常常不便于计算和处理，有时甚至很难找出明确的数学表达式，需要根据实际检测值或采用一些特殊的方法来确定其与自变量之间的函数值；在某些时候，即使有较明显的解析表达式，但计算起来也相当麻烦。例如，在温度测量中，热电阻及热电偶与温度之间的关系，即为非线性关系，很难用一个简单的解析式来表达；而在流量测量中，流量孔板的差压信号与流量之间也是非线性关系。即使能够用公式 $Q = K\sqrt{\Delta P}$ 计算，但开方运算不但复杂，而且误差也比较大。另外，在一些精度及实时性要求比较高的仪表及测量系统中，传感器的分散性、温度的漂移及机械滞后等引起的误差在很大程度上都是不能允许的。诸如此类的问题，在模拟仪表及测量系统中，解决起来相当麻烦，甚至是不可能的。而在实际测量和控制系统中，都允许有一定范围的误差。因此，在实际系统中可以采用计算机处理，用软件补偿的办法进行校正。这样，不仅能节省大量的硬件开支，而且精度也大为提高。

1. 线性插值算法

计算机处理非线性函数应用最多的方法是线性插值法。该方法适合于在误差允许范围内函数关系可以用线性函数近似的情况。线性插值法是代数插值法中最简单的形式。假设变量 y 和自变量 x 的关系如图7-8所示。为了计算出现自变量 x 所对应的变量 y 的数值，用直线 $\overline{AB}$ 代替弧线 $\overgroup{AB}$，由此可得直线方程

$$f(x) = ax + b \tag{7-24}$$

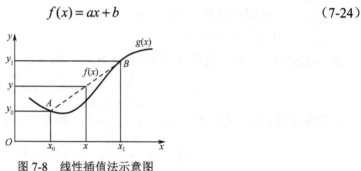

图7-8   线性插值法示意图

根据插值条件，应满足：

$$\begin{cases} y_0 = ax + b \\ y_1 = ax_1 + b \end{cases} \tag{7-25}$$

解方程组（7-25），可求出直线方程的参数，得到直线方程的表达式为

$$f(x) = \frac{y_1 - y_0}{x_1 - x_0}(x - x_0) + y_0 = k(x - x_0) + y_0 \tag{7-26}$$

由图7-8可以看出，插值点 x_0 与 x_1 之间的间距越小，则在这一区间内 $f(x)$ 与 $g(x)$ 之间的误差越小。利用式（7-26）可以编写程序，只需进行一次减法、一次乘法和一次加法运算即可。因此，在实际应用中，为了提高精度，经常采用几条直线来代替曲线，此方法称为分段插值算法。

2. 分段插值算法

分段插值算法的基本思想是将被逼近的函数（或测量结果）根据其变化情况分成几段，为了提高精度及缩短运算时间，各段可根据精度要求采用不同的逼近公式。最常用的是线性插值和抛物线插值。分段插值的分段点的选取可按实际曲线的情况及精度的要求灵活决定。

分段插值算法程序设计步骤如下：

（1）用实验法测量出传感器的输出变化曲线 $y = g(x)$ （或各插值节点的值 $(x_i, y_i), i = 0, 1, 2, \cdots, n$ ）。为使测量结果更接近实际值，要反复进行测量，以便求出一个比较精确的输入/输出曲线。

（2）将上述曲线进行分段，选取各插值基点。曲线分段的方法主要有两种：等距分段法和非等距分段法。

● 等距分段法

等距分段法即沿 x 轴等距离地选取插值基点。这种方法的主要优点是 $x_{i+1} - x_i$ 为常数，简化计算过程。但是，当函数的曲率和斜率变化比较大时，将会产生一定的误差，要想减小误差，必须把基点分得很细，这样，势必占用更多的内存，并使计算机的计算量加大。

● 非等距分段法

非等距分段法的特点是函数基点的分段不是等距的，而是根据函数曲线形状的变化率的大

小来修正插值间的距离，曲率变化大的，插值距离小一点。为了获得更高的逼近精度，可以使常用刻度范围插值距离小一点，而曲线比较平缓和非常用刻度区域距离取大一点。所以非等距插值基点的选取相对于等距分段法麻烦。（注：常用刻度和非常用刻度指该刻度区域对应的函数，如对于某温度传感器，其所处的环境温度对应的刻度范围为常用刻度范围，之外的适用工作温度对应的刻度范围为非常用刻度范围。）

（3）根据各插值基点的 (x_i, y_i) 值，使用相应的插值公式，求出实际曲线 $g(x)$ 每一段的近似表达式 $f_n(x)$。

（4）根据 $f_n(x)$ 编写应用程序。

编写程序时，必须首先判断输入值 x 处于哪一段，即将 x 与各插值基点的数值 x_i 进行比较，以便判断出该点所在的区间。然后，根据对应段的近似公式进行计算。

值得说明的是，分段插值算法总的来讲光滑度都不太高，这对于某些应用是存有缺陷的。但是，就大多数工程要求而言，也能基本满足需要。在这种局部化的方法中，要提高光滑度，就得采用更高阶的导数值，多项式的次数也需相应增高。为了能够直接使用较低次数函数的函数值，并达到较高的精度，可以采用样条插值法。

7.2.5　越限报警处理

在计算机控制系统中，被测参数经上述数据处理后，将参数送显示。插值算法的 Matlab 实现但为了安全生产，对于一些重要的参数要判断是否超出了规定工艺参数的范围，如果超越了规定的数值，要进行报警处理，以便操作人员及时采取相应的措施。

越限报警是工业控制过程常见而又实用的一种报警形式，它分为上限报警、下限报警、上下限报警。如果需要判断的报警参数是 x_n，该参数的上下限约束值分别为 x_{max} 和 x_{min}，则上下限报警的物理意义如下：

1）上限报警

若 $x_n > x_{max}$，则上限报警，否则执行原定操作。

2）下限报警

若 $x_n < x_{min}$，则下限报警，否则执行原定操作。

3）上下限报警

若 $x_n > x_{max}$，则上限报警，否则继续判断 $x_n < x_{min}$ 是否成立，若成立，则下限报警；否则继续执行原定操作。

根据上述规定，编写程序可以实现对被控参数、偏差、控制量等进行上下限报警。

7.3　软件抗干扰技术

软件抗干扰技术是当系统受干扰后使系统恢复正常运行或输入信号受干扰后去伪存真的一种辅助方法。所以软件抗干扰是被动措施，而硬件抗干扰是主动措施。但由于软件设计灵活，节省硬件资源，所以软件抗干扰技术越来越引起人们的重视。在计算机控制系统中，只要认真分析系统所处环境的干扰来源及传播途径，采用硬件、软件相结合的抗干扰措施，就能保证系统长期稳定可靠地运行。

软件抗干扰技术研究的内容，其一是采取软件的方法抑制叠加在模拟输入信号上噪声的影响，如数字滤波技术；其二是由于干扰而使运行程序发生混乱，导致程序乱飞或陷入死循环时，采取使程序纳入正规的措施，如软件冗余、软件陷阱技术等。

7.3.1 数字滤波技术

在工业过程控制系统中，由于现场环境复杂，常存在多种形式的干扰，干扰信号分为周期和非周期两种形式，如环境温度、电场、磁场等。干扰信号可以通过数字滤波的方法加以削弱或滤除，从而保证系统工作的可靠性。所谓数字滤波，就是通过一定的计算程序或判断程序减小干扰在有用信号中的比重。数字滤波器与模拟滤波器相比，具有如下优点：

（1）由于数字滤波采用程序实现，所以无须增加任何硬设备，可以实现多个通道共享一个数字滤波程序，从而降低成本。

（2）由于数字滤波器不需增加硬设备，所以系统可靠性高、稳定性好，各回路间不存在阻抗匹配问题。

（3）可以对频率很低（如 0.01Hz）的信号实现滤波，克服了模拟滤波器的缺陷。

（4）可根据需要选择不同的滤波方法，或改变滤波器的参数。较改变模拟滤波器的硬件电路或元件参数灵活、方便。

正因为数字滤波器具有上述优点，所以数字滤波器受到相当的重视，并得到了广泛的应用。数字滤波的方法有很多种，可以根据不同的测量参数进行选择。下面介绍几种常用的数字滤波方法及如何用 C 语言来实现相应的程序设计。

1．平均值滤波

1）算术平均值滤波

算术平均值滤波是要寻找一个 Y，使该值与各采样值间误差的平方和为最小，即

$$E = \min\left[\sum_{i=1}^{N} e_i^2\right] = \min\left[\sum_{i=1}^{N} (Y - x_i)^2\right] \tag{7-27}$$

由一元函数求极值原理，得

$$Y = \frac{1}{N}\sum_{i=1}^{N} x_i \tag{7-28}$$

式中　Y ——N 个采样值的算术平均值；

　　　x_i ——第 i 次采样值；

　　　N ——采样次数。

式（7-28）便是算术平均值法数字滤波公式。由此可见，算术平均值法滤波的实质即把 N 次采样值相加，然后再除以采样次数 N，得到接近于真值的采样值，其程序设计较简单。用 C 语言编写的算术平均值滤波程序如下：

```
int comp(int num)
{
  unsigned int result，I;
  result=0
  for(i=0;i<num;i++)
  result=result+val[i];                    /*计算平均值，val[ ]内为采样值*/
```

```
    return (result/num);                      /*返回平均结果值*/
}
```

该方法主要对压力、流量等周期脉动的采样值进行平滑处理，不适用于脉冲性干扰比较严重的场合。滤波的平滑度和灵敏度取决于 N 值，随着 N 值的增大，平滑度将提高，灵敏度降低；N 较小时，平滑度低，但灵敏度高。通常对流量参数滤波时 $N=12$，对压力信号滤波时 $N=4$。

2）加权算术平均值滤波

由式（7-28）可以看出，算术平均值法对每次采样值给出相同的加权系数，即 $1/N$，但实际上有些场合各采样值对结果的贡献不同，有时为了提高滤波效果，提高系统对当前所受干扰的灵敏度，将各采样值取不同的比例，然后再相加，此方法称为加权平均值滤波法。N 次采样的加权平均公式为

$$Y = a_0 x_0 + a_1 x_1 + \cdots + a_N x_N \tag{7-29}$$

式中，$a_0, a_1, \cdots, a_N$ 为各次采样值的系数，它体现了各次采样值在平均值中所占的比例，可根据具体情况决定，$a_0 + a_1 + \cdots + a_N = 1$。一般采样次数越靠后，取的比例越大，这样可增加新的采样值在平均值中的比例。这种滤波方法可以根据需要突出信号的某一部分，抑制信号的另一部分。

3）滑动平均值滤波

不管是算术平均值滤波，还是加权算术平均值滤波，都需连续采样 N 个数据，然后求算术平均值。这种方法适合于有脉动式干扰的场合。但由于必须采样 N 次，需要时间较长，故检测速度慢，这对采样速度较慢而又要求快速计算结果的实时系统就不适用。为了克服这一缺点，可采用滑动平均值滤波。

滑动平均值滤波与算术平均值滤波和加权算术平均值滤波一样，首先采样 N 个数据放在内存的连续单元中组成采样队列，计算其算术平均值或加权算术平均值作为第 1 次采样值；接下来将采集队列向队首移动，将最早采集的那个数据丢掉，新采样的数据放在队尾，而后计算包括新采样数据在内的 N 个数据的算术平均值或加权平均值。这样，每进行一次采样，就可计算出一个新的平均值，从而大大加快了数据处理的速度。

滑动平均值滤波程序设计的关键是，每采样一次，移动一次数据块，然后求出新一组数据之和，再求平均值。值得说明的是，在滑动平均值滤波中开始时要先把数据采样 N 次，再实现滑动滤波。

2. 中值滤波

中值滤波就是对某一个被测参数连续采样 N 次，然后把 N 次的采样值从大到小（或从小到大）排队，再取中间值为本次采样值。用 C 语言编写的利用"冒泡"程序设计算法来实现中值滤波的程序如下：

```c
int comp(int num)
{
    unsigned int temp, I, j;
    for(i=0;i<num-1;i++)
    for(j=0;j<num-1;j++)
    if (val[j]<val[j+1])              /* 比较 A/D 值大小 */

    {
        temp=val[j];                  /* 反序则做"冒泡"处理 */
```

```
    val[j]=val[j+1];
    val[j+1]=temp;
    }
        return (val[num/2]);                /* 返回中值结果 */
}
```

中值滤波对于去掉偶然因素引起的波动或由传感器不稳定而造成的误差所引起的脉冲干扰比较有效。对缓慢变化的过程变量采用中值滤波效果比较好，但对快速变化的过程变量，如流量，则不宜采用。中值滤波对于采样点多于三次的情况不宜采用。

3．RC 低通数字滤波

常用的一阶低通 RC 模拟滤波器电路如图 7-9 所示。在模拟电路常用其滤掉较高频率信号，

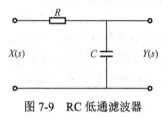

保留较低频率信号。当要实现低频干扰的滤波时，即通频带进一步变窄，则需要增加电路的时间常数。而时间常数越大，必然要求 R 值或 C 值增大，C 值增大其漏电流也随之增大，从而使 RC 网络的误差增大。为了提高滤波效果，可以仿照 RC 低通滤波器，用数字形式实现低通滤波。

图 7-9　RC 低通滤波器

由图 7-9 不难写出模拟低通滤波器的传递函数，即

$$G(s) = \frac{Y(s)}{X(s)} = \frac{1}{T_f s + 1} \qquad (7\text{-}30)$$

式中，T_f 为 RC 滤波器的时间常数，$T_f = RC$。由式（7-30）可以看出，RC 低通滤波器实际上是一个一阶惯性环节，所以 RC 低通数字滤波也称为惯性滤波。

为了将式（7-30）的算法利用计算机实现，须将其转换成离散的表达式。首先将式（7-30）转换成微分方程的形式，再利用后向差分法将微分方程离散化，过程如下：

$$\frac{dy(t)}{dt} T_f + y(t) = x(t) \qquad (7\text{-}31)$$

$$\frac{y(k) - y(k-1)}{T} T_f + y(k) = x(k) \qquad (7\text{-}32)$$

式中　$x(k)$ ——第 k 次输入值；

$y(k-1)$ ——第 k-1 次滤波结果输出值；

$y(k)$ ——第 k 次滤波结果输出值；

T ——采样周期。

将式（7-32）进行整理得

$$y(k) = \frac{T}{T+T_f} x(k) + \frac{T_f}{T+T_f} y(k-1) = (1-\alpha)x(k) + \alpha y(k-1) \qquad (7\text{-}33)$$

式中　α ——滤波平滑系数，$\alpha = \dfrac{T_f}{T+T_f}$，且 $0 < \alpha < 1$。

RC 低通数字滤波对周期性干扰具有良好的抑制作用，适用于波动频率较高参数的滤波。其不足之处是引入了相位滞后，灵敏度低。滞后程度取决于 α 值的大小。同时，它不能滤除掉频率高于采样频率 1/2（称为香农频率）以上的干扰信号。例如，采样频率为 100Hz，则它不能滤去 50Hz 以上的干扰信号。对于高于香农频率的干扰信号，应采用模拟滤波器。

4．复合数字滤波

为了进一步提高滤波效果，有时可以把两种或两种以上不同滤波功能的数字滤波器组合起来，组成复合数字滤波器，或称多级数字滤波器。例如，前边讲的算术平均滤波或加权平均滤波，都只能对周期性的脉动采样值进行平滑加工，但对于随机的脉冲干扰，如电网的波动、变送器的临时故障等，则无法消除。然而，中值滤波却可以解决这个问题。因此，我们可以将二者组合起来，形成多功能的复合滤波。即把采样值先按从小到大的顺序排列起来，然后将最大值和最小值去掉，再把余下的部分求和并取其平均值。这种滤波方法的原理可由下式表示：

若 $x(1) \leqslant x(2) \leqslant \cdots \leqslant x(N)$，$3 \leqslant N \leqslant 14$，则

$$y(k) = \frac{[x(2) + x(3) + \cdots + x(N-1)]}{N-2} = \frac{1}{N-2} \sum_{i=2}^{N-1} x(i) \tag{7-34}$$

式（7-34）也称作防脉冲干扰平均值滤波。该方法兼容了算术平均值滤波和中值滤波的优点，当采样点数不多时，它的优点尚不够明显，但在快、慢速系统中，它却都能削弱干扰，提高控制质量。当采样点数为 3 时，则为中值滤波。

5．程序判断滤波（又称限幅滤波）

适合数据变化比较缓慢的情况，根据经验判断，确定两次采样允许的最大偏差，每次检测到新值时判断：如果本次值与上次值之差小于等于最大偏差值，则本次值有效；如果本次值与上次值之差大于最大偏差，则本次值无效，用上次值代替本次值。

该滤波方法的优点是能有效克服因偶然因素引起的脉冲干扰；缺点是无法抑制周期性干扰和平滑误差。

6．一阶滞后滤波

该滤波方法适合波动频率较高的场合。具体做法为：取 $a = 0 \sim 1$，有

　　　　本次滤波结果=(1-a)×本次采样值+a×上次滤波结果

一阶滞后滤波的优点是对周期性干扰具有良好的抑制作用；缺点是相位滞后，灵敏度低，滞后程度取决于 a 值的大小，不能消除滤波频率高于采样频率 1/2 的干扰信号。

7．各种数字滤波性能的比较

以上介绍了数字滤波方法，每种滤波程序都有其各自的特点，可根据具体的测量参数进行合理的选用。

1）滤波效果

一般来说，对于变化比较慢的参数，如温度，可选用程序判断滤波及一阶滞后滤波方法。对那些变化比较快的脉冲参数，如压力、流量等，则可选择算术平均值滤波和加权算术平均值滤波法，特别是加权算术平均值滤波法更好。至于要求比较高的系统，需要用复合滤波法。在算术平均值滤波和加权算术平均值滤波中，其滤波效果与所选择的采样次数 N 有关。N 越大，则滤波效果越好，但花费的时间也越长。高通及低通滤波程序是比较特殊的滤波程序，使用时一定要根据其特点选用。

2）滤波时间

在考虑滤波效果的前提下，应尽量采用执行时间比较短的程序，若计算机时间允许，采用

效果更好的复合滤波程序。

注意，数字滤波在热工和化工过程控制系统中并非一定需要，需根据具体情况，经过分析、实验加以选用。不适当地应用数字滤波（例如，可能将待控制的波滤掉），反而会降低控制效果，以至失控，因此必须予以注意。

7.3.2　输入/输出数字量的软件抗干扰技术

1. 输入数字量的软件抗干扰技术

干扰信号多呈毛刺状，作用时间短，利用这一特点，对于输入的数字信号，可以通过重复采集的方法，将随机干扰引起的虚假输入状态信号滤除掉。若多次数据采集后信号总是变化不定，则停止数据采集并报警；或者在一定采集时间内计算出现高电平、低电平的次数，将出现次数高的电平作为实际采集数据。对每次采集的最高次数限额或连续采样次数可按照实际情况适当调整。

2. 输出数字量的软件抗干扰技术

当系统受到干扰后，往往使可编程的输出端口状态发生变化，因此可以通过反复对这些端口定期重写控制字、输出状态字，来维持既定的输出端口状态。只要可能，其重复周期尽可能短，外部设备受到一个被干扰的错误信息后，还来不及做出有效的反应，一个正确的输出信息又来到了，就可及时防止错误动作的发生。对于重要的输出设备，最好建立反馈检测通道，CPU通过检测输出信号来确定输出结果的正确性，如果检测到错误应及时修正。

7.3.3　指令冗余技术

微机的指令系统中，有单字节指令、双字节指令、三字节指令等，CPU的取指过程是先取操作码，后取操作数。当CPU受到干扰后，程序便会脱离正常运行轨道，而出现"飞车"现象，出现操作数数值改变及将操作数当作操作码的错误。因单字节指令中仅含有操作码，其中隐含有操作数，所以当程序跑飞到单字节指令时，便自动纳入轨道。但当跑飞到某一双字节指令时，有可能落在操作数上，从而继续出错。当程序跑飞到三字节指令时，因其有两个操作数，继续出错的机会就更大。

为了使跑飞的程序在程序区内迅速纳入正轨，应该多用单字节指令，并在关键地方人为地插入一些单字节指令如NOP，或将有效单字节指令重复书写，称为指令冗余。指令冗余显然会降低系统的效率，但随着科技的进步，指令的执行时间越来越短，所以一般对系统的影响可以不必考虑，因此该方法得到了广泛的应用。具体编程时，可从以下两方面考虑进行指令冗余。

在一些对程序流向起决定作用的指令和某些对工作状态起重要作用的指令之前插入两条NOP指令，以保证跑飞的程序能迅速纳入正常轨道。

在一些对程序流向起决定作用的指令和某些对工作状态起重要作用的指令的后面重复书写这些指令，以确保这些指令的正确执行。

由以上可以看出，指令冗余技术可以减少程序跑飞的次数，使其很快纳入正常程序轨道。但采用指令冗余技术使程序纳入正常轨道的条件是：跑飞的程序必须在程序运行区，并且必须能执行到冗余指令。

7.3.4　软件陷阱技术

当跑飞程序进入非程序区（如 EPROM 未使用的空间）或表格区时，采用指令冗余技术使程序回归正常轨道的条件便不能满足，此时就不能再采用指令冗余技术，但可以利用软件陷阱技术拦截跑飞程序。

软件陷阱技术就是一条软件引导指令，强行将捕获的程序引向一个指定的地址，在那里有一段专门对程序出错进行处理的程序。如果把出错处理程序的入口地址标记为 ERR 的话，软件陷阱即为一条无条件转移指令，为了加强其捕获效果，一般还在无条件转移指令前面加两条 NOP 指令，因此真正的软件陷阱程序如下：

```
NOP
NOP
JMP ERR
```

软件陷阱一般安排在以下五种地方：
- 未使用的中断向量区；
- 未使用的大片 ROM 区；
- 表格；
- 运行程序区；
- 中断服务程序区。

由于软件陷阱都安排在正常程序执行不到的地方，故不影响程序执行效率，在 EPROM 容量允许的情况下，多多益善。

7.4　数字 PID 控制器的工程实现

数字 PID 控制器由于具有参数整定方便、结构改变灵活（如 PI、PD、PID 结构）、控制效果较佳的优点，而获得广泛的应用。数字 PID 控制器就是按 PID 控制算法编制一段应用程序，在设计 PID 控制程序时，必须考虑各种工程实际情况，并含有一些必要的功能以便用户选择。数字 PID 控制器算法的工程实现可分为六个部分，如图 7-10 所示。

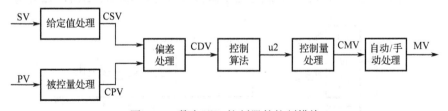

图 7-10　数字 PID 控制器的控制模块

7.4.1　给定值处理

给定值包括选择给定值 SV 和给定值变化率限制 SR 两部分，如图 7-11 所示。通过选择软开关 CL/CR，可构成内给定状态或外给定状态；通过选择软开关 CAS/SCC 可以构成串级控制或监督控制（SCC）。

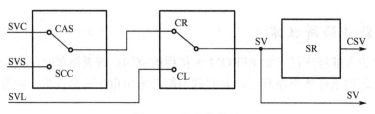

图 7-11　给定值处理

1．内给定状态

当软开关 CL/CR 切向 CL 位置时，选择本级控制回路设量的给定位 SVL。这时系统处于单回路控制的内部给定状态，利用给定值键可以修改给定值。

2．外给定状态

当软开关 CL/CR 切向 CR 位置时，给定值来自上位计算机、主回路或运算模块，系统处于外给定状态。在此状态下，可以实现以下两种控制方式。

（1）SCC 控制，当软开关 CAS/SCC 切向 SCC 位置时，接收来自上位计算机的给定值 SVS，以便实现二级计算机控制。

（2）串级控制，当软开关 CAS/SCC 切向 CAS 位置时，给定值 SVS 来自主调节模块，实现串级控制。

3．给定值变化率限制

为了减少给定值突变对控制系统的扰动，防止比例、积分饱和，以实现平稳控制，需要对给定值的变化率 SR 加以限制。变化率的选取要适中，过小会使响应变慢，过大则达不到限制的目的。

综上所述，在给定值处理框图 7-11 中，有 3 个输入量（SVL、SVC、SVS）、两个输出量（SV、CSV）、两个开关量（CL/CR、CAS/SCC）及 1 个变化率（SR）。为了便于 PID 控制程序调用这些参数，需要给这些参数在计算机内存分配存储单元。

7.4.2　被控量处理

为了安全运行，需要对被控量 PV 进行上下限报警处理，其原理如图 7-12 所示。

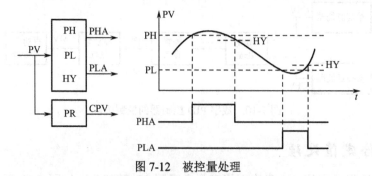

图 7-12　被控量处理

当 PV>PH（上限值）时，则上限报警状态（PHA）为 "1"。

当 PV<PH（下限值）时，则下限报警状态（PLA）为 "1"。

当出现上、下限报警状态（PHA、PLA）时，它们通过驱动电路发出声光报警，以便提醒操作员注意。为了不使 PHA/PLA 的状态频繁改变，可以设置一定的报警死区（HY）。

为了实现平稳控制，需要对参与控制的被控量的变化率 PR 加以限制。变化率的选取要适中，过小会使响应变慢，过大则达不到限制的目的。

被控量处理数据区存放 1 个输入量 PV，3 个输出量 PHA、PLA 和 CPV，4 个参数 PH、PL、HY 和 PR。

7.4.3　偏差处理

偏差处理分为计算偏差、偏差报警、非线性特性和输入补偿等部分，如图 7-13 所示。

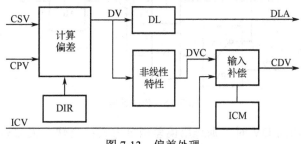

图 7-13　偏差处理

1．计算偏差

根据正反作用方式（D/R）计算偏差 DV，即：

当 D/R=0 时，代表正作用，偏差 DV=CPV−CSV；

当 D/R=1 时，代表反作用，偏差 DV=CSV−CPV。

2．偏差报警

对于控制要求较高的对象，不仅要设置被控制量 PV 的上、下限报警，而且要设置偏差报警，当偏差绝对值大于某个极限值 DL 时，则偏差报警状态 DLA 为"1"。

3．输入补偿

根据输入补偿方式 ICM 状态，决定偏差 DVC 与输入补偿 ICV 之间的关系，即：

当 ICM=0 时，代表无补偿，此时 CDV=DVC；

当 ICM=1 时，代表加补偿，此时 CDV=ICV+DVC。

4．非线性特性

为了实现非线性 PID 控制或带死区的 PID 控制，设置了非线性区-A～+A 和非线性增益 K。非线性特性如图 7-14 所示，即当 K=0 时，为带死区的 PID 控制；当 10≪K 时，则为非线性 PID 控制。

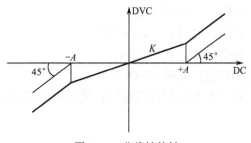

图 7-14　非线性特性

7.4.4　控制算法的实现

在自动状态下，需要进行控制计算，即按照 PID 控制的各种差分方程，计算控制量 U，并进行上、下限限幅处理，如图 7-15 所示。

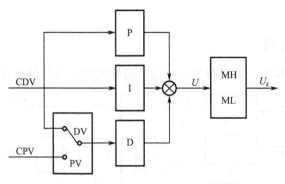

图 7-15　PID 计算

当软开关 DV/PV 切向 DV 时，则选用偏差微分方式；当软开关 DV/PV 切向 PV 时，则选用测量（即被控量）微分方式。

在 PID 计算数据区，不仅要存放 PID 参数（K_P、T_I、T_D）和采样周期 T，还要存放微分方式 DV/PV、积分分离阈值ε、控制量上限限制值 MH 和下限限制值 ML，以及控制量 U_k。为了进行递推运算，还应保存历史数据 $e(k-1)$、$e(k-2)$ 和 $u(k-1)$。

7.4.5　控制量处理

一般情况下，在输出控制量 U_k 以前，还应经过如图 7-16 所示的各项处理，以便扩展控制功能，实现安全平稳操作。

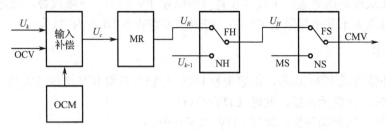

图 7-16　控制量处理

1．输出补偿

根据输出补偿方式 OCM 的状态，决定控制量 U_K 与输出补偿量 OCV 之间的关系，即：

当 OCM=0 时，代表无补偿，此时 $U_c=U_K$；

当 OCM=1 时，代表加补偿，此时 $U_c=U_K+OCV$；

当 OCM=2 时，代表减补偿，此时 $U_c=U_K-OCV$；

当 OCM=3 时，代表置换补偿，此时 $U_c=OCV$。

利用输出和输入补偿，可以扩大实际应用范围，灵活组成复杂的数字控制器，以便组成复杂的自动控制系统。

2．变化率限制

为了平稳操作，需要对控制量的变化率 MR 加以限制。变化率的选取要适中，过小会使操作变慢，过大则达不到限制的目的。

3．输出保持

当软开关 FH/NH 切向 NH 位置时，现时刻的控制量 $u(k)$ 等于前一时刻的控制量 $u(k-1)$，即控制量保持不变。当软开关 FH/NH 切向 FH 位置时，又恢复正常输出方式。软开关 FH/NH 状态一般来自系统安全报警开关。

4．安全输出

当软开关 FS/NS 切向 NS 位置时，现时刻的控制量等于预置的安全输出量 MS。当软开关 FS/NS 切向 FS 位置时，又恢复正常输出方式。软开关 FS/NS 状态一般来自系统安全报警开关。

控制量处理数据区需要存放输出补偿量 OCV 和补偿方式 OCM、变化率限制值 MR、软开关 FH/NH 和软开关 FS/NS、安全输出量 MS 及控制量 CMV。

7.4.6　自动/手动切换

在正常运行时，系统处于自动状态；而在调试阶段或出现故障时，系统处于手动状态。图 7-17 为自动/手动切换处理框图。

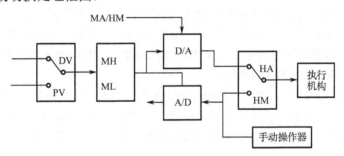

图 7-17　自动/手动切换处理框图

1．软自动/软手动

当软开关 SA/SM 切向 SA 位置时，系统处于正常的自动状态，称为软自动（SA）；反之，切向 SM 位置时，控制量来自操作键盘或上位计算机，此时系统处于计算机手动状态，称为软手动（SM）。一般在调试阶段，采用软手动（SM）方式。

2．控制量限幅

为了保证执行机构工作在有效范围内，需要对控制量 U_K 进行上、下限限幅处理，使得 ML≤MV≤MH，再经 D/A 转换器输出 0～10mA（DC）或 4～20mA（DC）。

3．自动/手动

对于一般的计算机控制系统，可采用手动操作器作为计算机的后援操作。当切换开关处于 HA 位置时，控制量 MV 通过 D/A 输出，此时系统处于正常的计算机控制方式，称为自动状态（HA 状态）；反之，若切向 HM 位置，则计算机不再承担控制任务，由操作人员通过手动操作器输出 0～10mA（DC）或 4～20mA（DC）信号，对执行机构进行远方操作，这称为手动状态

（HM 状态）。

4．无扰动切换

无扰动切换是指在进行手动到自动或自动到手动的切换之前，不必由人工进行手动输出控制信号与自动输出控制信号之间的对位平衡操作，就可以保证切换时不会对执行机构的现有位置产生扰动。为此，应采取以下措施：

为了实现从手动到自动的无扰动切换，在手动（SM 或 HM）状态下，尽管并不进行 PID 计算，但应使给定值（CSV）跟踪被控量（CPV），同时也要把历史数据，如 $e(k-1)$、$e(k-2)$ 清零，还要使 $u(k-1)$ 跟踪手动控制量（MV 或 VM）。这样，一旦切向自动（SA 或 HA）状态时，由于 CSV=CPV，因而偏差 $e(k)=0$ 而 $u(k-1)$ 又等于切换瞬间的手动控制量，这就保证了 PID 控制量的连续性。当然，这一切要有相应的硬件电路配合。

当从自动（SA 或 HA）切向软手动（SM）时，只要计算机应用程序工作正常，就能自动保证无扰动切换。当从自动（SA 或 HA）切向硬手动（HM）时，通过手动操作器电路，也能保证无扰动切换。

从输出保持状态或安全输出状态切向正常的自动工作状态时，同样需要进行无扰动切换，为此可采取类似的措施。

自动/手动切换数据区需要存放软手动控制量 SMV、软开关 SA/SM 状态、控制量上限限值（MH）和下限限值（ML）、控制量 MV、切换开关 HA/HM 状态，以及手动操作器输出 VM。

以上讨论了 PID 控制程序的各部分功能及相应的数据区。完整的 PID 控制模块数据区除了上述各部分外，还有被控量量程上限 RH 和量程下限 RL、工程单位代码、采样（控制）周期等。该数据区是 PID 控制模块存在的标志，可把它看成是数字 PID 控制器的实体。只有正确填写 PID 数据区后，才能实现 PID 控制系统。

采用上述 PID 控制模块，不仅可以组成单回路控制系统，而且还可以组成串级、前馈、纯滞后补偿（SMITH）等复杂控制系统。对于前馈、纯滞后补偿（SMITH）控制系统，还应增加补偿运算模块。利用 PID 控制模块和各种功能运算模块的组合，可以实现各种控制系统来满足生产过程控制的要求。

习题

1．简述计算机控制程序设计的步骤和方法。

2．什么是组态？常用的工控组态软件有哪些？工控组态软件有哪些功能？

3．测量数据预处理技术包含哪些技术？

4．系统误差如何产生？如何实现系统误差的全自动校准？

5．标度变换在工程上有什么意义？在什么情况下使用标度变换？说明热电偶测量、显示温度时，实现标度变换的过程。

6．某压力测量仪表的量程为 400～1200Pa，采用 8 位 A/D 转换器，设某采样周期计算机中经采样及数字滤波后的数字量为 ABH，求此时的压力值。

7．某电阻炉温度变化范围为 0～1600℃，经温度变送器输出电压为 1～5V，再经 AD574A 转换，AD574A 输入电压范围为 0～5V，计算当采样值为 D5H 时，电阻炉温度是多少。

8．某炉温度变化范围为 0～1500℃，要求分辨率为 3℃，温度变送器输出范围为 0～5V。

若 A/D 转换器的输入范围也为 0～5V，则求 A/D 转换器的位数应为多少位？若 A/D 不变，现在通过变送器零点迁移而将信号零点迁移到 600℃，此时系统对炉温的分辨率为多少？

9．说明分段插值算法实现的步骤并利用高级语言编写其程序。

10．什么是越限报警处理？

11．常用的数据排序技术有哪些？如何实现？试编写其实现程序。

12．常用的查表技术有哪些？如何实现？

13．数字滤波与模拟滤波相比有哪些优点？常用的数字滤波技术有哪些？

14．编制一个能完成复合数字滤波的子程序，每个采样值为 12 位二进制数。

15．如何实现对输入数字量和输出数字量的软件抗干扰？

16．什么是指令冗余？如何实现？

17．什么是软件陷阱技术？如何实现？

第8章

计算机控制系统的设计与实现

本章知识点：
- 系统设计的原则与过程
- 系统的工程设计与实现
- 总体方案设计
- 硬件的工程设计与实现
- 软件的工程设计与实现
- 系统的运行调试
- 电热油炉温度单片机控制系统设计
- 控制任务与工艺要求
- 硬件系统详细设计
- PID 算法及参数整定等

基本要求：
- 了解计算机控制系统设计与实现问题，理解工程设计的状态
- 掌握系统设计的原则与步骤，以及如何进行系统的工程设计与实现
- 理解应用实例的过程计算机控制系统的设计与实现
- 理解根据实际工艺及控制要求，设计系统总体方案，进行系统硬件和软件的设计，给出系统的安装调试运行及控制效果

能力培养：

本章主要通过介绍计算机控制系统设计的原则与步骤、计算机控制系统的工程设计与实现、计算机控制系统的设计举例等，培养学生计算机控制系统的总体设计与开发能力。

本章讲述了计算机控制系统设计的原则和一般步骤，并包含了系统的硬件与软件设计。最后，以电热油炉温度控制系统的设计为例进行介绍。

8.1 系统设计的原则与步骤

8.1.1 系统设计的原则

1. 安全可靠

作为工业控制系统，其工作环境比较恶劣，干扰因素较多。一旦系统受到威胁出现故障，

则会产生不良后果。因此，在控制系统的设计过程中，把安全可靠放在首位。为保证系统的安全可靠，需采取以下措施：

（1）选择高性能的工控机。

（2）设计可靠的控制方案。

（3）设置各种安全保护措施（如报警、事故预测、事故处理和不间断电源等）。

（4）设计后备装置（一般控制回路：手动操作；重要控制回路：常规仪表控制；特殊的控制对象：双机系统）。

2．操作维护方便

操作方便：操作简单，界面直观形象，易于掌握。不仅要能体现操作的先进性，更要顾及原有的操作习惯。

维护方便：易于查找与排除故障，可采用标准的功能模块式结构，安装工作指示灯和监测点，配置诊断程序。

3．实时性强

工控机的实时性表现在对内部和外部事件能及时地响应与处理。事件分为两大类：定时事件、随机事件。对于定时事件，应设置时钟，保证定时处理；对于随机事件，应设置中断，并预先设定中断级别，保证按优先级从高到低处理故障。

4．通用性好

工控机的通用灵活性体现在两方面：在硬件模块设计上采用标准总线结构，配置各种通用的功能模块，以便扩充；在软件模块设计上采用标准模块结构，用户无须二次开发，可按需选择。

5．经济效益高

（1）性价比尽可能高。

（2）投入产出比尽可能低。

8.1.2　系统设计的步骤

系统工程项目的研制主要分为四个阶段：工程项目与控制任务的确定阶段、工程项目的设计阶段、离线仿真和调试阶段、在线调试和运行阶段。

1．工程项目与控制任务的确定阶段

工程项目与控制任务的确定阶段需要甲方、乙方协同完成。甲方即任务的委托方，国际上一般称为"买方"。乙方即任务的承接方，国际上一般称为"卖方"。为避免产生不必要的矛盾，双方需完成相应工作。

（1）甲方一定要提供正式的书面任务委托书，明确系统技术性能指标要求，以及经费、计划进度和合作方式等。

（2）乙方在收到任务委托书后需仔细研读，逐条分析。对含糊不清、认知上有分歧及需要补充或删改的地方逐条标记，并拟定出要进一步弄清的问题及修改意见。

（3）双方对委托书进行确定性修改。在进行讨论时，双方应有各方面都有经验的人员参加，以避免因行业和专业不同所带来的局限性。确认或修改委托书中含义不清的词汇和条款，并且

双方的任务和技术界限必须划分清楚。

（4）乙方初步进行系统总体方案设计。在条件允许的情况下，应准备多套方案以便比较。总体方案应能够清楚反映出三大关键问题：技术难点、经费概算和工期。

（5）乙方进行方案可行性论证。目的在于估计承接该任务的把握性，并为签订合同后的设计工作打下基础。主要内容包括技术可行性、经费可行性和进度可行性。对于控制项目，应特别注意可测性和可控性。

（6）双方签订合同书。包含如下内容：经过双方修改和认可的甲方"任务委托书"的全部内容、双方的任务划分和各自应承担的责任、合作方式、付款方式、进度和计划安排、验收方式及条件、成果归属及违约的解决方法。

2．工程项目的设计阶段

工程项目的设计阶段主要包含组建设计队伍、系统总体方案设计、方案论证和评审、硬件和软件的细化设计、硬件和软件的调试、系统组装等。流程图如图 8-1 所示。

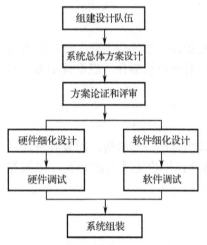

图 8-1　工程项目的设计阶段流程图

（1）组建设计队伍，队伍中应包含懂计算机硬件、软件并有相关经验的技术人员。成员之间应明确分工、相互协调。

（2）系统总体方案设计，形成硬件和软件的方块图，并建立说明文档。

（3）方案论证和评审，对系统设计方案进行最终裁定。评审后确定的方案是进行具体设计和工程实施的依据，因此应邀请有关专家、主管领导、甲方代表参加。评审后应重新修改总体方案，评审过的方案设计应有正式文件存档，原则上不应再做较大的改动。

（4）硬件和软件的细化设计。为避免不必要的资源浪费和返工，细化设计需在方案评审后才可进行。所谓的细化设计就是将方块图中的方块画到底层，然后进行底层块内的结构细化设计。硬件细化设计就是选购模块及设计制作专业模板；软件细化设计就是把一个个模块编制成一条条程序。

（5）硬件和软件的调试。在调试过程中，需边调试边修改，反复进行直至系统运行完善。

（6）系统组装。

3．离线仿真和调试阶段

离线仿真和调试是指在实验室而不是在工业现场进行的仿真和调试。在离线仿真和调试试验后，还要进行拷机运行，其目的是要在连续不断的运行中暴露问题然后解决问题。其流程图如图 8-2 所示。

4．在线调试和运行阶段

在线调试和运行就是将系统和生产过程连接在一起，进行现场调试和运行。对出现的问题需认真分析加以解决。系统运行正常后仍需试运行一段时间才可以组织验收。验收是系统项目最终完成的标志，应由甲方主持乙方参加，双方协同办理。验收完毕应形成文件存档。其流程图如图 8-3 所示。

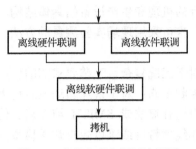

图 8-2　离线仿真和调试流程图

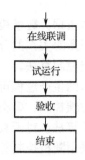

图 8-3　在线调试和运行流程图

8.2　系统的工程设计与实现

本节就系统的工程设计与实现的具体问题做进一步的讨论，这些具体问题对实际工作有重要的指导意义。在进行系统设计之前，首先应调查、分析被控对象及其工作过程，熟悉其工艺流程，并根据实际应用中存在的问题提出具体的控制要求，确定所设计的系统能够完成任务。

8.2.1　总体方案设计

1．确定系统的性质和结构

首先依据合同书的技术要求确定系统为数据采集处理系统或对象控制系统。若是对象控制系统，还需根据系统性能指标要求采用开环控制或闭环控制。根据控制要求、任务的复杂度、控制对象的地域分布等，确定系统是采用直接数字控制（DDC）、计算机监督控制（SCC），还是采用分布式控制，并划分各层次应该实现的功能。总体设计主要应用的方法是"黑箱"设计法，即根据控制要求，将完成控制任务所需的各功能单元、模块及控制对象采用方块图表示，从而形成系统的总体框图。框图上只能体现各单元与模块的输入信号、输出信号、功能要求及它们之间的逻辑关系，并不能展现"黑箱"内的具体结构。

2．确定系统的构成方式

目前用于工业控制的计算机装置有很多，如单片机、可编程控制器（PLC）、IPC、DCS、FCS 等。当系统规模较小、控制回路较少时可采用单片机系列；当系统规模较大、自动化水平要求高、集控制与管理于一体时可采用 DCS、FCS 等；当系统规模不大时，若被控对象为模拟量则可采用 IPC，若被控对象为数字量则可采用 PLC。IPC 或 PLC 具有系列化、模块化、标准化和开放式系统结构，设计人员可以根据设计要求任意选择。

3．现场设备选择

现场设备的选择主要包含传感器、变送器和执行机构的选择。选择时应对比分析多种方案，综合考虑工作环境、性能、价格等因素择优选择。

4．确定控制策略和控制算法

在确定控制策略和控制算法之前，需要建立系统的数学模型。数学模型指的是系统动态特性的数学表达式，它反映了系统输入、内部状态和输出之间的逻辑与数量关系，为系统的分析、综合或设计提供了依据。数学模型既可以根据过程进行的机理和生产设备的具体结构，通过对物料平衡和能量平衡等关系的分析计算予以推导计算，也可采用现场实验测量的方法。确定系统模型后即可确定控制算法。

对于一般简单的生产过程可采用 PI、PID 控制；对于工况复杂、工艺要求高的生产过程可采用比值控制、前馈控制、串级控制、自适应控制等控制策略；对于快速随动系统可采用最小拍无差的直接设计算法；对于具有纯滞后的对象可采用达林算法或 SMITH 纯滞后补偿算法；对于随机系统可采用随机控制算法；对于具有时变、非线性特性或难以建立数学模型的控制对象可采用模糊控制、学习控制等智能控制算法。

5．硬件、软件功能的划分

系统中某些功能既能由硬件实现也能由软件实现。多采用硬件可以提高系统的反应速度，简化软件设计工作，而过多地采用硬件则会增加系统元器件数目并降低系统的可靠性及抗干扰能力。因此，在系统设计时，硬件和软件功能的划分需要综合系统速度、可靠性、抗干扰能力、灵活性、成本等因素来考虑。

6．其他方面的考虑

要考虑人机联系方式、系统机柜或机箱的结构设计、抗干扰等方面。

7．系统总体方案设计

总体方案确定后，要形成文件，建立总体方案文档。

8.2.2　硬件的工程设计和实现

1．选择系统的总线和主机机型

1）系统总线的选择

系统采取总线结构可以简化硬件设计，具有可扩性好、更新性好等优点。系统总线分为内总线和外总线。工控机常用的内总线有 PC 总线和 STD 总线两种，一般选用 PC 总线进行系统设计。外总线指的是计算机与计算机、计算机与智能仪器、智能外设之间通信的总线，包括并行通信总线（如 IEEE-488）和串行通信总线（如 RS-232C）两大类。需根据通信的速率、距离、系统的拓扑结构、通信协议等要求综合分析以确定选取何种总线。

2）系统主机机型的选择

系统主机的机型因采用的 CPU 不同而不同。以 PC 总线工控机为例，其 CPU 有 8088、80286、80486、Pentium（586）等多种型号，内存、硬盘、主频、显示卡也有多种规格，设计人员应根据要求合理选择。

2．选择输入/输出通道模块

1）数字量（开关量）输入/输出（DI/DO）模块

PC 总线的并行 I/O 接口模块主要分为 TTL 电平的 DI/DO 和带光电隔离的 DI/DO。通常和工控机共地装置的接口需采取 TTL 电平，而其他装置与工控机之间则可采用光电隔离。

2）模拟量输入/输出（AI/AO）模块

AI/AO 模块包括 A/D、D/A 板及信号调理电路等。选择 AI/AO 模块时必须注意分辨率、转换速度、量程范围等技术指标。

3. 选择变送器和执行机构

1）变送器的选择

变送器能将被测变量转换为可远距离传输的统一标准信号，且输出信号与被测变量有一定连续关系。常用的变送器有温度变送器、压力变送器、液位变送器、差压变送器、流量变送器、各种电量变送器等。设计人员需根据被测参数的种类、量程、被测对象的介质类型和环境来选择变送器的具体型号。

2）执行机构的选择

执行机构的作用是接收计算机发出的控制信号，并把它转换成调整机构的动作，使得生产过程按预定的要求正常运行。执行机构分为气动、液动和电动三种类型。气动执行机构结构简单、价格便宜、防火防爆；液动执行机构推力大、精度高；电动执行机构体积小、种类多、使用方便。另外，还有各种有触点和无触点开关及电磁阀。若要实现连续、精确的控制目的，必须选用气动或电动调节阀，对要求不高的系统可选用电磁阀。

8.2.3　软件的工程设计和实现

1. 编程语言的选择

1）汇编语言

汇编语言是面向具体微处理器的，使用它能够详细描述控制运算和处理过程，充分使用内存，发挥硬件性能，使所编软件运行速度快、实时性好。但是汇编语言编程效率低、移植性差，一般不用于系统界面设计和系统管理功能的设计中。

2）高级语言

高级语言的编程效率高，但是编制后的源程序在执行前需要编译。这样占用内存量会增多，加大执行时间，有时很难满足系统的实时性要求。常用的高级语言有 C 语言、BASIC 语言等，均提供与汇编语言的接口。

3）组态软件

组态软件是一种针对控制系统设计的面向问题的高级语言，它能为设计人员提供众多的功能模块，系统设计人员可根据控制要求选择所选的模块生成系统控制软件，从而减少软件设计的工作量。常用的组态软件有 InTouch、FIX、KingView 组态王等。

2. 功能模块的划分

● 单个功能模块不宜过长或过短；
● 各功能模块之间界线分明，逻辑上彼此独立；
● 尽量使模块具有通用性；
● 简单任务不必模块化。

3．资源的分配

系统资源包括 ROM、RAM、定时器/计数器、中断器、I/O 地址等。ROM 用于存放程序和表格，定时器/计数器、中断器、I/O 地址在任务分析时已经分配好了。资源分配的主要工作则是 RAM 的分配，在 RAM 资源分配好后应列出一张 RAM 资源的详细分配清单，作为编程依据。

4．实时控制软件设计

1）数据采集及数据处理程序

数据采集程序主要包括模拟量和数字量多路信号的采样、输入变换、存储等。数据处理程序主要包括数字滤波程序、线性化处理和非线性补偿、标准变换程序、超限报警程序等。

2）控制算法程序

控制算法程序主要包括数字 PID 控制算法、达林算法、SMITH 补偿控制算法、最少拍控制算法、串级控制算法、前馈控制算法、解耦控制算法、模糊控制算法、最优控制算法等。在设计时需注意以下几个问题：

- 选定的控制算法必须满足控制速度、控制精度和系统稳定性的要求；
- 控制算法确定后，需要对具体被控对象做出必要的修改和补充；
- 对于复杂系统，可适当地对系统进行简化，从而简化数学模型和控制算法。

3）控制量输出程序

程序主要实现对控制量的处理（上下限和变化率处理）、控制量的变换及输出，驱动执行机构或各种电气开关。

4）实时时钟和中断处理程序

许多实时任务如周期采样、定时显示打印、定时数据处理等都必须利用实时时钟来实现，并由定时中断处理程序去完成任务。

事故报警、掉电检测及处理、重要事件处理等功能的实现常常用到中断技术。

5）数据管理程序

程序主要用于完成画面的显示、变化趋势分析、报警记录、统计报表打印输出等。

6）数据通信程序

程序主要用于完成计算机与计算机之间、计算机与智能设备之间的信息传递和交换。

8.2.4　系统的运行调试

1．离线仿真和调试

1）硬件调试

对于各标准功能模板，按照说明书检查主要功能；对于现场仪表和执行机构，必须在安装前按照说明书检查。若是分级计算机控制系统和集散控制系统，还要调试通信功能，验证数据传输的正确性。

2）软件调试

软件调试的先后顺序为子程序、功能模块、主程序。

一般与过程输入/输出通道无关的程序，可用开发机（仿真器）的调试程序进行调试。对于系统控制模块的调试分为开环和闭环两种情况进行。开环调试检查它的阶跃响应特性，闭环调试检查它的反馈控制功能。调试完所有子程序和模块，需用主程序将它们连接起来，进行整体调试，检测不同软件层之间的交叉错误及整体误差。

3）系统仿真

系统仿真应尽量采取全物理或半物理仿真。在系统仿真的基础上进行长时间的运行考验，并根据实际运行环境的要求进行特殊运行条件的考验。

2．在线仿真和调试

在实际运行前需制订调试计划、实施方案、安全措施、分工合作细则等。现场调试运行过程需从小到大、从易到难、从手动到自动、从简单到复杂逐步过渡。

8.3　电热油炉温度单片机控制系统的设计

8.3.1　控制任务与工艺要求

1．系统概述

电热油炉主要由四大部分组成：加热炉、循环系统、膨胀槽和电控柜。加热炉结构采用列管式换热形式，把电热元件直接埋入流动的导热油中，完成换热过程损失非常小。电热元件采用三相 Y 形接法，其电路原理图如图 8-4 所示，循环泵不运转，电热元件不通电。

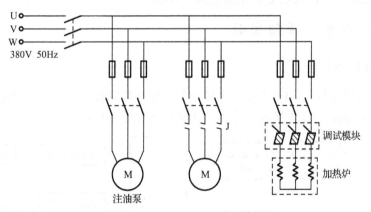

图 8-4　电热油炉主电路原理图

2．系统的技术指标

● 设定出口温度、实际测量的出口温度、入口温度数码管显示；

● 控制循环泵的运行；

● 控制两路交流接触器、一路固态继电器；

- 九段温度曲线给定设置；
- 温度范围：0～300℃；
- 供电电压：三相交流 380V；
- 功率：5.6kW。

3．工艺要求

电热油炉的主要控制参数是导热油的温度，要求出口导热油的温度应按图 8-5 所示的规律

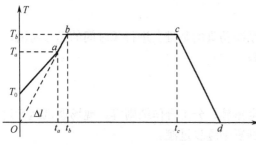

图 8-5　电热油炉炉温控制要求

变化。从室温 T_0 开始到 a 点为自由升温段，即根据电阻炉自身的条件加热，不对升温速度进行控制。温度一旦达到 T_a 时，系统开始调节进入恒速升温段，要求炉温上升的速度按某一斜率 Δl 进行。从 b 点到 c 点为保温段，要求在系统的控制下炉温基本不变，以保证所需的炉内温度的精度。保温时间为 50～100min。加工结束，由 c 点到 d 点为自然降温段，即根据电阻炉自身条件加热，不对降温速度进行控制。在加工过程中对参数有如下要求：

（1）过渡过程时间 $t_a \le 100$min。

（2）超调量 σ_P，即升温过程的温度最大值 T_M 与保温值 T_0 之差与保温值之比应小于等于 10%，有

$$\sigma_P = \frac{T_M - T_0}{T_0} \le 10\%$$

（3）静态误差 e_V，即温度进入保温段后的实际温度 T 与保温值 T_0 之差的绝对值应小于等于 2℃，有

$$e_V = |T - T_0| \le 2\ ℃$$

温度的变化范围为 20～220℃，保温值为 200℃。

8.3.2　硬件系统详细设计

1．硬件系统的基本组成

该硬件系统采用单片机 AT89S52 作为控制器，包含数码管显示电路、键盘输入电路、报警电路、信号处理电路及 A/D 转换电路等。其系统框图如图 8-6 所示。

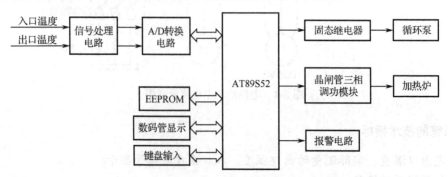

图 8-6　电热油炉温度控制系统硬件组成框图

2．单片机的选择

控制系统需要控制的参数只有导热油的温度，所以选择有 8KB 程序存储器和 256B 数据存储器的 AT89S52 就可以满足系统所需。由于不用再扩展存储器，可以使系统大大简化。

3．数据存储器的扩展

由于设定的温度曲线需要长期保存，需扩展一片串行 EEPROM AT24C256 来保存设定的温度曲线。

4．传感器的选择

工业上常用的温度传感器主要有热电偶和热电阻两大类。由于系统要求温度变化范围为 20～220℃且需要对温度进行精确、稳定的控制，所以选用电阻温度计。本例中采用的热电阻为铂电阻，其分度号为 BA_2，初值为 100.00Ω。为了保证测温的精度，测量部分采用的是不平衡电桥。由铂电阻 R_t 和固定电阻 R_1、R_2、R_3 组成一个不平衡电桥，$R_1=100$Ω，$R_2=R_3=3$kΩ。当温度为 0℃时，铂电阻的阻值 $R_t=R_1$，电桥平衡不产生电压差；当温度变化时，铂电阻的阻值随温度而变化，$R_t≠R_1$，电桥不平衡并产生电压差。将此电压差输送至运算放大器的输入端，经过放大后送至 A/D 转换芯片。由 A/D 转换芯片将电压模拟信号转换为数字信号传输到单片机中，由单片机处理得出测得温度。其测量电路如图 8-7 所示，改变图中电阻 R_4、R_L 的阻值，就可以得到运算放大器不同的放大系数。

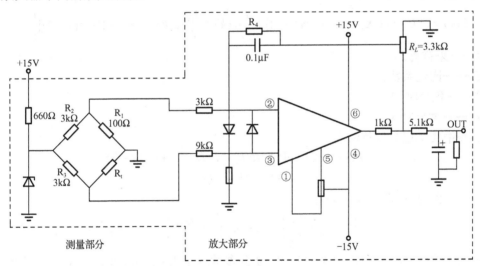

①offset null；②IN（-）；③IN（+）；④Vee；⑤offset null；⑥OUTPUT

图 8-7　铂电阻及信号放大电路

5．A/D 转换器的选择

由于温度变换缓慢，控制系统对 A/D 转换器的性能要求不高。模拟量输入可采用 TLC549 串行单通道 A/D 转换芯片来完成。TLC549 是由 TI 公司生产的一种低价位、高性能的 8 位 A/D 转换器，其转换速度小于 17μs，最大转换速率为 40000Hz，4MHz 典型内部系统时钟，电源为 3～6V。它能方便地采用三线串行接口方式与各种微处理器连接，构成各种测控应用系统。

6. 显示器和键盘输入的选择

温度的设定和测量结果的显示可以采用 ZLG7289A 来完成。ZLG7289A 是广州周立功单片机发展有限公司生产设计的一种具有 SPI 串行接口功能，可同时驱动 8 位共阴式数码管或 64 只独立 LED 的智能显示驱动芯片，同时还能连接多达 64 键的键盘矩阵。

7. 执行器的选择

系统采用交流接触器来控制循环泵，采用晶闸管三相调功模块来控制加热元件。

8. 报警器与状态显示的选择

报警器选用蜂鸣器，状态显示用发光二极管来完成。当电热油炉中导热油的温度超出系统设定时，蜂鸣器鸣叫，二极管发光。

8.3.3 PID 算法及参数整定

连续系统 PID 校正的控制量可以表示为

PID 算法

$$P = K_P\left[e(t) + T_D\frac{\mathrm{d}e(t)}{\mathrm{d}t} + \frac{1}{T}\int_0^t e(t)\mathrm{d}t\right] \tag{8-1}$$

$$e(t) = y(t) - r(t) \tag{8-2}$$

采用离散算法可以表示为

$$P(k) = P(k-1) + K_P\left\{[e(k) - e(k-1)] + \frac{T}{T_I}e(k) + \frac{T_D}{T}[e(k) - 2e(k-1) + e(k-2)]\right\} \tag{8-3}$$

式中　T——采样周期；

　　　T_P——比例系数；

　　　T_I——积分时间；

　　　T_D——微分时间。

本系统中实际用到的算法为

$$P(k) = P(K-1) + Ae(k) - Be(k-1) + Ce(k-2) \tag{8-4}$$

$$e(k) = y(k) - r(k) \tag{8-5}$$

联合式（8-3）和式（8-4）可得

$$A = K_P\left(1 + \frac{T}{T_I} + \frac{T_D}{T}\right) \qquad B = K_P\left(1 + \frac{2T_D}{T}\right) \qquad C = K_P\frac{T_D}{T}$$

初始值设定为 $e(k-1) = 0$，$e(k-2) = 0$。实际参数选用为 $T_D = 4\text{min}$，$T = 1\text{min}$，$T_I = 16\text{min}$，$K_P = 0.0327$。代入上式可解得

$$A = 5K_P = 5 \times 0.0327 = 0.1635 \qquad B = 9K_P = 9 \times 0.0327 = 0.294 \qquad C = 4K_P = 4 \times 0.0327 = 0.131$$

8.3.4 软件设计

1. 软件系统概述

采用模块化结构设计，主要包括初始化程序、主程序、A/D 转换和数据采集程序、中值滤波程序、PID 控制算法程序、键盘显示程序等。其主程序流程图如图 8-8 所示。

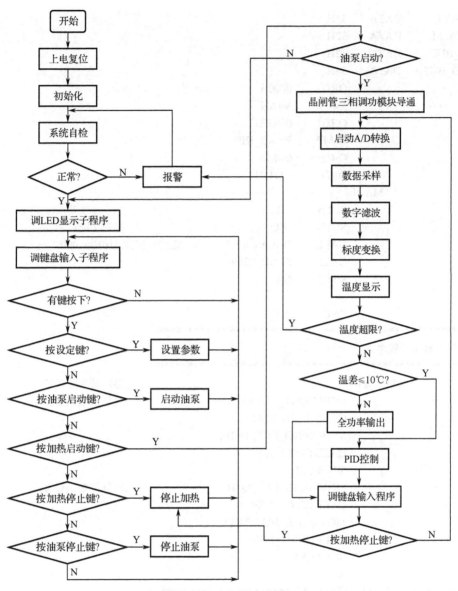

图 8-8　主程序流程图

2．程序编写

```
主程序
CS1        BIT    P0.0
CS2        BIT    P0.1
CLKZ       BIT    P0.2
DIOZ       BIT    P0.3
CLK        BIT    P1.4
DI         BIT    P1.6
CS         BIT    P1.7
KEY        BIT    P3.2
KEY_ZT     BIT    00H
BIT_CNT    DATA   30H
```

```
DELAY1      DATA     31H
DECIMAL     DATA     32H
REC_BUF     DATA     33H
SEND_BUF    DATA     34H
            ORG      0000H
            JMP      MIAN
            ORG      0003H
            AJMP     READ_KEY
            ORG      000BH
            ORG      OO13H
        MAIN:
            SETB     CS
            SETB     DIO                      ;延迟 25ms
            CALL     DELAY MOV      SEND_BUF,#10100100B
            CALL     SEND_7289
            SETB     CS
            ...
            END
```

```
;****************************************************
; 参数 1 显示子程序
;****************************************************
        DISPLAY1:                            ;显示数字子程序
            MOV SEND_BUF,#80H                 ;最低位数码管显示
            CALL SEND_7289
            MOV SEND_BUF,DAT0;
            CALL SEND_7289                              ↓
            SETB CS1
            MOV SEND_BUF,#81H                 ;次低位数码管显示
            CALL SEND_7289
            MOV SEND_BUF,DAT1;
            CALL SEND_7289
            SETB CS1
            RET
;****************************************************
READ_KEY:
        MOV   SEND_BUF,#00010101B             ;键盘中断子程序
        CALL  SEND
        CALL  RECEIVE
        SETB  CS1
        SETB  KEY_ZT                          ;设置有按键标志
        RETI
;****************************************************
;由 ZLG7289 接收一字节数据，高位在前
;****************************************************
RECEIVE:
        MOV   BIT_CNT,#8
        SETB  DAT
        CALL  LONG_DELAY
```

```
RECEIVE_LP:
        SETB    CLKZ
        CALL    LONG_EDLAY
        MOV     C,DIOZ
        MOV     A,REC_BUF
        RLC     A
        MOV     REC_BUF,A
        CLR     CLKZ
        CALL    SHORT_DELAY
        DJNZ    BIT_CNT,RECEIVE_LP
        CLR     DIOZ
        RET
;****************************************************
;显示子程序发送一字节到 ZLG7289
;   ****************************************************
SEND_7289:
        MOV     BIT_CNT,#8
        CLR     CS1
        CALL    LONG_DELAY
SEND_LP:
        MOV     A,SEND_BUF
        RLC     A
        MOV     SEND_BUF,A
        NOP
        NOP
        SETB    CLKZ
        CALL    SHORT_DELAY
        CLR     CLKZ
        CALL    SHORT_DELAY
        DJNZ    BIT_CNT,SEND_LP
        CLR     DIOZ
        RET
LONG_DELAY:
        MOV     R6,#50
        DJNZ    R6,$
        RET
SHORT_DELAY:
        MOV     R6,#10
        MOV     R6,$
        RET
;****************************************************
PID:
        MOV     22H,#0
        MOV     23H,#0
        MOV     24H,#5CH
        MOV     25H,#5DH                    ;LOAD E(N)
        MOV     26H,#5EH
        MOV     27H,#5FH                    ;LOAD E(N-1)
```

```
            MOV     A,24H
            JNB     ACC.7,F_IS_P                        ;E(N)为正跳转
            MOV     22H,#0FFH                           ;E(N)为负
            MOV     23H,#0FFH                           ;扩展符号位
F_IS_P:
            MOV     R0, #25H
            MOV     R1, #27H
            LCALL   SR01T0_4BYTE                        ;E(N)-E(N-1)
            MOV     R0, #25H
            MOV     R1,#27H
            LCALL   SR01T0_4BYTE                        ;-E(N-1)
            MOV     R0,#25H
            MOV     R1,#61H                             ;E(N-2)
            LCALL   AR01T0_4BYTE                        ;+E(N-2)
            MOV     R0,#22H
            MOV     R1,#42H                             ;D
            LCALL   IMUL                                ;有符号乘法子程序
                                                        ;KD[E(n)-2E(n-1)+E(n-2)]
                                                        ;IN 22,23,24,25

;***************************************************************
            MOV     2CH,#0
            MOV     2DH,#0
            MOV     2EH,#5CH
            MOV     2FH,#5DH                            ;LOAD E(N)
            MOV     A,2EH
            JNB     ACC.7,C_IS_P
            MOV     2CH,#0FFH
            MOV     2DH,#0FFH
C_IS_P:
            MOV     R0,#2CH                             ;2C,2D,2E,2F*2A,2b
            MOV     R1,#64H                             ;KI
            LCALL   IMUL                                ;KI[E(n)]
            MOV     A,2FH                               ;22,23,24,25+2C,2D,2E,2F
            ADD     A,25H
            MOV     2BH,A
            MOV     A,2EH
            ADDC    A,24H
            MOV     2AH,A
            MOV     A,2DH
            ADDC    A,23H
            MOV     29H,A
            MOV     A,2CH
            ADDC    A,22H
            MOV     28H,A          ;KI[E(n)]+KD[E(n)-2E(n-1)+E(n-2)] IN 68,69,6A,6B
            MOV     R0,#28H
            LCALL   IDIV                                ;有符号除法子程序/1024
                                                        ;IN 28, 29, 2A,2B
;***************************************************************
```

```
            MOV     2FH,5DH
            MOV     2EH,5CH                 ;LOAD E(n)
            MOV     2DH,#0
            MOV     2CH,#0
            MOV     A,2EH
            JNB     ACC.7,S_IS_P
            MOV     2CH,#0FFH
            MOV     2DH,#0FFH
S_IS_P:
            MOV     R0,#2FH
            MOV     R1,#5FH                 ;E(N-1)
            LCALL   SR01T0_4BYTE            ;E(n)-E(n-1)
            MOV     A,2FH                   ;2C,2D,2E,2F+28,29,2A,2B
            ADD     A,2BH                   ;IN 28,29,2A,2B
            MOV     2BH,A
            MOV     A,2EH
            ADDC    A,2AH
            MOV     2AH,A
            MOV     A,2DH
            ADDC    A,29H
            MOV     29H,A
            MOV     A,2CH
            ADDC    A,28H
            MOV     28H,A                   ;A+B+C IN 28,29,2A,2B
            MOV     R0,#28H
            MOV     R1,#3EH                 ;KP
            LCALL   IMUL                    ;KP*(A+B+C)
            MOV     R0,#28H
            LCALL   IDIV                    ;/1024
            MOV     A,2AH
            JNZ     NOT_SET1
            MOV     A,2BH
            JNZ     NOT_SET1
            MOV     2AH,#0
            MOV     2BH,#1
NOT_SET1:
            MOV     R0,#15H
            MOV     R1,#2BH
            LCALL   AR01T0 OUTZH            ;计算 PID 输出值并进行格式转换
            RET
;****************************************************
;有符号乘法子程序
; ****************************************************
IMUL:
            ...
            RET
;****************************************************
;有符号除法子程序
```

```
; ***************************************************
IDIV:
        ...
        RET
;****************************************************************
;多字节加法子程序
; ****************************************************************
AR01T0_4BYTE:
        ...
        RET
;****************************************************************
;多字节减法子程序
; ****************************************************************
SRT01T0_4BYTE:
        ...
        RET
;****************************************************************
;TLC0834 转换子程序
; ****************************************************************
ADCONV:
        CLR     CLK             ;清时钟
        CLR     DI
        SETB    CS              ;置片选为高
        SETB    CS              ;置片选为低
        SETB    DI              ;1 StartBit
        SETB    CLK
        CLR     CLK
        SETB    DI              ;1
        SETB    CLK
        CLR     CLK
        CLR     DI              ;0
        SETB    CLK
        CLR     CLK
        CLR     DI              ;0 选择 CH0，单端输入
        SETB    CLK
        CLR     CLK
        SETB    CLK
        CLR     CLK             ;由输出状态改为输入状态
        SETB    DI
        LCALL   ADREAD
        RET
;****************************************************************
;TLC0834 读取采样数据子程序
; ****************************************************************
ADREAD:
        MOV     R0, #08H
ADLOP0:                         ;读取转换结果
        MOV     C,DI
```

```
            RLC      A
            SETB     CLK
            CLR      CLK
            DJNZ     R0，ADLOP0
            MOV      R0，#07H
ADLOP1：
            SETB     CLK
            CLR      CLK
            DJNZ     R0，ADLOP1
            SETB     CLK
            CLR      CLK
            SETB     CLK
            CLR      CLK
            SETB     CS              ;置片选信号为高
            RET                      ;结束一次转换
```

习题

1. 简述计算机控制系统设计的步骤。
2. 简述计算机控制系统软件的设计步骤。
3. 什么是系统的在线调试？
4. 系统的离线调试需要注意哪些问题？
5. 试利用 PLC 设计电热油炉温度控制系统。

参 考 文 献

[1] 邓建玲，王飞跃，陈耀斌，赵向阳. 从工业 4.0 到能源 5.0：智能能源系统的概念、内涵及体系框架[J]. 自动化学报，2015，41(12)：2003-2016.

[2] 于海生. 计算机控制技术[M]. 北京：机械工业出版社，2007.

[3] 姜学军，刘新国，李晓静. 计算机控制技术[M]. 北京：清华大学出版社，2009.

[4] 李婧怡，富月. 一类工业运行过程最优数据采样解耦控制方法[J]. 信息与控制，2017，46(04)：394-399.

[5] 王锦标. 计算机控制系统[M]. 北京：清华大学出版社，2015.

[6] 张益，冯毅萍，荣冈. 面向智能制造的生产执行系统及其技术转型[J]. 信息与控制，2017，46(04)：452-461.

[7] 杨帆，向延红，郑纯典，王佳洋. 楼宇末级配电设备群的控制器设计[J]. 华中科技大学学报（自然科学版），2017，45(06)：43-47.

[8] 钱锋，杜文莉，钟伟民，唐漾. 石油和化工行业智能优化制造若干问题及挑战[J]. 自动化学报，2017，43(06)：893-901.

[9] 顾德英，罗云林，马淑华. 计算机控制技术[M]. 北京：北京邮电大学出版社，2007.

[10] 李元春. 计算机控制系统[M]. 北京：高等教育出版社，2010.

[11] 赵鹏. 计算机控制技术在自动化生产线上的运用[J]. 自动化与仪器仪表，2017，(08)：150-151+154.

[12] 刘璐，程方晓，王海彪. 高精度 PID 控制恒流源[J]. 长春工业大学学报，2017，38(03)：282-288.

[13] 贺威，丁施强，孙长银. 扑翼飞行器的建模与控制研究进展[J]. 自动化学报，2017，43(05)：685-696.

[14] 李冰，轩华，李晓雷，王薛苑. 货运站三级串联作业系统仿真优化[J]. 控制工程，2017，24(03)：580-587.

[15] 周林. 真空镀膜机控制系统研究[D]. 哈尔滨理工大学，2017.

[16] 董婷. 一种自动称重包装控制系统设计[J]. 控制工程，2017，24(02)：372-377.

[17] 张晋格. 控制系统 CAD——基于 MATLAB 语言[M]. 北京：机械工业出版社，2011.

[18] 杨佳，许强，徐鹏，等. 控制系统 MATLAB 仿真与设计[M]. 北京：清华大学出版社，2012.

[19] 徐丽娜，张广莹. 计算机控制——MATLAB 应用[M]. 哈尔滨：哈尔滨工业大学出版社，2010.

[20] 胡寿松. 自动控制原理[M]. 北京：科学出版社，2014.

[21] 于勇，李小华. 热轧生产线加热炉建模与控制研究综述[J]. 控制工程，2017，24(01)：1-7.

[22] 杨雅涵，于佐军. 基于单片机的温控光控智能窗帘设计[J]. 控制工程，2016，23(10)：1542-1545.

[23] 李中华，张泰山，周翔. 电液伺服系统可拓自适应 PID 控制策略研究[J]. 信息与控制，

2016，45(04)：415-420+431.

[24] 孙雪飞. 基于神经网络 PID 的挖掘机轨迹控制系统的实验研究[D]. 哈尔滨工业大学，2016.

[25] 翟天嵩，刘忠超，米建伟. 计算机控制技术与系统仿真[M]. 北京：清华大学出版社，2012.

[26] 王锦标. 计算机控制系统[M]. 北京：清华大学出版社，2015.

[27] 翟天崇，刘忠超，米建伟. 计算机控制技术与系统仿真[M]. 北京：清华大学出版社，2012.

[28] 韩九强，张新曼，刘瑞玲. 现代测控技术与系统[M]. 北京：清华大学出版社，2007.

[29] 曹祥. 混联式输送机构的计算机控制系统构建及考虑执行器饱和的控制研究[D]. 江苏大学，2016.

[30] 杨正才，吕科. 基于模糊 PD 控制方法的两轮直立自平衡电动车研究[J]. 控制工程，2016，23(03)：366-370.

[31] 王奇伟. 电弧炉炼钢控制系统的研究[D]. 哈尔滨理工大学，2016.

[32] 高科. 超声水表流量检定装置研制[D]. 中国计量学院，2016.

[33] 连红运，屈芳升，王书双. 基于 PCI 总线的超声显微镜研究与设计[J]. 电子测量与仪器学报，2009，04：86-91.

[34] 邹逢兴，陈立刚，李春. 微型计算机原理与接口技术[M]. 北京：清华大学出版社，2010.

[35] 宋芸，陈剑光，黄芝标. 智能扫地机的控制设计研究[J]. 控制工程，2016，23(02)：249-253.

[36] 刘强，秦泗钊. 过程工业大数据建模研究展望[J]. 自动化学报，2016，42(02)：161-171.

[37] 高风昕. 基于模糊控制器的曲线焊缝视觉跟踪系统[J]. 控制工程，2016，23(01)：149-152.

[38] 赵凤姣，厉虹. PID 控制器改进方法研究[J]. 控制工程，2015，22(03)：425-431.

[39] 谭志君，任正云. 基于预测 PI 的大棚温湿度先进控制[J]. 控制工程，2015，22(03)：495-500.

[40] 曹佃国，王德强，史丽红. 计算机控制技术. 北京：人民邮电出版社，2013.

[41] 曹立学，张鹏超. 计算机控制技术. 西安：西安电子科技大学出版社，2012.

反侵权盗版声明

电子工业出版社依法对本作品享有专有出版权。任何未经权利人书面许可，复制、销售或通过信息网络传播本作品的行为，歪曲、篡改、剽窃本作品的行为，均违反《中华人民共和国著作权法》，其行为人应承担相应的民事责任和行政责任，构成犯罪的，将被依法追究刑事责任。

为了维护市场秩序，保护权利人的合法权益，我社将依法查处和打击侵权盗版的单位和个人。欢迎社会各界人士积极举报侵权盗版行为，本社将奖励举报有功人员，并保证举报人的信息不被泄露。

举报电话：（010）88254396；（010）88258888

传　　真：（010）88254397

E-mail：　dbqq@phei.com.cn

通信地址：北京市海淀区万寿路 173 信箱

　　　　　电子工业出版社总编办公室

邮　　编：100036